高职高专教育“十二五”规划建设教材

种子加工与贮藏技术

赵　岩　潘晓琳　张艳红　主编

中国农业大学出版社
·北京·

内容简介

本书是高职高专教育“十二五”规划建设教材。

本书内容系统、资料新颖、技术先进，实用性强，从内容到形式力求体现我国职业教育的发展要求，以专业服务的理念，体现课程体系改革的最新成果。

本书吸收了种子加工与贮藏的最新理论与研究成果，结合当前我国种子加工与贮藏的实际编写而成。全书分为两个大项目，每个项目下包含若干个工作任务。项目一内容包括种子加工的生物学基础、种子脱粒技术，种子干燥的原理和方法，种子清选，精选原理和技术，种子处理和包衣技术，种子包装材料和包装技术，种子运输机械及加工成套设备等；项目二内容包括种子贮藏的生物学基础，种子仓库与种子入库，常温仓库种子贮藏期间的管理，低温仓库种子贮藏和管理，种子贮藏期有害生物防治，主要作物种子贮藏技术，种质资源与种子贮藏新技术等。

本书可作为高职高专院校、五年制高职、成人教育植物生产类及种子专业的教材，也可供从事种子生产与管理及农业技术人员参考。

图书在版编目(CIP)数据

种子加工与贮藏技术/赵岩，潘晓琳，张艳红主编. —北京：中国农业大学出版社，2013.2
ISBN 978-7-5655-0658-1

Ⅰ.①种… Ⅱ.①赵…②潘…③张… Ⅲ.①种子-加工②种子-贮藏 Ⅳ.①S339

中国版本图书馆 CIP 数据核字(2013)第 003259 号

书　名 种子加工与贮藏技术
作　者 赵　岩　潘晓琳　张艳红　主编

责任编辑 陈　阳　张　蕊　　**责任校对** 王晓凤　陈　莹
封面设计 郑　川
出版发行 中国农业大学出版社
社　址 北京市海淀区圆明园西路 2 号　　**邮政编码** 100193
电　话 发行部 010-62731190，2620　　读者服务部 010-62732336
编辑部 010-62732617，2618　　出　版　部 010-62733440
网　址 http://www.cau.edu.cn/caup　　**e-mail** cbsszs@cau.edu.cn
经　销 新华书店
印　刷 北京国防印刷厂
版　次 2013 年 2 月第 1 版　2013 年 2 月第 1 次印刷
规　格 787×1092　16 开本　15.25 印张　370 千字
定　价 27.00 元

编写人员

主　编　赵　岩　黑龙江职业学院

　　　　潘晓琳　黑龙江农业职业技术学院

　　　　张艳红　黑龙江农业经济职业学院

副主编　康忠宝　黑龙江农业工程职业学院

　　　　李传仁　黑龙江生物科技职业学院

　　　　胡　云　内蒙古农业大学

参　编　（以姓氏笔画为序）

　　　　王　崴　黑龙江职业学院

　　　　孙平平　黑龙江农业经济职业学院

　　　　杨忠仁　内蒙古农业大学

　　　　张凤兰　内蒙古农业大学

主　审　朱作峰　中国农业大学

　　　　霍志军　黑龙江农业职业技术学院

前 言

随着现代农业的发展，我国对种植类专业毕业生的需求越来越多，尤其是种子产业一线人才的需求呈旺盛的趋势。近年来，全国农业高职高专院校也相继开设了种子生产、加工、营销等方面的课程，基于当前中国种子产业发展的需求以及专业课程改革的需要，本着立足产业、携手行业、服务企业、成就职业的理念，组织以北方高职高专院校从事种子教学和科研人员共同编写了《种子加工与贮藏技术》这本教材。

本教材是根据高职高专对种植类专业人才的培养目标，紧密结合我国种子产业的生产实际，本着以就业为导向，以职业能力培养为主导，力求反映国内外种子加工与贮藏领域发展最新动态，注重教材编写的系统性、科学性和实用性，在掌握基础知识的前提下，重点培养岗位人员的实际操作能力和应用能力。

本教材由赵岩、潘晓琳和张艳红担任主编。具体编写分工如下：赵岩编写绪论、项目一中的工作任务一和项目二中的工作任务五；潘晓琳编写项目一中的工作任务六（四）和项目二中的工作任务一；张艳红编写项目二中的工作任务六；李传仁编写项目二中的工作任务二和工作任务三；胡云编写项目一中的工作任务五；王崴编写项目一中的工作任务一、项目二中的工作任务四和附录部分；孙平平编写项目二中的工作任务七；杨忠仁编写项目一中的工作任务四；张凤兰编写项目一中的工作任务二和工作任务三。赵岩、康忠宝负责统稿。

本教材在编写过程中，参考、借鉴和引用了有关专家、学者的专著、论文及教材，同时得到了中国农业大学出版社和各位参编老师所在院校领导的大力支持和帮助，在教材完成出版之际，谨向以上单位和个人表示最诚挚的谢意。

由于编者水平有限，经验不足，加之时间仓促，错误和疏漏之处在所难免，敬请同行、专家和广大读者批评指正。

编 者

2013 年 1 月

目　录

绪　论

知识目标

➢了解种子加工与贮藏的发展概况。

➢知道种子加工与贮藏的作用。

技能目标

➢掌握种子加工与贮藏的内容和任务。

知识资讯导读

种子贮藏与普通的粮食贮藏不同，种子贮藏的目的是为了保持种子的生命力，延长种子的寿命，以供今后播种使用。然而，古时候人们关于种子安全贮藏与检验的意识极其淡薄或根本没有，常常给农业生产造成重大损失。

最著名的当数卧薪尝胆的故事：强大的吴国灭了越国，俘了越王。越王忍辱负重，表面上百般顺从，打消吴王的戒心，换取了吴王的信任，获释后他卧薪尝胆，誓雪国耻。有一年，越国选取粒大饱满的粮种蒸熟晾干后进贡给吴国，诱使吴国用做良种举国播种，结果颗粒不发，倾国饥谨，动荡不安。勾践乘机发兵，夫差身死国亡。

查一查：

种子安全贮藏的重要性，其具体任务是什么？

一、种子加工与贮藏的作用

种子是重要的农业生产资料，高质量的种子是实现农业持续、稳定增产的先决条件和重要保证。新收获的种子经过一系列加工，才能提高种子质量和商品价值；通过合理安全贮藏，才能保证在播种后田间成苗和提高产量的要求。因此，种子的加工与贮藏工作就显得特别重要。

科学的种子加工一是可提高种子净度和发芽率，减少播种量，降低农业生产成本，而且种子出苗整齐、苗多苗壮，显著提高农作物单位面积产量；二是种子按不同的用途及销售市场，经加工成为不同等级的种子，并实行标准化包装销售，可提高种子的商品性，有效防止假冒伪劣种子的流通与销售；三是种子加工处理后，子粒饱满，大小均匀，作物生长整齐，成熟期一致，有利于机械化播种和收获，提高劳动效率，同时经过加工，去掉含病虫害的子粒并包衣，使药剂缓慢释放，减少化肥农药施用量，利于保护环境；四是加工后的种子洁净干燥，增加了种子贮藏的稳定性，延长了种子的贮藏期，保证了种子的正常商品流通。科学的种子贮藏可以防止发热霉变和有害生物的为害及种子的劣变，保持种子活力，延长种子寿命，提高种子的播种品质和种用价值，为作物增产打下良好的基础。此外，种子加工与贮藏还可以保持种子的优良种性，给育种工作者提供种质资源，为扩种、备荒提供种子，具有一定的战略意义。

总之，种子加工与贮藏是种子科学中一门十分重要的应用科学，在理论上和生产实践中都具有十分重要的意义和作用。

二、种子加工与贮藏的内容和任务

种子是最基本的、不可替代的和具有生命力的农业生产资料，在农业生产上必须采用高质量的种子，即优良品种（在一定地区和栽培条件下符合生产发展要求，并具有较高营养品质和加工品质）的优质的种子（具备优良的品种品质和播种品质），但由于种子质量具有相对性和时效性，在加工和贮藏过程中会因为加工方法不当、贮藏管理不善，或环境条件变化等原因使种子逐渐发生变化，甚至失去种用价值。

种子加工与贮藏是研究种子加工与贮藏过程中的原理和技术，其研究内容包括种子加工的生物学基础、种子脱粒、种子干燥、种子清选、精选、种子处理和包衣技术、种子包装材料和包装技术、种子运输机械使用与维修、种子加工设备和主要作物种子加工工艺、种子贮藏的生物学基础、种子仓库与种子入库、常温仓库和低温仓库贮藏期间的管理、种子贮藏期间有害生物的防治、主要作物种子贮藏技术、种质资源与种子新技术等内容。

种子加工与贮藏的任务是在阐明种子加工与贮藏的生物学基础上，了解种子在加工贮藏期间的生命活动变化规律及与贮藏环境条件的相互关系，探索不同种子的最佳贮藏条件，来创造最佳的条件，使种子的生活力和活力保持在尽可能高的水平，同时采用科学的技术和方法，通过先进的加工工艺，使种子纯净、饱满、健康、无病虫，保证种子的种用价值，使其保持优良品质，为农业生产提供具有优良生物学特性和优良种植特性的商品种子，为植物育种提供丰富的种质资源。

种子加工与贮藏是种子产业化体系的一个重要环节，它作为种子专业的一门专业主干课，是一门综合性和技术性很强的学科，是一门直接为农业生产服务的课程。它的建立和发展与种子生物学、植物育种学、植物生理学、分子生物学、昆虫学、植物病理学、微生物学机械原理和计算机技术等相关课程有着密切的联系。

三、种子加工与贮藏的发展概况

我国是世界四大文明古国之一，人类文明的发祥地，具有悠久的农业历史，也是世界上最大的栽培植物起源中心之一。我们的祖先在开发利用野生植物资源，从事植物栽培生产实践中，在种子的收获、处理和贮藏方面，积累了极为丰富的农作经验和生物学知识。在古时候，我们的祖先就知道收获稻、麦、黍、豆等一年生作物的种子并贮藏到来年播种，并发明了"曝使极干、"热进仓"、"草药贮粮"和"地下贮粮"等多项种子贮藏实用技术。古农书上介绍如何保持种子干燥、防虫害、防霉变等晾晒贮藏种子方法的记载很多，如西汉的《氾胜之书》中有："种，伤湿、郁、热则生虫也"；北魏的《齐民要术》中有："篙艾箪盛之，良；以艾篙闭窖埋之亦佳"；元朝的《农桑辑要》中有："麦种宜与锉碎苍耳或艾，暑日曝乾热收藏以瓦器"；明朝的《便民图纂》中有："三伏日，晒极乾，带热收，先以稻草灰铺缸底，复以灰盖之，不蠹"；清朝的《齐民四术》中有："掠去日气，簸去浮秕，令极净。先瓦器微火炕之，冷过收贮，麦种一石和乾艾四两，藏之最宜"。由此可见，中国的农业生产历史就是改造和利用种子的历史，其中的许多宝贵经验和方法，是值得人们用科学的方法去总结和应用的。

关于种子加工与贮藏科学的研究，具有代表性的是德国人诺培。1869 年，他建立了世界上第一个种子检验实验室，并于 1876 年出版了《种子学手册》，成为举世公认的种子科学和种子检验的创始人。此后，许多杰出的科学家在种子科学方面的研究做出了巨大的贡献，其中在种子贮藏生理学方面的研究专著大量出版，如前苏联柯兹米娜 1955 年编著的《种子学》、美国克罗凯尔和巴尔顿 1957 年编著的《种子生理学》、中国科学院植物研究所和北京植物园种子组 1960 年编写的《种子工作手册》等。还有专门论述种子贮藏的专著，如前苏联什马尔科 1952 年编著的《种子贮藏原理》、浙江农业大学 1961 年编写的《种子贮藏与检验》、朱斯梯士和巴士 1978 年编写的《种子贮藏原理与实践》等。这些专著的出版，为传播种子贮藏的研究成果、普及种子贮藏的科学知识发挥了重要的作用。

随着种子质量控制向国际化、标准化、正规化的方向发展，出现了专门的种子检验机构。1890 年和 1892 年北欧国家分别在丹麦和瑞典召开了制定和审议种子检验规程的会议；1894 年美国农业部建立了种子检验室，1897 年颁布了标准种子检验规程；1974 年成立的国际植物遗传资源研究所(International Plant Genetic Resources Institute，IPGR，更名前为国际植物遗传资源理事会)，该机构在种子保存技术的研究、重大研究项目的组织与实施、重要植物资源的保存科技信息的交流与共享、种子保存技术的推广与普及等方面发挥着重要的作用；1999 年 1 月成立了国际种子科学学会(International Society for Seed Science，ISSS)，该组织通过发行专刊、召开国际会议等形式在提升种子科学的研究、教育和交流方面发挥着重要的作用，这些机构的成立推动了种子科学研究的快速发展。

随着人类对生态环境受破坏程度认识的加深，植物种质资源的保护成为越来越迫切的需要，为了保存丰富的作物品种资源、也为了保证国家的种子战略贮备，出现了世界范围内专业化、现代化中长期种子贮藏库的建设。目前，全世界有各类大中型贮藏库 300 余座，现存世界上最大的农作物种子库是美国国家种子贮藏实验室种质库(National Seed Storage Laborary，2001 年更名为国家遗传资源保存中心)；世界上最大的野生植物种子库是建在英国皇家植物园邱园的千年种子库(Millennium Seedbank)，该库的目标是到 2010 年保存全世界高等植物 10%种类的种子。我国在种子库建设方面起步较晚，1984 年和 1986 年中国农业科学院先后在北京建成两座国家长期作物种质库。种子贮藏库的出现是种子贮藏领域的一项重大变革，是种子贮藏生理学理论在实践中最具体、最直接的应用。如今，种子贮藏已经远远超出了农事活动的范畴，而成为一个贮藏植物种质，保存遗传资源，关乎人类社会可持续发展的一项重大工程。

种子产业是农业生产中一个巨大的产业，而种子加工是提高种子商品化、促进种子市场流通的基本技术措施，是种子产业发展的核心。世界农业发达地区，如北美、西欧等都非常重视种子加工业，商品种子的精加工率达到 100%。我国的种子加工技术发展较慢，1960 年以前，种子加工一直沿用传统的手工工具，1978 年农业部召开了第一次全国种子“四化一供”工作会议，在黑龙江的绥化、吉林的公主岭、内蒙古的通辽、北京的通县利用政府拨款引进建立了种子加工成套设备，这些设备的引进使我国的种子加工工艺与设备有了很大的提高，并起到了示范作用。20 多年来，我国的种子加工业经历了从引进、仿制、消化、吸收到自行开发研制的艰难历程，目前已经研制出一批适合我国国情的种子加工设备。中国已经加入 WTO，随着中国农业与国际接轨步伐的加快，提高种子加工水平，以质量求生存必将成为国内种子企业发展生存的基础，从种子市场竞争和发展趋势来看，种子加工业将迎来一个快速发展的时期。

我国是一个有十几亿人口的农业大国，种子产业发展潜力巨大。1995 年农业部根据中国农业形势与特点明确提出“创建种子工程，推动农业上新台阶”。其目的就是为了加速建设我国现代化种子产业，提高我国良种的综合生产力、商品质量和科技含量，提高良种的覆盖率和市场占有率，促进农业和农村经济持续、快速、健康发展。通过实施种子工程，推进种子产业化进程，实现种子工作“四个”根本转变，即由传统的粗放生产向集约化转变，由行政区域的自给性生产经营向社会化、国际化、市场化转变，由分散的小规模生产经营向专业化的大中型企业或企业集团转变，由科研、生产、经营相互脱节向育、繁、推、销一体化转变。最终建立适应社会主义市场经济的现代化种子产业体系，形成结构优化、布局合理的种子产业体系和富有活力的、科学的管理制度，实现种子生产专业化、经营集团化、管理规范化、育繁推销一体化、大田用种商品化。种子工程的主要内容包括新品种的选育和引进、种子繁殖和推广、种子加工和包装、种子推广和销售及宏观管理五个方面，具体包括种质资源收集和利用、新品种选育和引进、品种适应性区域试验、新品种审定和管理、原种繁殖、良种生产、种子加工清选、种子包衣、种子挂牌包装、种子贮藏保管、种子收购销售、种子调拨运输、种子检疫、种子检验和种子管理等内容。实施种子工程已成为促进中国农业发展的重大举措。我国还制定了一系列种子的规程和法规，2000 年 12 月 1 日起施行的《中华人民共和国种子法》(以下简称《种子法》)提出“国家建立种子贮备制度，主要用于发生灾害时的生产需要，保障农业生产安全。对贮备的种子应当定期检验和更新”，同时在《种子法》中将“具有能够正确识别所经营的种子、检验种子质量、掌握种子贮藏、保管技术的人员”和“具有与经营种子的种类、数量相适应的营业场所及加工、包装、贮藏保管设施和检验种子质量的仪器设备”作为申请领取种子经营许可证的单位和个人应当具备的条件；明确规定“销售的种子应当加工、分级、包装。”从而在法律上对种子贮藏加工提出了更高的要求。

总之，种子加工与贮藏是种子产业化体系的一个重要环节，是提高种子质量，促进农业可持续发展的重要内容，是关乎人类社会可持续发展的一项重大工程。

想一想：

我国古代劳动人民发明了哪些种子贮藏技术？

复习思考题

1. 种子加工与贮藏的作用是什么？
2. 种子加工与贮藏的内容和任务是什么？
3. 实施种子工程的目的是什么？

项目一　种子加工技术

工作任务一　种子加工的生物学基础

知识目标

➢知道种子物理特性的两种分类、各物理特性的含义及其影响因素。

➢掌握种子物理特性与种子贮藏加工的关系。

技能目标

➢学会种子容重、比重、密度、孔隙度、散落性、自动分级、导热性、吸附性、吸湿性、种子平衡水分的测定方法及生产实践中的应用。

知识资讯导读

种子贮藏加工业的发展不仅是保证种植产业迅速发展的重要环节，也是为了收获后减损增值，建立现代农业产业化经营体系，保证农民增产增收的基础。近年来，我国农民经济收入中10%左右来自于种植业。

种子的保存过程中，要求防止发热霉变和虫蛀，保持种子生活力、纯度和净度。其中发芽性能和寿命主要决定于遗传特性、种子形态结构、生理活性、种子质量和贮藏条件。以种子含水量和贮藏的温度、湿度等的影响显著。种子含水量在贮藏期间应控制在安全含水量以下。温度和湿度显著影响种子生活力，应避免高温和高湿的贮藏条件。

为了更好了解掌握各种不同种子具体适应什么样的环境，还需要掌握各类种子的不同物理特性，如千粒重、比重、容重、散落性、密度及孔隙度等，种子的各种物理特性，对种子贮藏与加工等工作都有密切关系。从种子加工和贮藏的角度看，种子的物理特性和种子的清选、分级、干燥、运输以及贮藏、保管等生产环节都有密切关系。

思考一下：

种子都有哪些物理特性？与贮藏都有什么关系？

一、种子的容重、比重、密度和孔隙度

通常为人们所熟悉的种子千粒重对衡量同一作物品种不同来源的种子播种品质有一定的参考价值，但是对不同品种的种子而言，千粒重则只能说明品种特性而不能作为评定种子品质

的标准。因此,在某些情况下,测定种子的容重和比重更具有生产实践意义。

(一)种子的容重

种子的容重是指单位容积内种子的绝对质量,单位为 g/L。

种子容重的大小受多方面因素影响,如种子颗粒大小、形状、整齐度、表面特性、内部组织结构、化学成分,这里尤其指水分和脂肪,以及混杂物的种类和数量等。凡颗粒细小、参差不齐、外形圆滑、内部充实,组织结构致密、水分及油分含量低、淀粉和蛋白质含量高,并混有各种较为沉重的杂质如泥沙等,则容重较大;反之容重则较小。一般情况下,种子水分越低,容重越大。

容重所涉及的因素较为复杂,所以测定时必须做全面考虑,否则可能引起误解,而得出与实际情况相反的评价。例如,原来品质优良的种子,可能因收获后清理不够细致,混有较多轻的杂质而降低容重;颗粒瘦小皱瘪的种子,因水分较高,容重就会增大;油料作物种子可能因脂肪含量特别高,容重反而较低等与实际状况相反的情形。

种子容重在生产上的应用特别广泛,如在生产中通常将容重列为品质检验指标之一。在贮运工作中可根据容重推算一定容量内的种子质量,或一定质量的种子所需的仓容和运输时所需车厢数目,计算时可应用下列公式:

$$体积=质量/容重$$

(二)种子的比重

种子比重为一定种子的绝对质量和它的绝对体积之比。即

$$种子比重=种子质量(g)/种子体积(mL)$$

就不同作物或不同品种而言,种子比重因形态构造如有无附属物、细胞组织的致密程度和化学成分的不同而差异性很大。就同一品种而言,种子比重则随成熟度及充实饱满度为转移。大多数作物的种子成熟度越高,内部积累的营养物质越多,则子粒越充实饱满,比重就越大。但油料作物种子恰恰相反。因此,种子比重不仅是一个衡量种子品质的指标,在某种情况下,也可作为衡量种子成熟度的间接指标。如果种子在高温高湿条件下贮藏,由于接连不断的呼吸作用,消耗掉一部分有机养料,可使比重逐渐下降。

测定种子比重有许多种途径,其中最为简便的方法是用有精细刻度的 5～10 mL 的小量筒,内装 50%酒精约 1/3,记下酒精达到的刻度,然后称适当质量(一般称取 3～5 g)的净种子样品,小心放入量筒中,再观察酒精平面升高的刻度,即为该种子样品的体积,代入计算种子比重公式,求出比重。表 1-1-1 列出了一些常见农作物种子的容重和比重。种子的比重和容重,在一般情况下成直线正相关。

(三)种子的密度和孔隙度

种子装在一定容量的容器中,种子所占的实际容积仅仅是其中一部分,其余部分为种子间隙,充满着空气或其他气体。种子所占实际体积与容器的容积之比,如用百分率表示,即为种子密度。容器内种子间隙的体积与容器的容积之比,用百分率表示即为种子孔隙度,二者之和恒为 100%,且互为消长。

各种作物种子的密度和孔隙度相差较为悬殊,品种之间差异也很大,这主要取决于种子颗粒的大小均匀度、种子形状、种皮松紧程度,是否带稃壳或其他附属物、内部细胞结构及化学组

成，种子水分、堆积厚度及入仓条件等。一般凡带有稃壳和果皮的种子，如稻谷、大麦、燕麦、黍稷、向日葵等，其密度都比较小，而孔隙度则相应比较大。表 1-1-2 列出一些常见作物种子的密度和孔隙度。

表 1-1-1 各种农作物种子的容重和比重

作物种类	容重/(g/L)	比重	作物种类	容重/(g/L)	比重
稻谷	460～600	1.04～1.18	大豆	725～760	1.14～1.28
玉米	725～750	1.11～1.22	豌豆	800	1.32～1.40
小米	610	1.00～1.22	蚕豆	705	1.10～1.38
高粱	740	1.14～1.28	油菜	635～680	1.11～1.18
荞麦	550	1.00～1.15	蓖麻	495	0.92
小麦	651～765	1.20～1.53	紫云英	700	1.18～1.34
大麦	455～485	0.96～1.11	苕子	740～790	1.35
裸麦	600～650	1.20～1.37			

测定种子的密度，先要测定种子的绝对质量、绝对体积及容重，然后代入下列公式即得：

$$种子密度=(绝对体积\times容重/绝对质量)\times100\%$$

由于种子比重为“绝对质量/绝对体积”，因此种子密度的公式也可写成：

$$种子密度=(种子容重/种子比重)\times100\%$$

计算时需注意种子容重与比重的单位换算。

在一个装满种子的容器中，除种子所占的实际体积外，其余均为孔隙，则种子的孔隙度为：

$$孔隙度=100\%-密度$$

表 1-1-2 几种作物种子的密度和孔隙度 %

作物	密度	孔隙度	作物	密度	孔隙度
稻谷	35～50	50～65	玉米	45～65	35～55
小麦	55～65	35～45	黍稷	50～70	30～50
大麦	45～55	45～55	荞麦	40～50	50～60
燕麦	30～50	50～70	亚麻	55～65	35～45
黑麦	55～65	35～45	向日葵	20～40	60～80

种子堆的孔隙度大小标志着空气在种子堆中的流通状况，孔隙度大的种子堆空气流通较顺畅，产生的热量和水汽容易散发；投药熏蒸时，带有药物蒸的空气容易深入到种子堆的内部。如果种子堆的孔隙度小，热量容易积累，发热时必须强制机械通风；在投药时也必须在种子堆中安放探管使药进入种子堆内部。

种子堆中的孔隙度还可以用于计算种子堆中氧气的贮存量，以及在密闭状态下绝氧即氧气消耗完毕所需的时间。同时，种子堆中的氧气消耗量与种子的含水量密切相关，含水量高的种子呼吸强度高，耗氧量大，氧气消耗完毕的时间短。表 1-1-3 列出了小麦种子不同含水量时的绝氧时间。

表 1-1-3 小麦种子的绝氧时间

种子含水量/%	呼吸强度/[mL/(kg·24 h)]	绝氧时间/h
14.4	0.67	191.04
16.0	2.84	45.07
17.0	52.81	2.42
19.2	74.66	1.71
21.2	142.33	0.899

思考一下：

哪些数值可以反映出种子堆中空气的流通状况？玉米、大豆、水稻三种作物中，哪种作物的种子堆中氧气的贮存量较高？

二、种子的散落性和自由分级

(一)种子的散落性

作物种子就每一单粒而言，是一小团干缩的凝胶，其形状固定，非遇强大外力，不易变化。但大批种子聚集在一起则形成一个群体，各子粒相互间的排列位置稍受外力就可发生变动，同时又存在一定的摩擦力。因此，就种子群体而言，它具有一定程度的流动性。当种子从高处落下或向低处移动时，形成一股流水状的种子流，种子所具有的这种特性被称为散落性。

当种子从一定高度自然落在一个平面上，达到相当数量时，就会形成一个圆锥体。由于不同作物种子的散落性不一致，其形成的圆锥体亦存在差别。圆锥体的斜面与底部直径所形成的夹角称为种子的静止角或自然倾斜角。它可作为衡量种子散落性好与差的指标，如图 1-1-1 所示。种子停留在圆锥体的斜面上呈静止状态，是由于种子的颗粒间存在着一定大小的摩擦力，摩擦力越大，散落性越差，而静止角越大；反之，静止角越小。

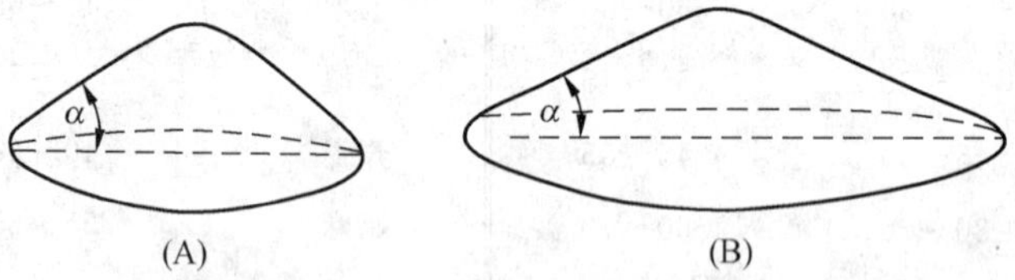

图 1-1-1 种子堆静止示意图

图 A-散落性差，静止角大；图 B-散落性好，静止角小

种子散落性的好与坏，与种子的形态特征、夹杂物、水分含量、收获后的处理和贮藏条件等有密切关系。若种子的颗粒比较大，形状近球形且表面光滑，则散落性较好，如豌豆、油菜籽等；如因收获方法不当或清选手续太粗放而混有各种较轻的夹杂物如破碎叶片、稃壳、断芒、虫尸等，或因操作用力过猛而致种子损伤、脱皮、压扁、破落等情况，则散落性大为降低。种子的水分含量越高，颗粒间的摩擦力越大，种子的散落性也相应减小(表 1-1-4)。故测定种子的静

止角度,必须同时考虑种子水分。我们也可以从静止角的大小估计种子的水分含量。

表 1-1-4 种子水分与静止角的关系

项目	稻谷		小麦		玉米		大豆	
水分/%	13.7	18.5	12.5	17.6	14.2	20.1	11.2	17.7
静止角(°)	36.4	44.3	31.0	37.1	32.0	35.7	23.3	25.4

种子的散落性可通过除芒机、碾种机或其他机械处理而发生变化。通常种子经过处理后,由于种子表面的附着物大部分脱除,此时外表比较光滑,因而散落性增大。种子的贮藏过程中,散落性也会逐渐发生变化。例如,贮藏条件不适当,导致种子回潮、发热、发酵、发霉或发生大量仓虫,散落性就会明显下降。尤其是经过发热、发酵、发霉的种子,严重时形成团块状,有时使整个种子堆形成直壁,完全失去散落性。所以种子在贮藏过程中,应该定期检查种子散落性的变化情况,据此可大致预测种子贮藏的稳定性,以便必要时采取有效防御措施,以免造成意外损失。

表示种子散落性的另一指标是自流角。当种子摊放在其他物体的平面上,将平面的一端向上慢慢提起形成一斜面,此时斜面与水平面所成之角即斜面的陡度亦随之逐渐增大,种子在斜面上开始流动时的角度和绝大多数种子滚落时的角度,即为种子的自流角。种子自流角的大小,是很大程度上随斜面的性质即摩擦力大小而异见表 1-1-5,同时也受种子水分、净度及完整度等因素的影响。必须注意应在有关因素比较一致的情况下测定。有时由于取样方法、操作技术的微小差异,也往往容易造成获得不一致的结果。

表 1-1-5 几种作物种子的静止角和自流角 (°)

作物	静止角	自流角			
		薄铁皮	粗糙二合板	涂磁漆三合板	平板玻璃
籼谷	36～39	26～32	33～43	22～32	26～31
粳谷	40～41	26～31	35～47	20～27	27～31
玉米	31～32	24～36	27～36	18～24	22～31
小麦	34～35	22～29	26～35	17～23	24～30
大麦	36～40	21～27	29～37	18～24	25～31
裸麦	38～40	21～26	30～41	19～23	26～30
大豆	31～32	14～22	16～23	11～17	13～17
豌豆	26～29	12～20	21～26	12～20	13～18

种子的静止角与自流角虽然不容易测得一个精确数值,但在生产上仍有一定的实践意义。如建造种子仓库,就要根据种子的散落性估计仓壁所承受的测压力大小,作为具体选择建筑材料与构造类型的依据。

在种子清选、输送及保管过程中,常利用种子散落性以提高工作效率,减少损耗,保证安全。如自流淌筛的倾斜角应调节到稍大于种子的静止角,使种子能顺利流过筛面,从而提高自动筛选除杂的效率;用输送机运送种子时,其坡度应调节到略小于种子的静止角,以免种子发生倒流而影响工作进度。此外，种子保管过程中，特别是入库初期，应该经常观察种子散落性有无变化，如有下降趋势，则可能是回潮、结露、出汗以至发热霉变的预兆，应该作进一步的检验，并及时采取有效措施，以防造成意外损失。

思考一下：

种子的散落性除自身因素外，还与哪些外界因素相关？同样来源的同一种作物如何可以提高其散落性呢？

(二)种子的自动分级

当种子堆移动的时候，其中的各个组成部分均受到外界环境条件和本身物理特性的综合作用而发生重新分配现象，即性质相近似的组成部分趋向聚集于相同部位，而失去它们在整个种子堆里原来的均匀性，在品质和成分上均增加了差异程度，这种现象称为自动分级。

种子堆移动时发生自动分级现象，这种现象主要是由于种子堆的各个组成部分具有不同的散落性所致；而散落性的差异是由各个组成部分的摩擦力不等及受外力不同的影响所引起的。种子堆的自动分级还受其他复杂因素的影响，如种子堆移动的方式、落点的高低以及仓库的类型等。通常人力搬运倒入仓库的种子，落点较低而随机分散，通常不发生自动分级现象；种子用袋装方法入库，也不存在自动分级的问题。严重的自动分级现象常常发生在机械化大型仓库中，种子数量多，移动距离大，落点比较高，散落速度快，则很容易引起种子堆各组成部分明显的重新分配。种子的净度和整齐度越低，发生自动分级的可能性也越大。当种子流从高处向低处落下形成一个圆锥形的种子堆时，充实饱满的子粒和学生的杂质大多集中于圆锥形的顶部或滚到斜面中部，而瘦小皱瘪的子粒和其中所含较轻浮的杂质则多分散在圆锥体的四周而积集于基部，见表 1-1-6。

表 1-1-6 种子装入圆筒仓内的自动分级

自种子堆上取样的部位	容重/(g/L)	绝对质量/g	碎粒/%	不饱满粒/%	杂草种子/%	有机杂质/%	轻杂质/%	尘土/%
顶部	704.1	16.9	1.84	0.09	0.32	0.14	0.15	0.75
斜面中部	708.5	16.9	1.57	0.11	0.21	0.04	0.36	0.32
基部	667.5	15.2	2.20	0.47	1.01	0.65	2.14	0.69

从表 1-1-6 可比较出，落在种子堆基部靠近仓壁和种子品质最差，其容重和绝对质量均显著降低。碎种子和尘土则大多数集中在种子堆的顶部和基部，斜面中部较少。而较轻的杂质、不饱满粒与杂草种子则大部分散落于基部，即仓壁的四周边缘，因而这部分种子的容重大大降低。在小型仓库中，种子进仓时，落点低，种子流动距离短，受空气的浮力作用影响小，轻杂质由于本身滑动的可能性小，很容易积聚在种子堆的顶端，而滑动性较大的大型杂质和大粒杂草种子，则容易随饱满种子一齐冲到种子堆基部，这种自动分级现象在散落性较大的小麦、玉米、大豆等种子中更为明显。

当种子从仓库中流出时，也同样会发生自动分级现象。种子堆中央部分比较饱满充实的种子先从库中流出来，而靠近仓壁的瘦小种子和轻的杂质后从库中流出来，结果则因出仓先后不同而使种子品质发生很大差异。

在运输过程中，用输送带运送种子，或用汽车、火车长距离运输种了，在不断震动的影响下，就会按其组成部分的不同特性发生自动分级现象，结果是饱满度较差的种子、带稃壳的种子、经虫蚀而内部有空洞的种子以及轻浮粗大的夹杂物，都聚集于表面。

自动分级使种子堆各个组成部分的分布均衡性降低，某些部分积聚许多杂草种子、瘪粒、破碎粒和各种杂质，增强吸湿力，往往引起回潮发热以及仓虫和微生物的活动，从而影响种子的安全贮藏。杂质集中部位，孔隙度小，熏蒸时药剂不易渗透，并且这些部位吸附性强，空隙间的有效浓度较低，因此会降低熏蒸杀虫效果。

种子堆由于发生自动分级而增加差异性，在很大程度上会影响种子检验的正确性。因此必须改进取样技术，以免从中抽得完全缺乏代表性的样品。在操作时，应该严格遵守技术规程，选择适当的取样部位，增加点数，分层取样，使种子堆各个组成部分有着同等被取样的机会，这样检验的结果便可以反映出种子品质的真实情况。

在生产上要彻底防止由于种子自动分级造成的各种不利因素，首先，必须从提高进仓前清选工作的技术水平，尽可能清除杂质，淘汰不饱满或不完整的子粒着手。其次，在贮藏保管业务上，如遇大型仓库，可在仓顶安装一个金属锥形器，使种子流中比较大而重的组成部分落下时不致集中于一点，而尽量使种子分散到四周，轻而小的组成部分能靠近中心落下，以抵消由于自动分级所产生的不均衡性。同时，可以在圆筒仓出口处的内部上方安装一锥形罩，当仓内种子移动时，中心部分会带动周围部分同时流出，从而使各部分种子混合起来，不致因流出先后而导致种子品质差异悬殊。

从生产观点看，自动分级也有有利一面，如许多清选工具和方法就是利用种子的这一特性而设计的。例如，用簸箕或畚斗簸除种子中混杂的空瘪子粒和轻质细小杂质，利用筛子的旋转运动或前后摇摆将比重不同的种子和杂质分离，以及利用垂直螺旋式清选机以及各种斜面清选机进行种子清选分级，都是根据自动分级这一原理进行设计的。同时在种子清选分级工作中，还可利用种子自动分组这一特性来提高工作效率。

思考一下：

种子的自动分级目前都应用于哪些领域？请举例子说明。

三、种子的吸附性和吸湿性

（一）种子的吸附性

种子胶体是具有多孔性的毛细管结构，在种子的表面和毛细管的内壁可以吸附其他物质的气体分子，这种性能称为吸附性。

吸附作用因吸附的深度不同分为三种形式，即吸附、吸收和毛细管凝结或化学吸附。当一种物质的气体分子凝集在种子胶体的表面称为吸附；气体分子进入毛细管内部而被吸着，称为吸收；气体分子在毛细管内达到饱和状态开始凝结而被吸收，则称为毛细管凝结。就种子来说，这三种形式都有存在的可能性，而且很难严格地彼此区分。

种子在一定条件下能吸附气体分子的能力称为吸附容量，而在单位时间内能被吸附的气体数量称为吸附速率。被吸附的气体分子也可能从种子表面或毛细管内部释放出来而散发到周围空气中去，这个过程是吸附作用的逆转，称为解吸作用。若被吸附的气体可以被可逆地完全解吸出来,则称为物理吸附。种子堆里的吸附与解吸过程主要是靠气体扩散作用来进行的。一个种子堆在整个贮藏过程中,所有子粒对周围环境中的各种气体都在不断地进行着吸附与解吸作用。种子如果贮藏在密闭状态中,经过一定时间,就可达到平衡状态。

农作物种子吸附性的强弱取决于多种因素,主要因素包括以下方面。

1. 种子的形态结构包括子粒表面粗糙、皱缩的程度和组织结构

凡组织结构疏松的,则吸附力较强;而表面光滑、坚实,或被有蜡质的,吸附力较弱。

2. 吸附面的大小

子粒有效面积越大,吸附力越强。当其他条件相同时,子粒越小,比表面积越大,其吸附性比大粒种子强,此外,胚部较大的和表面露出较多的种子,其吸附性也较强。

3. 温度

吸附是放热过程,当气体被吸附于种子表面的同时,伴随放出一定的热量,称为吸附热。解吸则是吸热过程,气体从吸附剂表面脱离时,需吸收一定的热量。在气体浓度不变的条件下,温度下降,放热过程加强,有利于吸附的进行,促使吸附量增加;温度上升,吸热过程加强,有利于解吸的进行,吸附量减少,由于这种原因,熏蒸后在低温下散发毒气较为困难。

4. 气体的化学性质

凡是容易凝结的气体,以及化学性质较为活泼的气体一般较易被吸附。

5. 气体浓度

环境中气体的浓度越高,则种子内部与外部的气体压力相关也越大,从而加速其吸附。

(二)种子的吸湿性

种子对于水汽的吸附和解吸的性能称为种子的吸湿性。吸湿性是吸附性的一种具体表现。由于种子的主要组成成分为亲水胶体(典型的油质种子除外),所以大多数种子对水汽的吸附能力是相当强的。

水汽和其他气体一样,其吸附和解吸过程都是通过水汽的扩散作用而不间断地进行着。水分子以水汽状态从种子外部经过毛细管扩散到内部去,其中一部分水分子被吸附在毛细管的有效表面,或继续渗入组织细胞内部与胶体微粒密切结合,成为种子的结合水和束缚水。当外部水汽继续向内扩散,毛细管中的水汽压力逐渐加大,使一部分水汽凝结成水,称为液化过程。外部的气态水分子继续扩散进去,直到毛细管内部充满游离状态的水分子,这部分水分子被称为游离水或自由水。当种子含自由水较多时,细胞体积膨大,子粒外形饱满,内部的生理过程趋向旺盛,常常引起种子的发热变质。种子收获后遇到潮湿多雨季节,空气中的湿度接近饱和状态,往往容易发生这种情况。

当潮湿种子摊放在比较干燥的环境中,水分子就从种子内部向外扩散,直至自由水全部释放出去。有时遇到高温干燥的天气,即使是束缚水也会被释放一部分,这时种子水分可达到安全贮藏水分以下,在盛夏和早秋季节种子经常会发生这种情况。

根据调查研究,在相同的湿度和相对湿度条件下,同一种种子吸湿增加水分和解吸降低水分这两种情况下的平衡水分不同。种子吸湿达到平衡的水分始终低于解吸达到平衡的水分,这种现象称吸附滞后效应。种子贮藏过程中,如吸湿回潮,水分升高,以后即使大气湿度恢复到原来水平,种子解吸水汽,但最后种子水分也不能恢复到原有水平。这一现象在生产上应该引起注意。

种子吸湿性的强弱主要取决于种子的化学组成和细胞结构。种子含亲水胶体的比率越

大，吸湿性越强；反之，含油脂较多的种子吸湿性则弱。禾谷类作物种子由于胚部含有较多的亲水胶体物质，其吸湿性要较胚乳部分明显增强，因此，在较为潮湿的气候条件下，胚部比胚乳部分容易吸湿回潮，成为每颗籽粒发霉变质的起始点。在贮藏上解决这个问题的根本措施是干种子密闭贮藏，以隔绝外界水分的侵入。

（三）种子平衡水分

种子水分随着吸附与解吸过程而变化，置于固定不变的温度和湿度环境条件下，经过较长一段时间，种子水分可以保持在一定水平，基本上稳定不变，此时种子对水汽的吸附和解吸作用以同等的速度进行，即达到动态平衡状态，此时的种子水分为种子在该特定条件下的平衡水分，此时的相对湿度称为平衡相对湿度。当温度固定，将不同湿度下的种子平衡水分画成曲线，就得到一条S形曲线，称为等温吸附曲线。见图1-1-2，在一定温度条件下，种子含水量与空气相对湿度的关系。

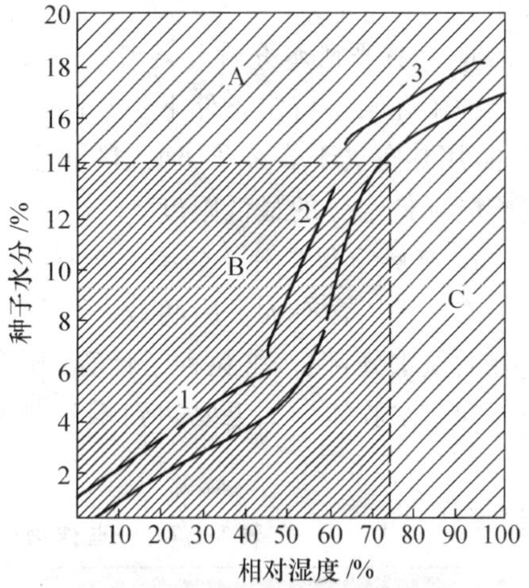

图1-1-2　在一定温度条件下，种子含水量与空气相对湿度的关系（吸湿平衡曲线）

A区—种子贮藏不安全；B区—种子贮藏安全；C区—仅限于短期贮藏

1—阶段Ⅰ；2—阶段Ⅱ；3—阶段Ⅲ

这条曲线有两个转折点：第一个转折点（阶段Ⅰ与阶段Ⅱ之间）出现是因为种子非常干燥，种子胶体中的亲水基团处于裸露状态，对水分子有极强的亲和力，由于强烈地吸收水分，平衡水分很快上升。当种子的所有亲水基团都吸附水分就形成第一层水膜。由于有第一层水膜存在，种子和空气中的水分子有一层间隔，不是靠种子的亲水胶体而是靠水分子之间微弱的氢键吸引，才能形成第二层水膜。因此，尽管空气相对湿度增加，但第二层水膜形成很慢，所以造成此时的平衡水分增加缓慢。第二个转折点（阶段Ⅱ与阶段Ⅲ之间）出现是因为种子水分增加后逐渐趋向饱和而凝结，种子内部水汽压突然下降，空气中的水汽在外界水汽压作用下大量进入种子中，所以种子的平衡水分迅速上升。

种子的平衡水分受温度、相对湿度和种子本身不同特性等因素的影响。当湿度不变时，种子的平衡水分随温度升高而减小，呈负相关；当温度不变时，种子的平衡水分随相对湿度的增加而增大，呈正相关；从种子本身来看，种子表面粗糙、破损、种子的胚中轴或胚较大、种子内部结构致密、毛细管多而细，种子平衡水分高。此外，种子中化学物质的亲水性对种子的平衡水分有着极大的影响，凡含蛋白质、淀粉成分高的种子平衡水分较高，而含脂肪成分高的种子平衡水分较低。

种子的平衡水分可以从不同的角度去理解和应用，为种子的安全贮藏及加工提供优质服务。

1. 可以用平衡水分来确定种子的安全贮藏水分

吸湿平衡曲线上第一个转折点是第一层水与第二层水的界限，第二个转折点是第二层水与多层水的界限，两个转折点的1/2处为束缚水与自由水的界限，即临界水分。自由水的存在会引起种子内部一系列旺盛的生命活动，呼吸强度增大，不利于种子的贮藏。通常种子的安全水分一般不应超过临界水分。安全水分的确定还要考虑不同地区所处的温度以及常年大气湿度。南方的安全水分必须低于北方。

2. 可将平衡水分看作是某一特定条件下种子是解吸还是吸湿的分界线

例如，某一仓库中相对湿度80%，温度20℃，小麦入库水分13%。查表1-1-7可知，该条件下小麦的平衡水分为15.9%，因此，小麦会吸收空气中的水分，此时则需要进行通风和隔湿工作。

3. 可将平衡水分看作是某种特定条件下的种子最大持水量

种子在某一特定条件下失水的多少也和平衡水分有关，后者在种子干燥中有广泛的应用。例如，用热空气干燥种子，通入的热空气含有一定的相对湿度和温度，该条件下平衡水分就是种子能降低水分的最低限度。

4. 可解释油类种子的安全贮藏水分较低的原因

油质种子含有大量脂肪，水分子只能分布在其余的亲水胶体上。对亲水胶体而言，它已经含有大量水分，但按整粒种子计算，所含水分仍然很低。例如，某油质种子含油率40%，那么60%为亲水胶体。如果要达到禾谷类种子相同的安全程度13%，它的安全水分应为13%×60%，即为7.8%。

表1-1-7 一些作物种子在不同温度和相对湿度下的平衡水分

作物种子	温度/℃	相对湿度/% 20	30	40	50	60	70	80	90
小麦	0	8.7	10.1	11.2	12.4	13.5	15.0	16.7	21.3
大麦	0	9.2	10.6	12.1	13.1	14.4	16.4	18.3	21.1
黍	0	8.7	10.2	11.7	12.5	13.6	15.2	17.1	19.1
稻谷	20	7.5	9.1	10.4	11.4	12.5	13.7	15.2	17.6
玉米	20	8.2	9.4	10.7	11.9	13.2	14.9	16.9	19.2
小麦	20	7.8	9.0	10.5	11.6	12.7	14.3	15.9	18.3
大麦	20	7.8	9.2	10.7	11.3	13.1	14.3	16.0	19.9
黍	20	8.8	9.5	10.9	12.0	13.4	15.2	17.5	20.9
大豆	20	5.4	6.5	7.1	8.0	9.5	14.4	15.3	20.9
小麦	30	7.4	8.8	10.2	11.4	12.5	14.0	15.7	19.3
大麦	30	7.6	9.1	10.4	12.2	13.2	14.3	16.6	19.0
黍	30	7.2	8.7	10.2	11.0	12.1	13.6	15.3	17.7

思考一下：

为什么含淀粉和蛋白质高的种子其平衡水分高，而含脂肪多的种子其平衡水分低？种子的平衡水分受哪些因素影响？

四、种子的导热性和比热容

(一)种子的导热性

种子堆传递热量的性能称为导热性。种子具有一定的导热性能，种子堆却是不良导体。

热量在种子堆内的传递，主要是通过传导传热和对流传热来进行的。

种子导热性的强弱通常可以用传热系数来表示。传热系数就是指单位时间内通过单位面积静止种子堆的热量。它取决于种子的特性、水分的高低、堆装所受压力以及不同部位的温差等条件。种子堆各层之间的温差越大，则通过种子堆的热量越多，传热系数也就越大。

生产上要测得种子的传热系数，则先要测定种子的导热系数。种子的导热系数是指 1 m 厚的种子堆，当表层和底层的温差相差 1℃时，在每小时内通过该种子堆每平方米表层面积的热量，单位为 kJ/(h・m・℃)。作物种子的导热系数一般都比较小，大多数在0.418 4～0.836 8 kJ/(h・m・℃)，并且随种温和水分变化而有增减，如表 1-1-8 所示。

表 1-1-8　几种作物种子的导热系数

作物种类	种温/℃	水分/%	导热系数/[kJ/(h・m・℃)]
小麦	20.0	22.8	0.828 4
	16.6	17.8	0.548 1
	10.0	17.5	0.384 9
大麦	17.5	18.6	0.640 1
燕麦	18.0	17.7	0.497 8
黑麦	16.7	11.7	0.723 8
黍	18.0	11.9	0.602 5

一般作物种子的导热系数介于水与空气之间，在 20℃ 时，空气的导热系数为 0.090 8 kJ/(h・m・℃)，而在此温度下水的导热系数为2.133 8 kJ/(h・m・℃)。可见，在相同温度条件下，水的导热系数远远超过空气，因此，当仓库的类型和结构相同，贮藏的种子数量相近时，在不通风的密闭条件下，种子水分越高，则热的传导速度越快；种子堆的空隙越大，则热的传导速度越慢，即干燥而疏松的种子在贮藏过程中不易受外界高温的影响，能保持比较稳定的种温；反之，潮湿紧密的种子，则容易受外界温度变化的影响，温度波动较大。

种子的导热性差，在实际生产上会带来两种相反的作用，在贮藏期间，如果种子本身温度比较低，由于导热不良，则不易受外界气温上升的影响，从而保持比较长期的低温状态，对安全贮藏有利。但当外界气温较低而种子温度较高的情况下，由于导热很慢，种子不能迅速冷却，以致种子长期存在高温条件下，持续进行旺盛的生理代谢作用，促使种子生活力迅速减退和丧失，这就成为种子贮藏的不利因素。因此，种子入库时，不但要考虑水分是否符合规定标准，同时还需注意种温是否基本上一致，防止导致意外损失。例如，在高温潮湿的气候条件下所收获的种子，需加强通风，使种子温度和水分逐步下降，直到冬季可达到稳定状态，等到来年春天气温上升，空气湿度增大，则将仓库保持密闭，直到炎夏，种子仍然能够保持接近冬季的低温，从而可以避免夏季高温影响而确保贮藏安全。

(二)种子的比热容

种子的比热容是指 1 kg 种子温度升高 1℃时所需的热量，其单位为 kJ/(kg・℃)。它决定于种子的化学成分，主要包括水分及各种成分的比率。在种子的主要化学成分中，干淀粉的比热容为1.548 1 kJ/(kg・℃)，油脂为2.050 1 kJ/(kg・℃)，干纤维为1.338 8 kJ/(kg・℃)，水为

4.184 kJ/(kg·℃),绝对干燥的作物种子的比热容大多数在1.673 6 kJ/(kg·℃)左右,如小麦与黑麦为1.548 1 kJ/(kg·℃)、向日葵为1.644 3 kJ/(kg·℃)、亚麻为1.661 0 kJ/(kg·℃)、大麻为1.552 2 kJ/(kg·℃)、蓖麻为1.840 9 kJ/(kg·℃)。水的比热容超过一般种子干物质比热容一倍以上。因此,种子的含水量愈高,比热容愈大。

掌握种子的热容量,可以推算一批种子在秋冬季节贮藏期间放出的热量,并可根据比热容、传热系数和当地的月平均温度来预测种子的冷却速度。通常一座能容 2.5×10^5 kg 种子的仓库,种温从进仓时 30℃降到秋冬季 15℃以下,放出的总热量可达数百万千焦。同样,在春夏季种温随气温上升,也需吸收大量的热量。因此,在前一种情况下,需装通风设备以加速降温;后一种情况下,需密闭仓库以减缓升温,这样便可以保持种子长期在比较低的温度条件下,抑制其生理代谢作用而达到安全贮藏的目的。

刚收获的作物种子,水分较高,比热容也较大,如直接进行烘干,则使种子升高到一定温度所需的热量也较大,即消耗燃料也越多,而且也不可能一次完成烘干的操作过程,如加温太高,会导致种子死亡。因此,种子收获后,放在田间或晒场上进行预干,是最经济而稳妥的办法。

思考一下:

不同种子的导热性和比热容均有差异,种子在贮藏的过程中,有哪些环节需要特别注意,防止其成为贮藏种子的不利因素?

复习思考题

1. 如何确定种子的安全贮藏水分?
2. 生产中如何利用种子的导热特性?
3. 为什么种子堆用药剂熏蒸后,在低温下散发毒气比较困难?

实验实训一　种子容重和比重的测定

一、目的和要求

加深巩固对种子容重和比重概念的理解,并正确掌握使用测定仪器的方法。

二、材料和用具

1. 材料

水稻、小麦、玉米、油菜、大豆等各种农作物种子。

2. 用具

容器、比重瓶、天平、二甲苯或酒精等。

三、方法和步骤

1. 种子容重的测定

测量时，先安装好仪器的各部件，对天平进行校正。将试样倒入漏斗筒内，将漏斗筒套在空筒上，打开漏斗开关，使种子流入空筒内。以左手拿容器筒，右手迅速而平稳地抽出插片，这时排气锤及试样落在容器筒底部，再将插片迅速而平稳插入。然后取下漏斗筒，再取下容器筒和空筒，用手指按住插片，将容器筒倒转，使插片上多余种子倒出来，然后再取出插片。把容器筒与试样一起称重，精确度为 0.5 g。每种样品重复测定两次，允许前后两次误差为 5 g/L。如果前后两次重复在允许的误差内，求取其平均数，否则再测一次，取其接近的两个数值计算平均数。

2. 种子比重的测定——比重瓶测定

①称取净种子样品 2～3 g(精确到毫克)。

②将二甲苯(也可用甲苯或 50%酒精)装入比重瓶，到标线为止，如有多余用吸水纸吸去。如果比重瓶配有磨口瓶塞，则把二甲苯装满到瓶塞处，再把溢出的药液擦干。

③将装好二甲苯的比重瓶称重(W_2)。

④倒出一部分二甲苯，将已称好的种子(W_1)投入比重瓶中，再用二甲苯装满到比重瓶的标线，用吸水纸吸去多余的二甲苯，投入后，注意观察种子表面应不附着气泡，否则会影响结果的准确性。

⑤将装好二甲苯和种子的比重瓶称重(W_3)。

⑥计算种子比重(S)。

$$S=\frac{W_1}{W_2+W_1-W_3}\times G$$

式中，G 为二甲苯的比重，在 15℃时为 0.863。

四、实训作业

根据测量结果，计算不同种子的容重和比重。

实验实训二 种子散落性的测定

一、目的和要求

通过对种子静止角和自流角的测定，加深巩固对种子散落性概念的理解，并正确掌握仪器的使用方法。

二、材料和用具

1. 材料

水稻、小麦、玉米、大豆、油菜等各种农作物种子。

2. 用具

长方形玻璃缸、量角器、自流角测量仪、玻璃板、天平等。

三、方法和步骤

1. 静止角的测定，如图 1-1-3 所示

①将种子倒入长方形玻璃缸中以其高度的 1/3 为宜。

②把玻璃缸内的种子弄平整后，用玻璃盖盖上，然后慢慢地将它向一侧倾倒，使种子形成一个斜面，与水平面成一定角度，即为静止角。

③用量角器测量静止角的角度并记录。

④用同样的方法重复测量 3 次，计算求取平均值。

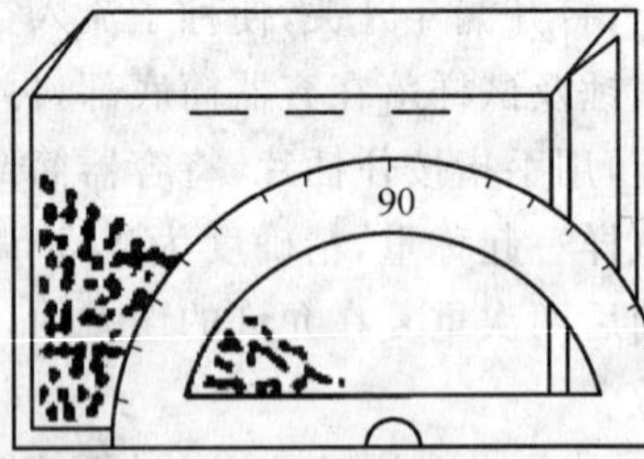

图 1-1-3　用长方形玻璃器皿测定静止角

测定静止角时，每个样品最好重复多次，记录其变异幅度，同时附带说明种子的净重和水分，以便和其他结果比较。

2. 自流角的测定

①称取种子 10 g，置于自流角测量仪玻璃板的一端。

②将玻璃板有种子的一端慢慢地提起，使种子滚落，当种子开始滚落时即记下玻璃板与水平面所成的角度，为始角。

③再记下种子绝大部分滚落时所成的角度，为终角。

④始角与终角范围内的角度为自流角。

⑤用同样的方法重复测量 3 次，计算求取平均值。

3. 种子对仓壁侧压力的计算

根据测得的有关数据，试计算种子对仓壁的测压力。计算公式为：

$$p = mh^2\tan^2(45° - \alpha/2)/2$$

式中，p 为侧压力，kg/m；m 为种子容重，kg/m^3；h 为种子堆高度，m；tan 为正切（函数）；α 为静止角，度。

四、实训作业

根据测定的静止角和自流角，计算出不同种子对仓壁的侧压力。

实验实训三　种子平衡水分的测定

一、目的和要求

通过测定种子平衡水分，了解各种作物种子在不同的相对湿度条件下和不同种类种子

在同一相对湿度条件下的种子平衡水分特性；并通过测定平衡水分，求得某种种子的临界水分。

二、材料和用具

1. 材料

水稻、小麦、玉米、大豆、油菜等各种农作物种子。

2. 用具和药品

恒温箱、1 000 mL 广口瓶、小型铁丝筐、量筒、硫酸、氯化锂、醋酸钾、硫酸钾、天平等。

三、方法和步骤

①称取种子 40 g，装入小筐中，共 9 份。

②配制浓度为 29.25％、26.25％、23.50％、20.25％、17.75％、11.75％的硫酸溶液和氯化锂、醋酸钾、硫酸钾饱和溶液。

③在广口瓶内分别倒入各种不同溶液 250 mL，以便配制不同的相对湿度。

④把存有种子的小筐挂在瓶塞的钩上并密封，然后将瓶放置于 20℃的恒温箱中定期观察，1 周后称重，以后每隔 1 周称重一次，直至恒重。表 1-1-9 为 20℃时不同溶液的相对湿度。

表 1-1-9　20℃时不同溶液的相对湿度

溶　液	相对湿度/％	溶　液	相对湿度/％
饱和溶液：氯化锂	12.4	23.50	57
醋酸钾	23.2	20.25	68
硫酸钾	97.2	17.75	76
硫酸溶液(％)：29.25	35	11.75	88
26.25	47		

⑤用 105℃烘箱法测定种子水分，然后将种子水分和相对湿度绘制成坐标曲线图。

四、实训作业

绘制出各种种子的吸水平衡曲线，并求出临界水分。

工作任务二　种子脱粒技术

知识目标

➤掌握脱粒机的工作原理。

➤掌握脱粒机的种类及特点。

➤了解脱粒机各部件的结构。

➤掌握脱粒机的安装检查内容。

技能目标

➢能够熟练掌握脱粒机的使用技术。

➢掌握脱粒机的安装流程。

➢熟练掌握脱粒机各部分的调节技术。

知识资讯导读

谷物脱"粒",就是将谷物除壳、去秆的过程。最古老的方法是用一个叫做"连枷"的器械连续地拍打麦子。接着是"扬"谷,将谷物往空中抛出,以便让风吹掉轻的、不要的那部分谷子以及"谷壳",这是最早的艰苦劳累的脱粒方法。后来苏格兰发明家詹姆士在18世纪后期研制成了一种机器,它装有一个在滚筒上转动的木构架,木构架上安装着狭条皮带,当它转动时,就形成了一股气流,借此吹走小麦上的外壳,这是第一部脱粒机。不久,制造出了以水和蒸汽为动力的新型机器,脱粒机在美国非常成功,那里劳动力短缺,农业规模很大,脱粒机研制的成功和使用大大地提高了劳动效率。

思考一下:

你知道我国种子脱粒技术的发展现状、存在问题及发展趋势吗?和国外相比,我国的种子脱粒机械的优势和缺陷有哪些?

一、种子脱粒机械原理

脱粒装置是脱粒机的核心部分。它不仅在很大程度上决定了机器的脱粒质量和生产率,而且对分离清选等也有很大影响。

对脱粒装置的技术要求主要是脱得干净;谷粒破碎、暗伤尽可能少;分离性能好,这一点是联合收获机向大生产率方向发展所特别提出的要求;通用性好,能适应多种作物及多种条件;功率耗用低;在某些情况下要求保持茎秆完整或尽可能减少破碎。

上述技术要求和谷物本身的脱粒特性是形成各种类型脱粒装置的基础。脱粒难易程度与作物品种、成熟度和湿度等有密切关系。成熟度差、湿度大的就难脱。温度大、秆草含量多时会显著地降低脱粒装置的分离性能。

为了使谷粒脱离穗轴,可以有多种方法来实现,主要有以下四种。

一是打击。由工作部件(如钉齿或纹杆)打击穗头使谷粒产生振动和惯性力而破坏它与穗轴的连接。脱粒效果取决于打击速度的大小和打击机会的多少。

二是梳刷。当工作部件很窄,在谷穗之间通过时,就形成了梳刷脱粒。实际上它也是打击。通常在梳刷中茎秆不动或做少量的纵向运动。

三是揉搓或搓擦。它是指谷层在挤压状态下在层内出现挫动而使谷粒脱落,发生在钉齿或纹杆滚筒的脱粒间隙中。脱粒效果取决于揉搓的松紧度(强度),也就是间隙的大小和谷层的疏密。

因为打击脱粒必须要有部件与谷粒间较大的相对速度这样一个条件,所以这种脱粒通常出现在茎秆静止(如半喂入式)或运动速度很低(如纹杆、钉齿滚筒的喂入口处)的时候。而揉搓则不同,它发生在已经获得很大运动速度(如在脱粒间隙的后段)的谷层内部,由于相对揉搓而脱粒。

四是碾压。脱粒元件对谷穗的挤压造成脱粒,在碾压过程中会使谷粒与穗柄之间产主横向相对位移，而通常谷粒与穗轴的抗剪能力是较弱的，上述相对位移就形成了剪切破坏其连带。此时碾压会造成相邻谷层之间的移动，这也能破坏谷粒的连接力。因此，用碾子碾压铺在场院的谷层进行脱粒是有效方法之一。

以上几种方法相互组合都可以达到脱粒的目的，其效果有所不同，常用的有三种组合。用高的打击速度和揉搓，经较短的脱粒过程，如单滚筒脱粒装置；用由低到高的打击速度，揉搓强度由小到大，脱粒过程较长，如双滚筒脱粒装置；用较低的打击速度和揉搓，脱粒过程很长，如轴流滚筒脱粒装置。

想一想：

在你的日常生活中见到过哪些脱粒机？它们采用哪种脱粒原理？

(一)脱粒装置

1. 脱粒装置的种类

根据作物是否通过脱粒装置可分为全喂入式和半喂入式脱粒装置两类。全喂入脱粒装置中谷物整株都进入并通过脱粒装置，脱粒时谷粒一脱落下来就与茎秆掺混在一起，所以用此装置脱粒的谷物还得有专门的机构把谷粒从茎秆中分离出来，或把此装置做得使它本身就具有此功能。

全喂入脱粒装置按作物沿脱粒滚筒运动的方向又可分为切流式与轴流式两种。

切流式脱粒装置中，作物喂入后沿滚筒的切线方向进入又流出，在此过程中在滚筒与凹板之间进行脱粒，此类型的有纹杆滚筒、钉齿滚筒和双滚筒脱粒装置。

轴流式脱粒装置中谷物在作旋转运动的同时又有轴向运动，所以谷物在脱粒装置中运动的圈数或路程比切流式多或长。使它能在脱粒的同时进行谷粒的分离，脱净率高而破碎率低。

半喂入脱粒装置只有谷物的上半部分喂入脱粒装置，茎秆并不全都经过脱粒袋置，从而可免去分离装置，茎秆保持完整和整齐。

2. 脱粒装置的构造

(1)纹杆滚筒式脱粒装置　它由纹杆滚筒和筛状凹板组成。脱粒时，作物沿滚筒的切向喂入，通过滚筒与凹板的间隙，受到纹杆冲击及纹杆与凹板对谷物的搓擦使谷粒脱落。脱下的谷粒大部分从栅格中落下，少量夹带在茎秆中从滚筒的后部排出。图 1-2-1 为纹杆滚筒的结构图。

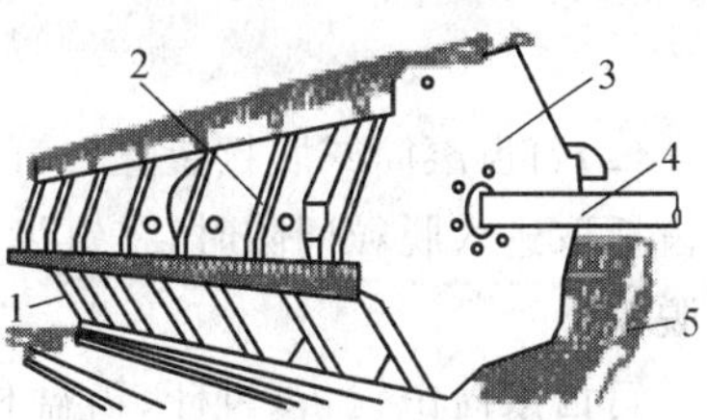

图 1-2-1　纹杆滚筒

1—纹杆；2—中间圈；3—辐盘；4—滚筒轴；5—凹板

纹杆滚筒由纹杆、辐盘、滚筒轴组成。纹杆是脱粒元件，用螺钉固定在辐盘或纹杆座上。我国生产的纹杆有 A 型与 D 型两种(图 1-2-2)。A 型纹杆通过纹杆座安装在辐盘上。D 型纹杆为弯曲型钢断面，适用于多角形辐盘，它用螺栓直接固定于辐盘上，结构简单。纹杆表面的斜纹可增强抓取和搓擦的能力，左右纹向交替安装，可抵消脱粒时茎秆向一侧的轴向移动。

凹板为栅格状的弧形板，装在滚筒下方。由侧板、横板和穿在横板孔眼内的钢丝组成栅格，如图 1-2-3 所示。凹板与滚筒之间形成一定的间隙，称为脱粒间隙。凹板圆弧所对的回心角，称为凹板包角。包角大，凹面积大，脱粒和分离能力增强，生产率高，但脱出物中碎秆增多，

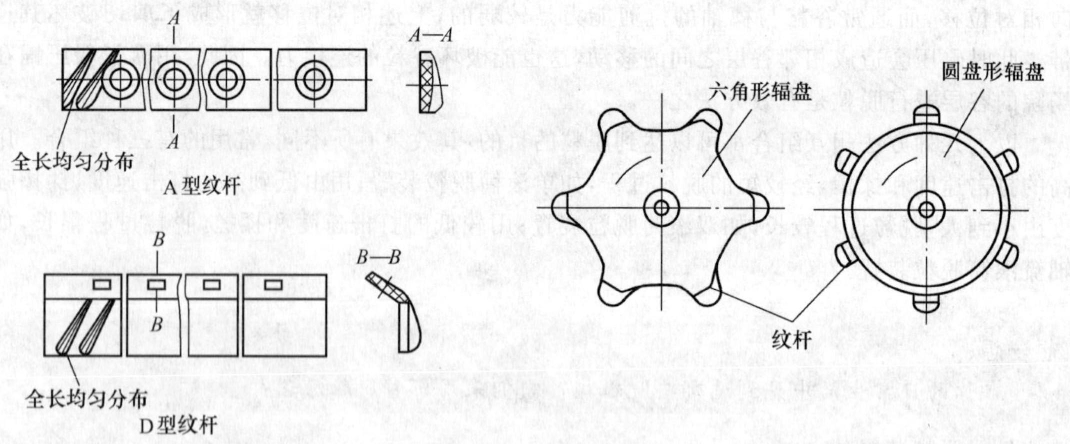

图 1-2-2 纹杆类型及辐盘

功率消耗大，包角过大易使潮湿作物缠绕滚筒，一般包角为 100°～200°。

纹杆滚筒式的特点是有较好的脱粒、分离性能，秆草断碎较少；对多种作物有较好的适应性，尤其适合麦类作物。结构较简单，制造、安装调整和使用比较方便，故运用最广泛。但是如果作物喂入不均匀和作物湿度较大，脱净率低，脱水稻时破壳率也较高。

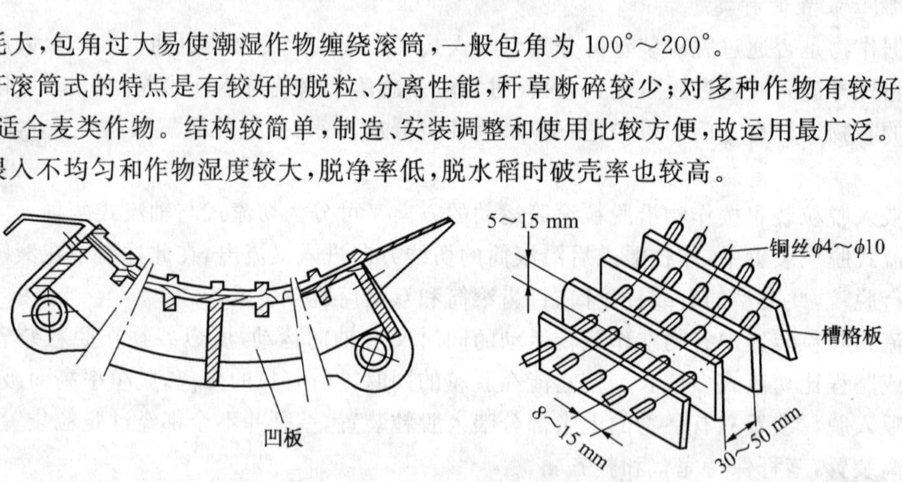

图 1-2-3 槽格和凹板

(2)钉齿滚筒式脱粒装置　钉齿滚筒式脱粒装置由钉齿滚筒和钉齿凹板组成。作物在被钉齿抓取进入脱粒间隙时，在钉齿的打击、齿侧面间和钉齿顶部与凹板弧面上的搓擦作用下进行脱粒。

钉齿滚筒由钉齿、齿杆、辐盘和滚筒轴组成，如图 1-2-4 所示。钉齿按螺旋线分布成排地固定在齿杆上。脱粒机上常用的钉齿有刀形齿、楔形齿和杆形齿等多种(图 1-2-5a)。刀形齿薄而长，抓取和梳刷脱粒作用强，对喂入不均匀的厚层作物适应性好，打击脱粒的能力也比楔形齿强。由于其梳刷作用强，齿侧间隙又大，使脱壳率降低，这是刀形齿脱水稻的一个优点。此外，由于齿薄，侧隙大，齿重叠量小，功率消耗比楔形齿为低。楔形齿基宽顶尖，纵断面几乎呈正三角形，齿面向后弯曲，齿侧面斜度大，脱潮湿长秆作物不易缠绕，脱粒间隙的调整范围大。

凹板由齿板、栅格板、侧板等构成，如图 1-2-6 所示。凹板上钉齿类型与滚筒钉齿相同，钉齿排数为 4～6 排。排数多，脱粒能力强，但谷粒破碎及能耗增大。通常装车排已可满足脱粒要求，凹板上钉齿配置在滚筒钉齿齿迹线中间(图 1-2-5b)。为了避免在滚筒与凹板入口处造成阻塞，入口处凹板上第一排钉齿比其他排的钉齿数减少一半，使谷物能通畅地进入滚筒。

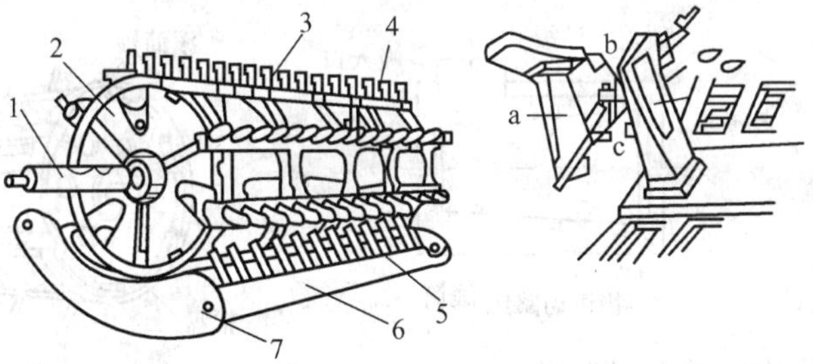

图 1-2-4　钉齿滚筒式脱粒装置

1—滚筒轴；2—辐盘；3—滚筒钉齿；4—齿杆；5—凹板；6—栅格板；7—侧板

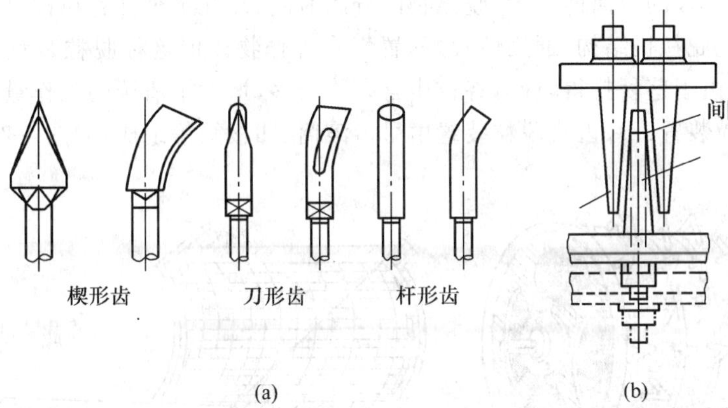

图 1-2-5　钉齿类型及钉齿间隙

钉齿式脱粒装置具有较强的脱粒能力，适于脱潮湿而难脱的作物；但由于钉齿的冲击力强，茎秆破碎比较严重，使增选负荷增大，功率消耗增加。此外，这种脱粒装置制造及装配要求较高，使用调整比较复杂。

图 1-2-6　凹板的构造

1—凹板调节器；2—侧板；3—凹板；4—置种器

(3)轴流式脱粒袋置　由杆齿滚筒、筛状凹板，带螺旋导板的顶盖等组成(图 1-2-7a)。凹板和顶盖形成一个圆筒，把滚筒包围起来。脱粒时，作物从滚筒喂入口进入滚筒，随滚筒的旋转，在导向板作用下作螺旋运动。在滚筒和凹板的冲击和搓擦下，使谷粒从作物穗头上脱下，通过凹板筛孔分离出来，茎秆从滚筒排草口排出。这种脱粒装置的特点是脱粒时间长，所以在滚筒转速较低和脱粒间隙较大的情况下，也能脱粒干净，对谷粒易碎的作物，如水稻，有较好的适应性。

杆齿滚筒由辐盘、杆形齿、齿板、滚筒轴等构成，如图 1-2-7b 所示。杆形齿由圆钢制成，为防止挂草，齿端部略向后倾斜。杆形齿固定在图 1-2-8 排齿板上，按螺旋线排列。杆齿式脱粒滚筒有圆筒形和圆锥形两种结构形式。

凹板的类型有编织筛式、冲孔筛式和栅格筛式三种。其中栅格筛式凹板的脱粒和分离能力最强，虽然这种筛使茎秆的破碎较严重，但仍被广泛采用。

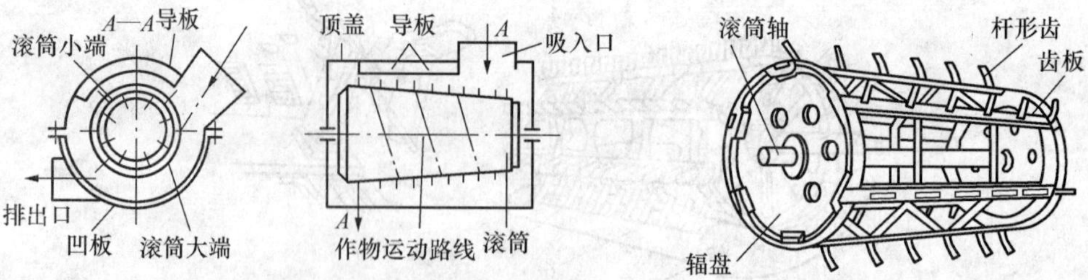

(a)锥形杆齿滚筒工作过程　　(b)结构图

图 1-2-7　轴流式脱粒装置

这种脱粒装置凹板的分离面积大,脱出物的分离时间长,几乎全部谷粒都可以从凹板分离出来,因此可以简化脱粒机结构,通用性较好,置于多种作物。但这种脱粒装置由于脱粒时间长,生产率较低,并由于茎秆打得较碎,谷粒中含杂物较多,增大了清选的工作量。

(4)弓齿式脱粒装置　弓齿式脱粒装置由弓齿滚筒、凹板筛等组成,如图 1-2-8 所示。

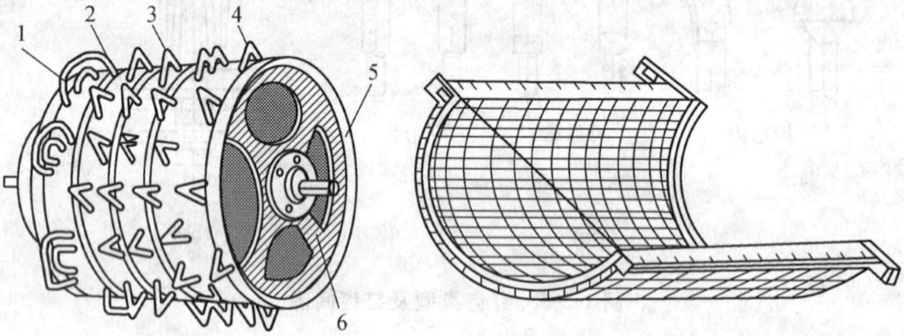

(a)　　(b)

图 1-2-8　弓齿滚筒脱粒装置

1—梳密齿;2—滚筒体;3—加强齿;4—脱粒齿;5—滚筒轴;6—辐盘

滚筒体一般由薄钢板卷成闭式圆筒。为了便于喂入,圆筒一端做成锥形。为了增加强度,圆筒表面压有夹出的加强筋。圆筒上冲有孔,用以安装弓形齿。

脱粒元件就是弓形齿,按螺旋线排列在滚筒体上,根据作用不同,滚筒体各部位的齿可分为梳整齿、加强齿和脱粒齿三种。梳整齿齿顶圆弧较大,用以梳整谷穗和起导向作用,安装在喂入口处。脱粒齿齿顶圆弧最小,脱粒作用最强,安装在滚筒体的末端。加强齿齿顶圆弧介于梳整齿和脱粒齿之间,配置在滚筒体中段。弓形齿的形状如图 1-2-9 所示。

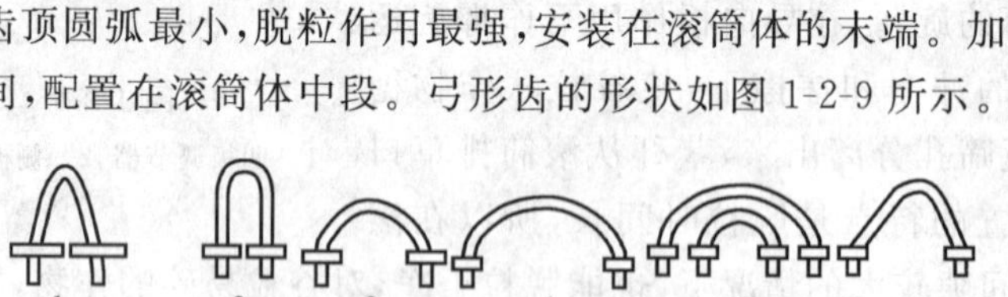

图 1-2-9　弓形齿的形状

1、2—脱粒齿;3—第一梳密齿;4—第二梳密齿;5—第三梳密齿;6—加强齿

与弓齿滚筒配合使用的凹板多为编织筛网式凹板(图 1-2-8b)。它由铁丝编织的筛网和弧形加强板组成,筛网的有效面积大,所以这种凹板的分离能力很强。但是筛网易变形,只适于半喂入方式的脱粒机。

这种脱粒装置功率消耗少，脱出的茎秆比较完整，可用于副业生产。但是需要用人力整理谷物，劳动生产率低。并且容易产生脱不净和在茎秆中央夹带脱不净稻谷等损失。它主要用来脱水稻，脱小麦时易造成断穗。

(5)双滚筒脱粒装置　它是由两个不同类型脱粒滚筒组合在一起，完成脱粒工作，如图1-2-10所示。谷物脱粒的难易程度相差悬殊，所以用一个滚筒一次脱净的方法是与谷物的脱粒特性不相适应的。因为这时作用于全部谷粒的机械强度相同，易于脱粒的饱满谷粒早已脱下甚至已经受到损伤和破碎时，不太成熟的谷粒尚不能完全脱下。对于易破碎的大豆和水稻来说，这种情况更为明显，存在着脱净与破碎之间的矛盾。

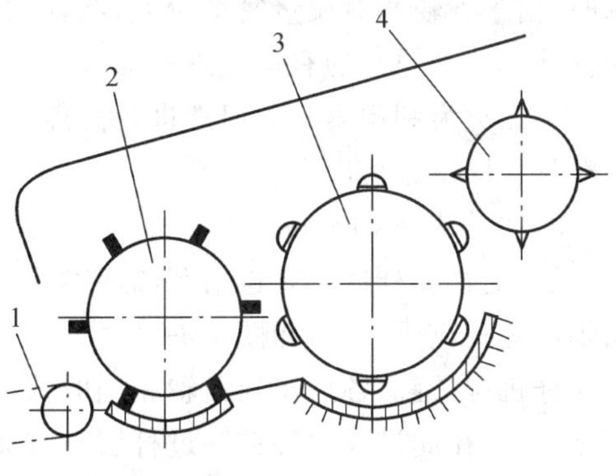

图1-2-10　双滚筒脱粒装置

1—输送带；2—钉齿滚筒；3—纹杆滚筒；4—逐秆轮

当用配备格状凹板的两滚筒脱粒时，就可使上述矛盾解决得好一些。转速较低的第一个滚筒把成熟得好、饱满易脱子粒先脱下来，并使其在第一滚筒的凹板上尽可能先分离出来；未脱下的谷粒和茎秆一起进入转速较高、间隙较小的第二滚筒，使之完全脱粒。这样就避免了在初期早已脱下的谷粒再次受到高速滚筒的打击所造成的破碎。

以上就是形成双滚筒脱粒装置的依据。同时由于凹板总面积的增加使得谷粒分离率增高，有利于降低分离机构的分离损失，从而可扩大机器的生产率。

通常第一滚筒为钉齿滚筒。它有较强的抓取能力，对喂入不均匀的适应性强。它将谷层拉薄、拉匀，再喂入第二滚筒。第二滚筒常为纹杆式。在这样的条件下脱粒性能较好，把谷粒脱净又不致使茎秆过于断碎。有时在两滚筒之间加个中间轮，它既可增强第二滚筒以前的分离能力，又可使谷物流从前滚筒出来进入后滚筒内得以平滑过渡。

思考一下：

目前市场上销售的脱粒机的脱粒装置有哪些？它们有哪些区别？

(二)分离装置

1. 对分离装置的要求

谷物经脱粒装置脱粒后变成由长秆、短秆、颖壳和谷粒等组成的混合物，称为脱出物。通常从栅格状凹板里可分离出70%～90%的谷粒和部分颖壳、短秆，并随即被引导到清选装置上。在剩下的脱出物中以长茎秆占体积最大，应立即被分离出来并送出机外，完成这一作业的装置称为分离装置。

对分离装置的要求是在把长秆分离出去时不允许将谷粒裹带出去(一般控制在0.5%～1.0%以下)。由于这一要求不易达到，分离机构已成为收获机上最薄弱的环节。另外，逐秆器对负荷量很敏感。当滚筒脱出物稍超过额定进入量或茎秆潮湿、杂草增多，均会使谷粒损失率急剧增加。而在收获水稻时比收获麦类作物损失更大。还有个特点是某些逐秆器为键式，其体积庞大。为了减少谷粒损失，在大型的联合收获机上其长度已达4～5 m，致使机器庞大臃肿。

2. 工作原理

分离装置种类较多，按其工作原理大致可为两类。

第一类为利用抛扬的原理进行分离，这是一种常用的分离方法。当分离机构对茎秆层抛扬时，由于谷粒相对质量密度较大，茎秆的飘浮性能好，从而使谷粒通过松散的茎秆层分离出来。使用这种原理的有键式逐秆器和平台式逐秆器，它们通称为逐秆器。

第二类为利用离心力原理进行分离。脱出物经过线速度较高的分离筒时，依靠离心力把谷粒从秆层中分离出来。

3. 分离装置的构造

(1)键式逐秆器　它包括双轴四键式、五键式、六键式、三键式和单轴五键式等几种，而以双轴四键式应用最广，如图 1-2-11 所示。它由两根曲轴和一组键箱组成。键和曲柄形成平行四连杆机构，键面各点作与曲轴相同的圆周运动。曲轴转动时相邻的键上下抖动，键面上的茎秆被抛送，在此过程中谷粒穿过秆层与键面筛孔而漏下。为了加强分离作用，在曲轴的上方前部和中部悬吊两块挡帘以阻拦秆草，延长键面对秆草的抖动时间，同时防止谷粒被脱粒滚筒抛出机外。

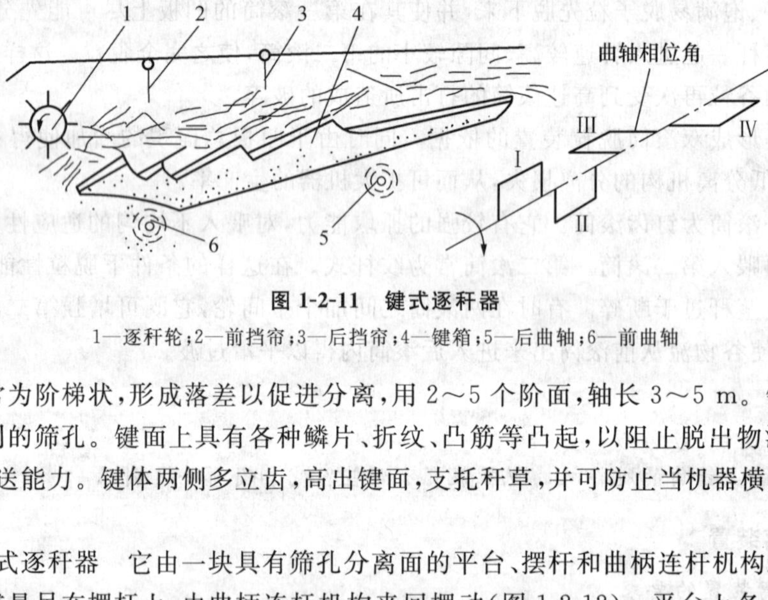

图 1-2-11　键式逐秆器

1—逐秆轮；2—前挡帘；3—后挡帘；4—键箱；5—后曲轴；6—前曲轴

键面通常为阶梯状，形成落差以促进分离，用 2～5 个阶面，轴长 3～5 m。键面有各种形状和结构不同的筛孔。键面上具有各种鳞片、折纹、凸筋等凸起，以阻止脱出物沿键面向下滑移.并增强抛送能力。键体两侧多立齿，高出键面，支托秆草，并可防止当机器横向倾斜时秆草往一侧集中。

(2)平台式逐秆器　它由一块具有筛孔分离面的平台、摆杆和曲柄连杆机构组成。平台的前后端支承或悬吊在摆杆上，由曲柄连杆机构来回摆动(图 1-2-12)。平台上各点按摆动方向作近似直线的往复运动，秆层受到台面的抖动与抛扔，谷粒从秆层中穿过。它的结构简单，具有相当的分离能力，但较键式低。适合在秆层较薄的条件下工作，大多用于直流型联合收获机和中小型粒机上。分离面有平面和阶梯面两种。后者阶梯尺寸和落差高度较键式的略小。台面具有阶纹、齿条、齿板，用以增强分离推逐能力。

(3)转轮式分离装置　它由分离轮和分离凹板组成，如图 1-2-13 所示，其结构及分离工作原理类似普通滚筒式脱粒装置。脱出物由分离轮抓入并通过分离凹板，谷粒在离心力作用下穿过凹板筛孔分离出来，也有多组转轮式分离装置，多达 5～6 个转轮串联。

转轮式分离装置具有较强的分离能力，并可按作物条件调节转速和间隙，与键式相比对潮湿作物有较好的适应性。单位面积的生产率较高，但容易使茎秆破碎，故用得较少。

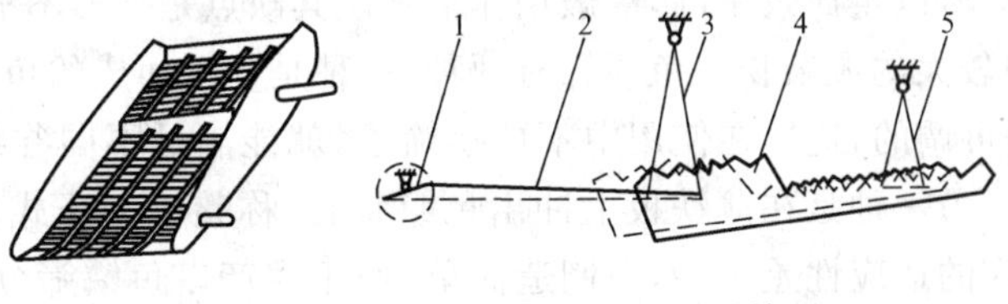

(a)逐秆器平台外形　　(b)逐秆器传动简图

图 1-2-12　平台式逐秆器

1—曲柄；2—连杆；3—前吊杆；4—平台；5—后吊杆

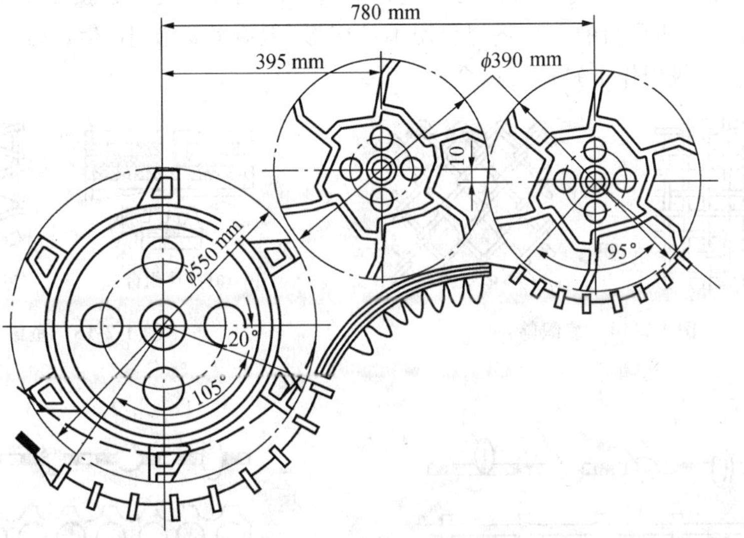

图 1-2-13　转轮式分离装置

思考一下：

目前市场上销售的脱粒机的分离装置有哪些？它们有哪些区别？

(三)清粮装置

经脱粒装置脱下、分离装置分出的谷物中，混有断、碎茎秆和颖壳、尘土等细小杂余。清粮装置的功用是将谷粒分离出来，而将杂余排除机外，得到清洁的谷粒。对联合收获机清粮装置的要求清选出的谷粒清洁度在98%以上；清选损失在0.5%以下。

对谷粒进行清选的方法很多，有风机选法、筛选法和风扇筛子组合式清选法。

(1)风机清选　风机清选是利用风扇产生的气流，以一定的压力和方向，吹向谷粒混合物，利用谷粒混合物中的各成分所具有的空气动力学特性的不同进行分离的清选法。所用的主要装置是离心风机。

(2)筛子清选　筛选法是混合物在筛面上运动，由于混合物中各种成分分离尺寸和形状不同，就有可能把混合物分成通过筛孔和通不过筛孔的两部分，以达到清选的目的。

目前，脱粒机和联合收获机上应用的筛子有编织筛、鱼鳞筛和冲孔筛三种。这三种筛子各有优缺点，需根据工作要求和制造条件来选用。

编织筛用铁丝编织而成(图 1-2-14)。它优点是制造简单，对气流阻力小，有效面积大，对风扇的通风阻力小，所以生产效率高，一般用作上筛。其缺点是孔形不准确，且不可调节，主要用来清理脱出物中较大的混杂物。鱼鳞筛有两种，一种是冲压而成的鱼鳞条片组合式(图 1-2-15a)。筛孔尺寸是可调的，这样在使用中不更换筛子，就能满足不同谷物清选的需要，应用较广泛，但制造复杂。另一种是在薄铁板上冲出鱼鳞状孔，称整体冲压式(图 1-2-15b)。其筛孔尺寸不能改变，工作的适应性差一些，但制造简单，便于生产。鱼鳞筛分离谷物的精确度和编织筛相仿，它的最大优点是不易堵塞，克服了编织筛易被长茎秆堵塞的缺点，所以更适于作清粮装置的上筛。冲孔筛是在薄铁板上冲制孔眼而成(图 1-2-16)。常用的孔眼形状有圆孔和长孔两种，筛子孔眼尺寸一致，分离谷物较精确。因谷粒和混杂物都有长、宽、厚这三个基本尺寸，所以利用它们的三个尺寸差异就可以进行清选。圆孔筛可使谷粒按宽度分选；长孔师可使谷物按厚度分选。冲孔筛的筛片坚固耐用不易变形，但有效面积小，生产效率低，不适合负荷大的分离作业，一般用作下筛比较适合。

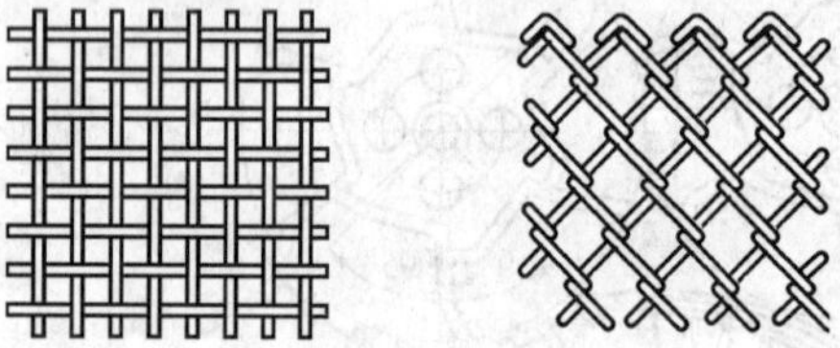

图 1-2-14　编织筛

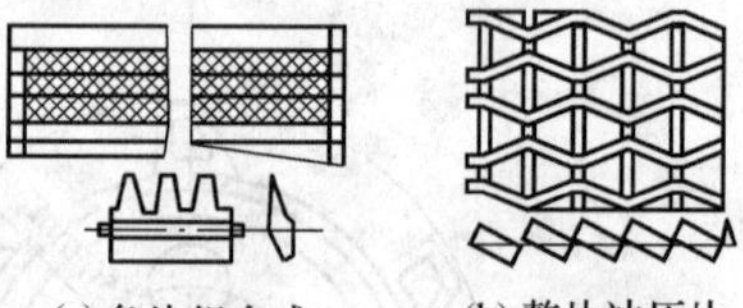

(a)条片组合式　(b)整片冲压片

图 1-2-15　鱼鳞筛

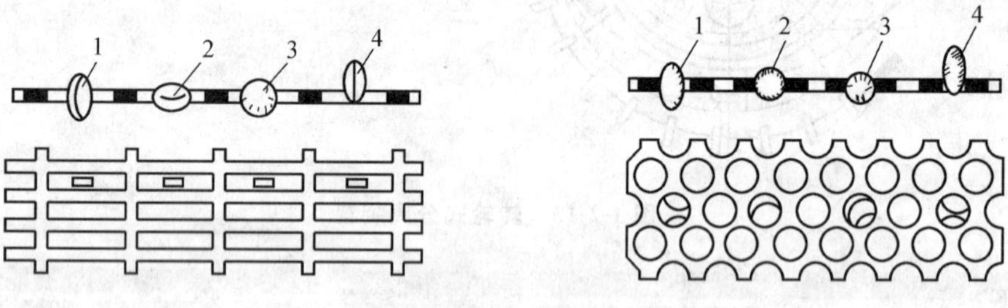

图 1-2-16　冲孔筛

(3)风扇筛子清选　它是利用筛子清选和风扇清选相配合，以达到清选的目的。一般由风扇和二三个筛子组成。风扇安装在筛子下面，清除脱出物中较轻的混杂物。筛子的作用除将尺寸较大的混杂物分出去以外，主要是支承和抖松细小的脱出物，并将脱出物摊成薄层，以利风扇的气流清选和增加清选的时间。

目前，联合收获机常用的清选装置如图 1-2-17 所示。主要由阶梯抖动板、上筛、下筛、尾筛和传动机构等组成。

工作时，阶梯抖动板和筛子一起作往复运动，把从凹板和逐秆器上分离出来的细小脱出物输送到上筛前端。在阶梯抖动板的末端，装有栅状筛。当脱出物进入上筛的瞬间，栅状筛将较长的茎秆架起，使谷粒首先同筛面接触，提高清选效果。风扇装在筛子的前下方，它产生的气流经过扩散后吹到筛子的全长上，将轻混杂物吹出清粮装置外。尾筛作用是将混在茎秆中的杂余和未脱净的穗头分离出来，由杂余螺旋推运器收集，以便再次脱粒。上筛和下筛均是鱼鳞筛，其倾斜度可以调整。两个筛子的谷粒经滑板进入谷粒搅龙中。

阶梯抖动板与上筛架由连接销连接，组成一个部件。筛架由两个纵向侧壁和横梁组成，在

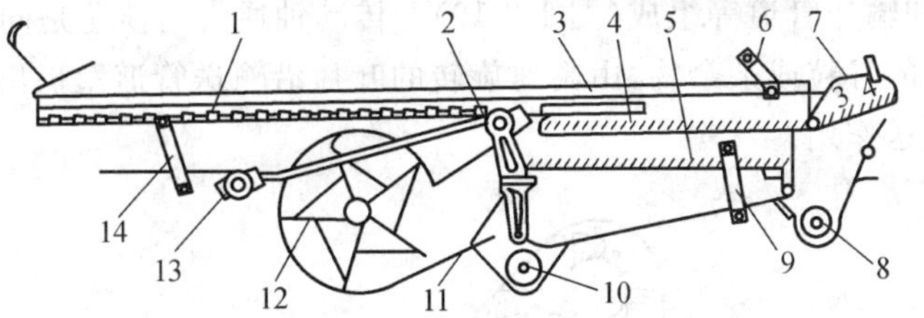

图 1-2-17　筛子与风机配合的清选装置

1—阶梯板；2—传动轴；3—栅状筛；4—上筛；5—下筛；6、9、14—吊杆；7—尾筛；
8—杂余搅龙；10—谷粒搅龙；11—双臂摇杆；12—风机；13—曲柄

侧壁上固定有密封用的橡胶条，防止谷粒从筛架的侧面漏出。下筛架是用薄铁板制成的箱体。下筛用螺钉固定在筛架上，改变螺钉的固定位置，则可改变下筛倾斜角度。

思考一下：

目前市场上销售的脱粒机的清粮装置有哪些？它们有哪些区别？

（四）输送装置

输送装置用来输送作物、茎秆、谷粒、颖壳等物料。脱粒机上常用的输送装置：带式、链板式、滑板式、阶梯抖动板式、螺旋式、刮板式、斗式、抛扔式及气流式等多种类型。根据物料输送的特点，输送装置应能完成水平、倾斜或垂直输送。一般水平和倾斜输送称为输送器，垂直输送称为升运器。

（1）带式输送器　带式输送器装在脱粒机的喂入端，用来输送谷物，由胶布、涂胶帆布或橡胶带制成。由主动带轮带动工作。为了防止谷物在带上流动和帆布下垂，带面上钉有本条或金属条。

（2）链板式输送器　链板式输送器装在脱粒机的喂入端，用来输送谷物，由两根绕在主动和被动链轮上的链条及固定在链条上的木板条构成。本板条的下面装有固定不动的底板，以支托谷物，防止链板卡住影响输送。

（3）螺旋输送器　螺旋输送器又名螺旋推进器，简称搅龙，是一种结构简单、工作可靠的输送装置，能进行水平、倾斜和垂直输送。它既能输送谷粒、杂余等细小物料，也能输送茎秆等体积较大的物料，因此适应性较广。

（4）刮板式输送器及斗式升运器　刮板式输送器主要用于输送谷粒、杂余和玉米果穗，它能将物料沿倾斜或接近垂直的方向升运，故也叫做刮板式升运器。

这种输送器由刮板、链条、链轮、外壳和隔板等构成（图 1-2-18a）。刮板由橡胶制成，按一定间距装在钩形链或滚筒滚子链上，由链轮带动工作运送物料。根据传动方向的不同，可分为上刮式和下刮式；前者是利用中间隔板上面的链条刮板输送物料，一般仅在垂直升运时应用；后者是利用沿外壳底板上的链条刮板输送物料，多用于倾斜输送，是应用较广的输送形式。

斗式升运器主要用于升运比较清洁的谷粒，由升运斗、平带、带轮、外壳及隔板等构成（图 1-2-18b）。升运斗以一定间距固定在平带上，由带轮带动，使升运斗由下方或侧面舀取物料，当斗升至上方顶部反转时，将物料倾倒出来。

（5）抛扔式输送器　抛扔式输送器又名扬谷器，用来抛送谷粒和杂余，由带有 3～5 个叶片的扬谷轮,传动轴和输送管道等组成(图 1-2-19)。传动轴通常与搅龙是同一根轴。工作时,由搅龙送到扬谷轮处的谷粒或杂余物,由高速旋转的叶片沿输送管道抛扔出去,叶片旋转产生的高速气流起辅助输送作用。

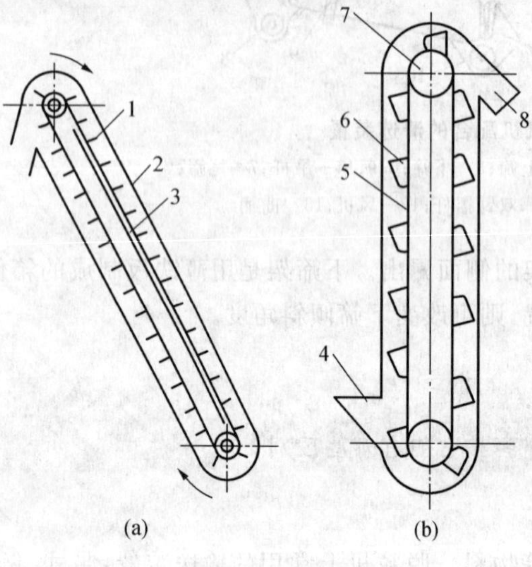

图 1-2-18 刮板式输送器及斗式升运器

1—刮板;2—外壳;3—隔板;4—喂入口;5—平带;6—升运斗;7—带轮;8—排出口

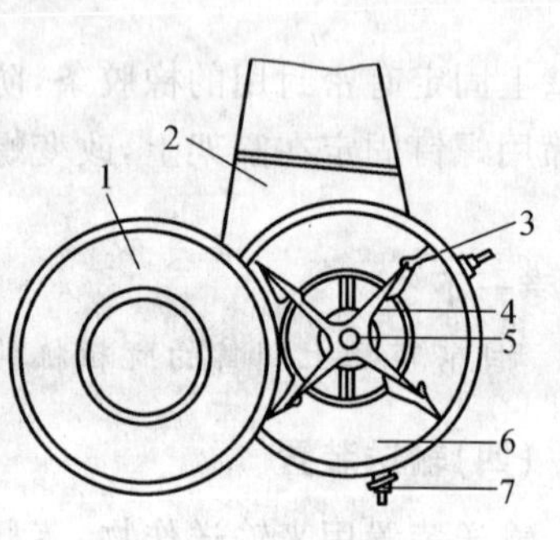

图 1-2-19 抛扔式输送器

1—侧盖;2—输送管道;3—叶片;4—扬谷轮;5—搅龙轴;6—壳体;7—侧盖扣

思考一下:

目前市场上销售的脱粒机的输送装置有哪些?它们有哪些区别?

二、脱粒机的使用与维护

(一)脱粒机的整机安装

1. 脱粒机安放场地的选择

脱粒机安放的场地必须平坦、坚实、干燥、运输方便。操作安全,并有足够的面积堆放作物及脱出物,避免过多地移动机器。此外脱粒场应有防火设施及夜间脱粒用的照明设备。

2. 脱粒机在场地上的安装

脱粒机放到场上后,应使整机保持水平,如机器有行走轮应加以固定,以防机器移动。在安放脱粒机时,还应注意本地区在脱粒季节的风向,使脱粒机喂入口朝迎风(或略有偏斜)的方向安装,这样脱粒机排出的茎秆及颖壳等杂物易于与谷粒脱离,否则将影响出草。

脱粒机的动力,应根据所在地的条件确定。在供电方便的地区,可使用电动机;如无供电条件可使用内燃机或拖拉机动力带动脱粒机工作。一些厂家生产的脱粒机都附有安装电动机的机座,将电动机固定好以后,即可用平带或 V 带驱动脱粒机工作。用内燃机作动力时,应先将其固定在基座上,再用传动带与脱粒机相连。

脱粒机所需动力机的功率,应严格按照使用说明书规定选用,如脱粒功率不足,将影响机器正常工作;如选用的过大,将影响脱粒工作的经济性,并造成能源的浪费。

(二)脱粒的调节

1. 喂入装置的调整

带有喂入装置的脱粒机,应对传动装置张紧度进行调节。调节的方法由被动轴上的调节螺钉来完成,使输送带或链条两侧的张紧度一致。若被动轴调节到最低位置时,链条仍然过松,可将链条取下一节,然后再用螺钉调节。

2. 脱粒装置的调节

(1)滚筒转速的调节　滚筒的转速和脱粒间隙是影响脱粒质量的重要因素。滚筒转速决定了工作部件(纹杆、钉齿、弓齿)脱粒时的线速度,又称脱粒速度。脱粒速度大,对作物的打击大,脱净率和分离率提高,谷粒的破碎和碎秆增多,功耗加大,反之则小。因此,在使用中经常调节脱粒滚筒的转速和脱粒间隙,以适应不断变化着的作物的状态,如湿度、成熟度和植株密度等。如收获不同种类、品种的作物,那就更需要调节了。正常情况下各种作物的脱粒速度见表 1-2-1。

表 1-2-1　各种作物的脱粒速度与脱粒间隙

作物	小麦	大豆	水稻	玉米	高粱	谷子
脱粒速度/min	27～32	10～14	24～30	10～16	12～22	24～28
入口间隙/mm	16～22	20～30	20～30	34～45	20～30	15～20
出口间隙/mm	4～6	8～15	4～6	12～22	4～6	2～4

滚筒转速的调节通常有两种方法。

一是在脱粒机上更换带轮直径。为了适应这一需要,工厂生产的脱粒机,配有不同尺寸的带轮供用户更换。例如,丰收-100 型脱粒机用更换中间轴带轮和滚筒带轮来改变滚筒转速,见表 1-2-2。

表 1-2-2　更换滚筒与中间轴带轮后滚筒转速

滚筒转速/(r/min)	滚筒带轮直径/mm	中间轴带轮直径/mm	带型号及长度/mm
1 150	282	462	C 3 607
1 050	282	424	C 3 607
570	424	315	C 3 608

二是在联合收获机上普遍采用 V 带无级变速的方法。这种方法的原理是通过改变带轮的槽宽尺寸,使传动胶带位于带轮上不同直径处工作,以调节主动轮和从动轮之间的传动比来改变滚筒的转速。图 1-2-20 为一种机械式无级变速机构。调节时,先松开锁紧螺钉,转动调节手轮,即可经手轮螺纹套,十字套和动盘螺钉,改变动盘与定盘的距离,从而改变带轮直径。

(2)脱粒间隙　它是决定脱粒质量好坏的关键因素之一。间隙小时可提高脱净率,但碎茎等杂余增加,功率消耗大,生产率降低,间隙大时可提高生产率,却易产生脱粒不净,增加了谷粒损失。因此,脱粒间隙调节的原则是在保证脱净的前提下,采用较大的间隙比较有利。

脱粒间隙不是一次调好就可以永远不变的,在使用中应根据作物品种、含水量、杂草量等具体情况，随时进行调节。如难脱的麦类作物和小粒作物，间隙要调小一些，含水量大时也要把间隙调小一些，为了提高生产率和减少谷粒损失，甚至早、中、晚也应相应地调整脱粒间隙。表 1-2-1 为脱不同作物时，脱粒间隙的参考值。

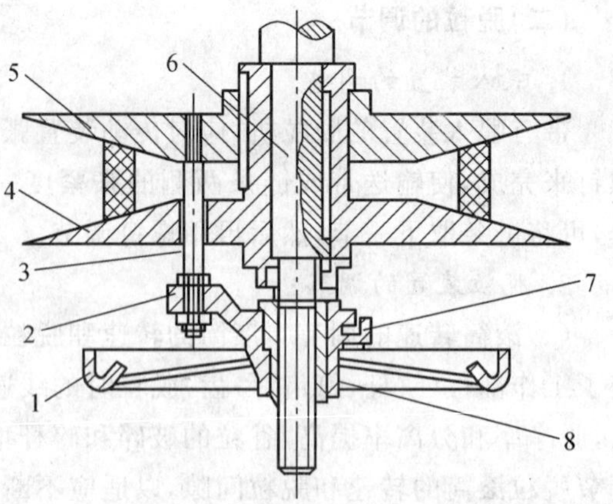

图 1-2-20 滚筒无级变速装置

1—调节手轮；2—十字套；3—动盘螺钉；4—定盘；5—动盘；6—滚筒；7—锁紧螺钉；8—手轮螺纹套

进行脱粒间隙调节时，必须保持入口间隙大、出口间隙小的规律，还必须保持左右两侧间隙一致，否则脱粒机将产生脱净率低、破碎率高的后果。另外，还需注意滚筒纹杆、凹板扬场板条的磨损情况，以及横格条的变形情况，若磨损、变形严重，应及时予以修复。

脱粒间隙的调整也有两种方法，一种是凹板不动移动滚筒；另一种是滚筒不动移动凹板。后者调节简便，应用较广。

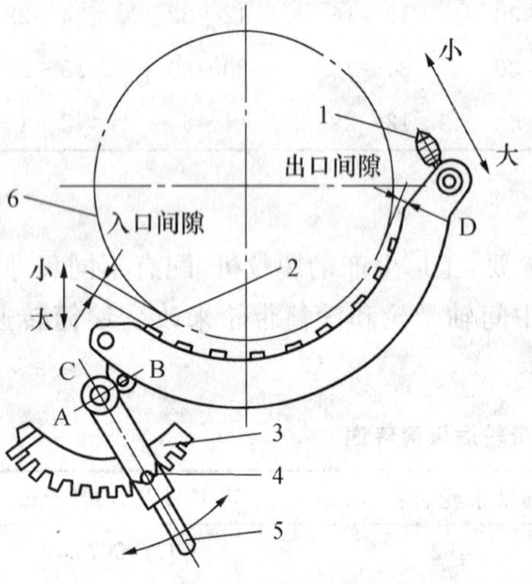

图 1-2-21 分别调整凹板间隙机构简图

1—出口间隙调整螺母；2—凹板；3—定位齿板；4—定位螺钉；5—入口间隙调整手柄；6—滚筒

移动凹板有分别调节法和联动调节法。分别调节法的调节机构装在滚筒的两侧，对入口间隙和出口间隙分别进行调节，常见的结构如图 1-2-21 所示。这种调节方法机构简单，但调节费时。联动调节只需将调节手柄装在脱粒装置的一侧，调节时只要移动调节手柄带动连杆机构，即可使整块凹板作相应移动，以改变进出口脱粒间隙。这种调节机构虽较复杂，但使用方便，谷物联合收获机多采用这种调节机构，如图 1-2-22 所示。

另外，为了防止滚筒堵塞和能清理滚筒与凹板间的茎秆，目前在联合收获机上广泛采用了快速凹板与滚筒间隙调整机构。图 1-2-23 所示是其中一种，由图可以看到，凹板是由两对吊杆通过支承轴、支承臂相连，由吊杆和凹板连接处壁上的导向孔定位。扳动驾驶台上的操纵杆，拉杆绕下支承轴回转，通过调整螺母与螺母方套拉动拉杆，使支承臂绕固定在机壁上的支承轴上下转动一个角度，使两对吊杆带动凹板沿导向孔移动，从而改变滚筒与凹板间隙。

这种机构能对凹板进行三项调整：凹板小轴与吊杆位置的调整，拧动吊杆与凹板小轴的调整螺母，可以改变滚筒与凹板间隙；拉杆长度的调整，拧动调节螺母可改变拉杆的长度，可在 40 mm 范围内获得不同的脱粒间隙；快速放大脱粒间隙，提起操纵杆，可在滚筒发生超负荷的瞬间使滚筒与凹板间隙突然放大到 60 mm，以防止滚筒堵塞。

3. 清选装置的调整

清选装置的调整主要是提高谷粒的清洁度。

(1)筛子的安装调节 如风扇筛子式清选装置的第一层筛子多采用可调节的鱼鳞筛，振动筛尾的筛孔调节手柄，即可改变筛孔大小。第二层多采用冲孔四孔筛。第二层冲孔筛的调整，应根据作物种类的不同进行更换。如脱麦类作物，一般选用 8～10 mm 孔径的筛子；脱大豆选用 13～16 mm 孔径的筛子。脱粒机出厂时，都配有不同孔径的筛子，供用户选用。对于尾筛则有筛孔和筛面倾角两项调节。当发现有未脱净的谷物抛出，而上筛调节状况正常时，可能是尾筛的筛孔小或倾角小，可用调节手柄调大筛孔或筛尾向上安装。但尾筛筛孔太大、筛角太大，又会增大杂余搅龙负荷，增加谷粒破碎率。因此，应多次调整，以获得合适的位置。

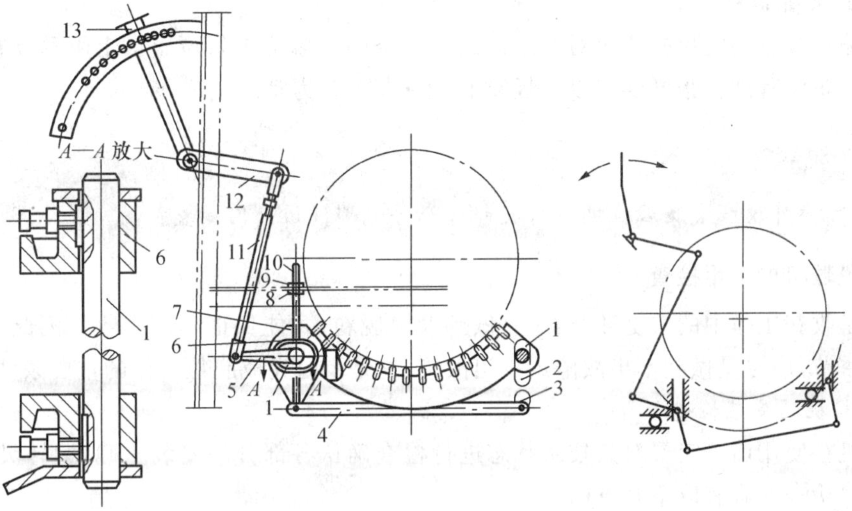

(a) 结构图　　　　(b) 机构示意图

图 1-2-22　凹板间隙联动调节机构

1—轴；2—长槽；3—转臂；4—拉杆；5—偏心轮；6—偏心轮；7—悬板；8、9—螺母；10—螺钉；11、12—连杆；13—手柄

为了保证筛面具有最好的通过能力及分离质量，鱼鳞筛孔的大小应适度。如筛孔开度不够或风量过大，谷粒不能及时从筛孔落下，将随轻质杂物一同排出机外，造成谷粒损失；反之如筛孔过大或风量过小，混杂物随谷粒过筛太多，降低了谷粒的清洁度。因此，风扇与筛子应配合调整，才能获得较好的清选效果。风量的调节方法是调节进风口处风门开度的大小来控制出风量。

(2)风扇的调节

①风量调节。风扇应保证产生足够的气流，以确保把谷粒混合物吹散，并使颖壳、碎草飘浮起来，排出机外。通常风量调节的原则是：只要谷粒不被吹出，风量应尽可能放大些。但是如果风量过大，谷粒将被吹出机外而造成损

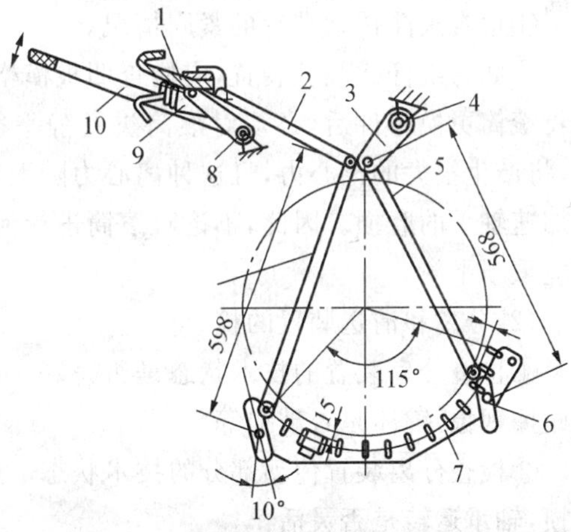

图 1-2-23　快速凹板滚筒间隙调整机构

1—调整螺母；2—拉杆；3—支承臂；4—支承轴；5—吊杆；6—调整螺母；7—凹板；8—支承轴；9—螺母方套；10—操纵杆

失，同时大量谷粒拥入杂余搅龙，也会增大破碎率。风量调节的办法常见的有两种，一种是用插板改变风扇两侧的进风口大小；另一种是改变风扇轴上无级变速带轮的直径，带轮直径调小，风速增加。

②风向调节。就是用来调节气流吹向鱼鳞筛的部位，应使前端气流大，以便摊匀谷物混合物，帮助筛子清选，后部气流要小些，以防止将谷粒吹出，在负荷较轻时，宜多吹向中部。风向的调节主要是改变导风板的方向。

4. 输送装置调整

装有输送装置的脱粒机还应对升运器刮板链条的张紧度进行调整。上下移动被动链轮，可改变链条张紧程度。张紧度应以刮板能上、下摇动 30°为宜。

思考一下：

在实际操作过程中脱粒机调整哪些部件？每一部件该如何调整？

(三)脱粒机的使用检查

脱粒是收获工作中的关键环节，只有做到及时脱粒，才能保证丰产丰收。因此，脱粒机在整个脱粒季节，应尽量做到不出故障或少出故障，这是及时完成脱粒工作的重要条件。

1. 脱粒机的安装检查

脱粒机在使用前一定要对其技术状态进行检查确认各部分的安装正确，运转灵活后才能投入使用。检查内容有以下几方面。

(1)脱粒装置的安装检查

①检查脱粒装置各元件(如纹杆、钉齿)是否磨损，如磨损严重，使脱粒间隙达不到规定要求时应更换。

②检查滚筒间隙调节机构有无锈蚀，调节部分转动是否灵活。

③检查滚筒轴承，如有损坏应更换。

④检查滚筒传动带轮的紧固情况。

⑤如为纹杆式脱粒袋置，应检查凹板横格板的磨损情况，如磨损严重，可将凹板调头使用。脱粒滚筒更换零件后，必须对滚筒进行静平衡试验。因滚筒是高速旋转的工作部件，如不平衡，将产生很大的离心力，且这种离心力随滚筒的转动而改变方向，因而造成机器的强烈振动，并加速轴承的磨损。因此，不论对滚筒进行何种修理(如更换纹杆、钉齿或焊修某些零件等)，都应重新平衡。

(2)分离和清选装置的检查

①检查分离装置的技术状态是否完好。如键式逐秆器应检查各键的间距是否一致，有无相碰撞现象，键体是否破损等。

②检查分离装置传动部分的技术状态。如键式逐秆器应检查曲柄轴是否完好，轴瓦是否磨损，轴承运转是否灵活。

③检查清选装置的技术状态是否完好。如风扇筛子清选装置应检查风扇叶片及外壳有无破损、筛架、筛片、悬吊架等有无损坏，运转是否灵活，紧固件有无松动等。

2. 脱粒质量检查

脱粒机正式作业 2～3 min 后，即应对脱粒质量进行检查，如达不到规定要求，需及时进行调整，使脱粒质量达规定指标。脱粒质量指标主要包括脱净率、破碎率、含杂率（或清洁率），总损失率等项目。简式脱粒机主要检查脱净率和破碎率；半复式和复式脱粒机，可检查总损失率、破碎率和谷粒含杂率。一般脱粒机脱净率应大于 99%；破碎率应小于 0.7%；含杂率应小于 2%（上述指标是在作物适脱的情况下给出的）。

（四）脱粒机的使用

脱粒作业的操作要点。

（1）脱粒机工作时，要求喂入适量、均匀、连续，以保证脱粒质量和生产率　若喂入太多，脱粒装置超负荷，滚筒转速降低，脱粒不净，甚至滚筒堵塞不转，反而降低了生产率；喂入太少，不但生产率降低，有时也会产生脱粒不净的现象。喂入手应在作业前进行操作训练。

（2）脱粒装置的调节是一项综合工程　要满足脱得干净、谷粒破碎少、茎秆破碎少、功率消耗低、生产率高等要求，必须对喂入量、脱粒间隙、脱粒速度进行综合调节。例如，茎秆中发现有的谷穗未脱净，而粮仓中又发现破碎率大，此时，孤立地分析往往不易迅速解决问题，若把喂入不匀、喂入量过大、转速高、间隙大、转速低，间隙小、间隙不均匀以及作物含水量太大等可能产生以上矛盾的因素综合起来考虑，就有可能很快地找出原因，提高脱粒质量。

复习思考题

1. 请简述脱粒机的使用原理。
2. 脱粒机的种类有哪些？
3. 不同类型的脱粒机适用范围有哪些区别？
4. 脱粒机的主要部件有哪些？
5. 脱粒机的安装检查包括哪些内容？
6. 脱粒机使用过程中的操作要点有哪些？

实验实训　种子脱粒机的使用

一、原理

脱粒机整机选用一台 3 kW 电机和一台鼓风机，电机、风机的转向和停止由倒顺开关控制。电机顺时针旋转为喂入玉米棒，逆时针转向主要用于推出玉米棒和排除故障，风机用于吹掉脱粒中产生的屑、渣。电机通过皮带轮、无级变速带轮、同步齿形带轮，使刀盘、异形刀具旋转切割玉米棒，工作时调节转向手柄，可使刀盘转速增减；另一传动线路则由两级三角带轮、蜗轮蜗杆带动三组滚筒旋转。

滚筒上装有压缩弹簧、橡胶辊、塑料辊，其中两组橡胶辊旋转时（喂入玉米棒），橡胶辊既起夹持作用，又有输送玉米棒的功能，弹簧还可根据玉米棒直径进行适当调节两滚筒之间距离，以适应不同直径玉米棒脱粒的要求。一组塑料辊可将玉米芯夹持、输送至废料箱。刀具和刀的润滑采用滴注式油杯，润滑油采用橄榄油。为使结构紧凑，刀盘内装塑料轴承。塑料轴承在轴上转动。

整机主要润滑部分为蜗轮、蜗杆及塑料轴承，蜗轮、蜗杆采用开式传动，用黄油进行润滑；塑料轴承需要运转时润滑，选用了标准的针阀式油杯，容积为 200 mL，并为此配备了滴注式油管，油管一端用螺栓与油杯连接，另一端与轴承上的油槽连接。工作时可视油杯油管内的滴注情况调节大小。润滑油最好选用橄榄油，考虑到价格可用其他食用油进行试验。

二、试材与设备

1. 材料

玉米。

2. 设备

玉米脱粒机。

三、玉米脱粒机工作流程

①脱粒机应平稳地安装在一个厚薄一致的木架上，并用螺钉固定牢靠。电钮开关要接到便于操作的地方，要安全、防触电；用柴油机作动力，柴油机也要固定牢靠，使两个皮带轮中心距保持在 1.5～2 m 的距离。脱粒机出秸口应与自然风向大致相同，若用柴油机作动力，柴油机的安装应与出秸口相反。喂入台前要放与喂入台高低一致的方桌或铺板，以便堆放喂入的作物。

②根据使用说明书选用合适的皮带轮。如脱干麦时，电动机皮带轮外径为 120 mm，滚筒皮带轮外径为 135 mm。

开机前，轴承要加入黄油，检查机器内部有无杂物，各连接螺栓要紧固。扳动皮带轮，听是否有摩擦声，若有，应检修，然后开车试运转，待运转正常后方可作业。

③应根据作物干湿、茎秆长短来增加或减少喂入量。如发现破碎率高，应加大滚筒和凹板的间隙，调换滚筒皮带轮。

作物应抖撒后一把一把地喂入，如发生绞绳现象，应立即停喂，待绞绳现象消失后再喂入。若发生堵塞，应立即停机排除。

④严禁把金属、工具、木块、石块等硬物喂入机器内以免损坏机器和伤人；每次作业完毕后，要空转几分钟再停车。

四、注意事项

①由于脱粒机工作环境非常恶劣，因此事先要对参加作业的人员进行安全操作教育，使其明白操作规程和安全常识，如衣袖要扎紧、应戴口罩和防护眼镜等。

②使用前必须认真检查转动部位是否灵活无碰撞，调节机构是否正常，安全设施是否齐全有效；要确保机内无杂物，各润滑部位要加注润滑油。

③开机前应清理作业场地，不得放一些与脱粒无关的杂物；要禁止儿童在场地边上玩耍，以免发生事故。

④工作时玉米棒喂入要均匀，严防石块、木棍和其他硬物喂入机内。

⑤传动皮带的接头要牢固；严禁在机器运转时摘挂皮带或将任何物体接触传动部位。

⑥配套动力与脱料机之间的传动比要符合要求，以免因脱粒机转速过高，振动剧烈，使零件损坏或紧固件松动而引发人身伤害事故。

⑦不能连续作业时间过长，一般工作 8 h 左右要停机检查、调整和润滑，以防摩擦严重导致磨损、发热或变形。

⑧脱粒机一般都用柴油机作动力，应在排气管上戴防火罩，防止火灾。

⑨脱粒机在作业过程中如出故障，应停机后再进行维修和调整。

五、实训作业

撰写操作使用体会。

工作任务三　种子干燥的原理和方法

知识目标

- 理解种子干燥的作用及原理。
- 知道种子干燥的影响因素。
- 了解种子干燥的方法及原理。
- 知道干燥剂的种类及性能。

技能目标

- 熟练掌握烘干机械设备的使用技术。
- 熟练掌握各种干燥设备的使用。
- 学会冷冻干燥设备的操作流程。

知识资讯导读

干燥是最古老的单元操作之一，然而它也是最复杂、人们了解最浅的技术，在干燥技术的许多方面存在着“知其然，而不知其所以然”的状况，因此大多数干燥器的设计仍然依赖于小规模试验及实际操作经验。有些干燥工艺已趋成熟，也就是说，进一步的研究和发展已不能在投资上获得满意的回报。近 10 多年来，有许多新型干燥器投入市场（虽然它们主要是在原有的结构基础上作了某些改进）；另外，一些新的构想正处于实验研究阶段。随着全球经济、技术的竞争日趋激烈，人们对有效利用能源、实现对环境友好的操作以及提高产品质量的意识在逐步增强。干燥技术的发展，必须通过革新的方式，进一步地进行开拓性研究，以迎接时代的挑战。

中国粮食总产量大约有 54 641 万 t。每年收获的粮食有 20%属高水分粮食需要干燥。据农业部门统计，中国粮食由于不能及时干燥到安全水分标准而造成霉变和发芽损失相当严重。在一般年景，粮食损失为 50 亿 kg，严重的年景损失高达 10%，甚至还要多。东北地区麦收时期平均每 3 年就有一年是雨季，特别需要粮食干燥机械。广东省通常情况下每年粮食损失 2 亿～3 亿 kg，严重时达 5 亿 kg。

粮食干燥的主要目的是增大其储藏性，作为粮食储藏的一个基本要求就是尽量不要减弱其生命力。干燥是一个复杂的质热交换过程，它不仅受物料特性和介质参数的影响，而且还与气候条件和干燥工艺有重要关系。它不仅是一个物理过程，而且还是一个生物和化学过程。对干燥的要求不仅是去除水分，而且要求保留它的营养成分和生命力，有时还要保持它的色、香、味。所以，干燥过程研究涉及生物、化学、热物理、机械学和流体力学等多种学科，是一个多学科交叉的加工技术。

你知道吗?

你对我国种子干燥技术的发展现状了解吗？存在哪些问题？发展趋势是什么？

一、种子干燥的目的和作用

(一)种子干燥的目的

一般新收获的种子水分高达25%～45%，这么高水分的种子，呼吸强度大，放出的热量和水分多，种子易发热霉变，或者很快耗尽种子堆中的氧气而因缺氧呼吸产生的酒精致死，或者遇到零下低温受冻害而死亡。因此，必须及时将种子干燥，把其水分降低到安全包装和安全贮藏的水分，以保持种子旺盛的生命力和活力，提高种子质量，使种子能安全经过从收获到播种的贮藏期。

(二)种子干燥的作用

1. 防发芽、防霉变、防虫蛀和防冻害

据研究，种子水分高，容易引起种子的伤害。种子水分在40%～60%以上时，种子将发芽；种子水分在18%～20%以上时，种子易发热变质或受冻死亡；种子水分在12%～14%以上时，种子上(里)将会生长真菌而霉变；种子水分在8%～9%以上时，种子仓虫开始活动繁殖而蛀食种子。由此可知，对新收获、水分高于25%的种子，必须及时采用干燥方法，将种子水分降低到安全水平，这是确保种子生命力和活力的重要步骤。

2. 确保安全包装、安全贮藏和安全运输

种子是活的生物有机体，每时每刻进行着呼吸作用，但其呼吸强度，随着水分和温度的增高而加强，从而放出大量的水分和热量，使种子发热霉变，并且在氧气耗尽时，将转变为缺氧呼吸而产生酒精杀死种子。只有采用干燥方法，将种子水分降低到安全水平才能确保安全包装，安全贮藏和安全运输，并保持其生活力和活力直至销售和播种。

3. 保持包衣种子和处理种子的活力

包衣剂和处理药液一般为水溶液，在包衣和处理过程中，会使种子吸水回潮而水分增加，这不仅会使种子呼吸强度增加，易发生劣变，而且这种药液还会伤害种子胚根，影响种子正常发芽和成苗。因此，在种子包衣过程和处理后及时干燥才能保存其生命力和活力。

4. 为制种单位赢得了售种的最佳时机

为用种单位取得了经营上的主动权。近年来，随着种子产业化进程的加快，市场竞争日益加剧，种子干燥在经营上的重要性也日益体现。如制种单位通过对种子的及时干燥，赢得了售种的最佳时机，而一些用种单位，因有干燥设备作保证，可以不受种子含水量的制约，适时调入种子，从而取得了经营上的主动。同时，种子干燥设备也是吸引制种户的重要基础条件。

二、种子干燥原理

(一)种子的平衡水分和空气相对湿度

种子是活的有机体，又是一团凝胶，具有吸湿特性。但处在某种条件下，也会释放出水分。种子的吸湿和解吸是在一定的空气条件下进行的。当空气中的水蒸气压超过种子所含水分的蒸汽压时，种子就向空气中吸收水分，直到种子所含水分的蒸汽压与该条件下空气相对湿度所产生的蒸汽压达到平衡时，种子水分才不再增加，此时种子所含的水分称为平衡水分。反之，当空气相对湿度低于种子平衡水分时，种子便向空气中释放水分，直到种子水分与该条件下的空气相对湿度达到新的平衡时，种子水分才不再降低。暴露在空气中的种子，其水分与相对湿度所产生的蒸汽压相等时，种子水分不发生增减，处在吸附和解吸的平衡状态中，不能起到干燥作用。只有当种子水分高于当时的平衡值时，水分才会从种子内部不断散发出来，使种子逐渐失去水分而干燥。种子内部的蒸汽压超过空气的蒸汽压越大，干燥作用越明显。种子干燥就是不断降低空气蒸汽压，使种子内部水分不断向外散发的过程。

种子干燥的条件主要决定于相对湿度、温度和空气流动的速度。而温度和空气流动的速度，都能直接影响相对湿度的大小。在一定条件下，1 kg 空气所含的水分是有限度的。当空气中的水分达到最大含量时，称为饱和状态，此时的含水量叫做饱和含水量。空气的饱和含水量是随着温度的递升而增加的(表 1-3-1)。

表 1-3-1　空气在不同温度下的饱和含水量

温度/℃	4.5	10.0	15.5	26.6	30.0
单位干空气饱和含水量/kg	0.005 2	0.007 4	0.010 9	0.022 2	0.027 4

由表 1-3-1 可知，当温度由 4.5℃升到 15.5℃时，单位空气饱和含水量可由 0.005 2 kg 增加到 0.010 9 kg；同样情况，当温度由 15.5℃升到 26.6℃时，单位空气的饱和含水量由 0.010 9 kg增加到 0.022 2 kg。如果原空气含水量不变，只升高温度，相对湿度就会发生变化。相对湿度随着温度的升高而降低。温度升高越多，相对湿度降低越多(表 1-3-2)。因此，在较高的相对湿度条件下干燥种子，恰当地增加空气温度，是提高干燥功效的有效措施。

表 1-3-2　温度升高引起的相对湿度降低(S. M. Henderson)

空气温度/℃	温度升高/℃											
	0	6	11	17	22	28	33	39	45	50	55	61
43	95	72	55	42	33	26	21					
38	95	71	53	40	31	24	19	15				
32	95	70	52	40	30	23	18	14	12			
27	95	70	50	38	29	22	17	13	10	8		
21	95	69	49	36	27	21	16	12	9	7	6	
15	95	67	49	36	26	19	14	11	9	7	5	4
10	95	66	47	32	24	18	13	10	8	6	4	4
4	95	64	45	31	22	16	12	9	7	5	3	4

空气流动的速度影响种子内部和空气两者蒸汽压的变化。流动速度越快，空气中被带走的水汽越多，两者的蒸汽压差也越大，种子易被干燥。因此，当温度越高，相对湿度越低，空气流动速度越快时，干燥效果越好；相反，干燥效果就差。但必须指出，提供种子干燥条件必须在

确保不影响种子生活力的前提下进行，否则即使种子达到极度干燥也是枉然。

思考一下：

种子干燥的目的、作用和原理是什么？

（二）影响种子干燥的内在因素

1. 种子的生理状态

刚收获的种子，水分一般都偏高（表 1-3-3），这时生理代谢作用相当旺盛，种子本身呼吸作用所释放出来的热量较大。对这一类种子进行干燥时，所提供的干燥条件应适当放宽，干燥速度应缓慢些：一般采用先低温后高温或二次干燥法进行干燥。如果采用高温快速一次干燥，反而会破坏种子内的毛细管结构，引起种子表面硬化，内部水分不能通过毛细管向外蒸发。在这种情况下，种子持续处在高温中，会使种子体积膨胀或胚乳变松软，丧失种子生活力。

表 1-3-3 谷物种子收获时与安全贮藏期的水分含水量范围 %

谷物种类	收获时最高水分	收获时一般水分	收获时最适水分（损耗最低）	安全贮藏水分	
				1 年	5 年
水稻	30	16～25	25～27	12～14	10～12
小麦	38	9～17	18～20	13～14	11～12
大麦	30	10～18	18～20	13	11
玉米	35	14～30	28～32	13	10～11
高粱	35	10～20	30～35	12～13	10～11
燕麦	32	10～18	15～20	14	11
黑麦	25	12～18	16～20	13	11

注：上表为谷类的一般生长气候。例如，燕麦在温带气候的安全水分为 10%～11%；黑麦在前苏联则为 13%～15%。

2. 种子的化学成分

种子的化学成分不同，其组织结构差异很大，因此，干燥时也应区别对待。

（1）粉质种子　以水稻、小麦（软粒）种子为例，这些种子胚乳由淀粉组成，组织结构较疏松，子粒内毛细管粗大，传湿力较强，因此容易干燥。可以采用较严的干燥条件，干燥效果也较明显。

（2）蛋白质种子　以大豆、菜豆种子为例，这类种子的肥厚子叶中含有大量的蛋白质，其组织结构较致密，毛细管较细，传湿力较弱。然而这类种子的种皮很疏松，易失水。如果放在高温、快速的条件下进行干燥，子叶内的水分蒸发缓慢，种皮内的水分蒸发很快，很易使种皮破裂，给贮藏工作带来困难。而且在高温条件下，蛋白质容易变性降低亲水性，影响种子生活力，因此必须采用低温慢速的条件进行干燥。生产上干燥大豆种子往往带荚暴晒，当种子充分干燥后再脱粒。

（3）油质种子　以油菜种子为例，这类种子的子叶中含有大量的脂肪，为不亲水性物质，其余大部分为蛋白质。相对地讲，这类种子的水分比上述两类种子容易散发，并且有很好的生理耐热性，因此可以用高温快速的条件进行干燥。据段宪明（1986）试验报道，油菜种子干燥的种温用 55～60℃比常用的 45～50℃为好。在暴晒时，考虑到油菜子粒小，种皮松脆易破，可采用子粒与荚壳混晒的方法，减少翻动次数，既能防止种子破损，又能起到促进干燥的效果。

种子水分刚开始干燥种子时，种子含水量高，水分进入空气的速度快，因而种子水分下降快。但当其逐渐接近平衡点时，则干燥速度大大变慢。由此可见，种子干燥速度取决于种子水分比（或含水量比率）。种子水分比：即在某一特定的干燥时间内，种子干燥结束时的水分（M）和平衡水分（M_e）的差与种子的原始水分（M_0）和平衡水分（M_e）的差之比。可用下列计算式表示：

$$MCR = \frac{M - M_e}{M_0 - M_e}$$

式中，MCR 为种子水分比；M 为种子干燥后的水分（干基）；M_0 为种子原始水分（干基）；M_e 为平衡水分（干基）。

如果种子水分为湿基，即用湿重百分率表示，需将换算为干基，即

$$M_D = \frac{100 \times M_W}{100 - M_W}$$

式中，M_D 为种子水分（干基）；M_W 为种子水分（湿基）。

思考一下：

影响种子干燥的因素有哪些？

三、种子干燥方法

（一）自然干燥

1. 种类

广义的自然干燥是指一切非机械的干燥，通常自然干燥的种类有利用干风自然干燥和太阳干燥两大类。

（1）干风自然干燥　这种干燥是指狭义的自然干燥，即指自然通风干燥。即在种子成熟后进行收获，将种子放入仓库后不需要人工辅助就会自然失去水分，这与种子收获前后空气的温湿度有密切关系。某种情况是种子在收获之前在田间已进行自然干燥，种子收获时种子水分已相当低。种子充分成熟之前，干热风会引起种子过速干燥而遭受严重的干燥损伤，而适当温度和适当湿度的自然干燥则会产生高质量的种子。

自然干燥还包括自然通风干燥，北方玉米果穗收获后，由于温度较低，不能及时干燥，就可将玉米果穗搭架悬挂起来，进行缓慢的通风自然干燥，也可悬挂在屋檐下进行自然干燥。南方麦类、油菜收获季节遇雨时，无法进行太阳干燥，则可采用阴凉通风干燥，适当地降低种子水分。

（2）太阳干燥　凡是有条件进行太阳干燥的地方，最好采用太阳进行干燥。太阳干燥又分两种，一种是少量种子干燥，可将种子摊在多孔的浅框内，用低架搁起放在太阳下，或者放在平顶屋的屋顶上，这是北方农村常用的方法。这一方法对种皮较硬、水分较高的瓜类、番茄种子特别适用。大量谷类作物种子则采用另一种太阳干燥方法，即将种子摊在晒场上进行干燥。太阳干燥主要优点是不必用人工加温，故成本较低，但其主要缺点是劳力花费较大，且受天气条件的限制。

太阳干燥方法简易，经济而又安全，一般情况下不易丧失生活力，但必须备有晒场，有时会受到气候条件的限制。

为了使种子干燥达到预期效果，必须做到以下几点。

①清场预晒。选择晴朗天气，清理晒场，扫除泥沙、石块及异品种种子。然后让晒场进行预晒增温，广大农民称为"晒种先晒场"。种子出晒时间不宜过早，否则容易引起接近地面的种子结露，造成水分分层现象，影响干燥效果。

②薄摊勤翻。目的是扩大种子与阳光和干燥空气的接触面，接触面愈大，干燥效果愈明显。一般小粒种子如稻、麦等，摊晒厚度不宜超过 5 cm，中粒和大粒种子如玉米、大豆、蚕豆等不宜超过 10～15 cm，为了增大接触面，可将种子耙成波浪形，翻动次数愈多效果愈好(表 1-3-4)。一般掌握在每小时翻动一次，中午高温期间，增加翻动次数干燥效果更为明显。翻动要彻底，使底层的水分也能及时散发出去，防止发生水分分层现象。但是翻动次数愈多，愈容易增加破碎粒，这是应该引起注意的问题。

③冷却入仓。除需热进仓杀虫处理的种子外，暴晒过后的种子均应冷却后方能入仓散装堆存的种子尤应注意这一点，否则种子入仓接触冷地面后，容易在底层发生结露现象，或种子堆内余热不散，造成不良后果。

表 1-3-4　翻动次数和种子水分的关系

作物	晒种厚度/cm	翻动次数	暴晒时间/h	含水量/%		
				晒前	晒后	水分减少量
晚粳	4	3	6	20.04	19.01	1.03
		6	6	20.04	17.28	2.76
		12	6	20.04	16.24	3.80

(二)人工机械干燥

1. 机械干燥的原理

此法降水快，工作效率高，不受自然气候条件的限制。但必须有配套设备，操作技术要求严格，掌握不当容易使种子丧失生活力。如采用热空气干燥种子，种温太高容易杀死胚芽。据柯列格(Kreyger，1972)试验，在不同的平衡相对湿度下，各种谷物干燥的临界温度是不同的(表 1-3-5)。

表 1-3-5　小粒禾谷作物在不同平衡相对对湿度下的临界种温(Kreyger. 1972)　℃

作物种类	相对湿度/%			
	60	70	80	90
小麦	62.8(145)	61.7(143)	58.3(137)	52.2(126)
玉米	51.7(125)	50.6(123)	47.8(118)	46.1(115)
黑麦	53.3(128)	50.0(122)	45.0(113)	40.6(105)
燕麦	58.9(138)	55.0(131)	50.0(122)	

注：括号内为华氏温度。生活力的降低小于 5%。

为了确保种子具有旺盛的生活力，Tarrington(1972)指出，安全干燥上限温度，谷类、甜菜及牧草类为45℃，大部分蔬菜种子为35℃。但是根据种子本身的耐热性和原始水分，决定具体温度，更能提高干燥效率和效果。

(1)自然风干燥　这种方法较为简便，只要有一个鼓风机就能进行工作(图1-3-1)。

但干燥性能有一定限度，当种子水分降到一定程度时，就不能再继续降低。这是因为种子与任何物质一样，具有一定限度的持水能力。当种子的持水力与空气的吸水力达到平衡时，种子既不向空气中散发水分，也不从空气中吸收水分。假设种子水分是17%，这时种子与相对湿度为78%、温度为4.5℃的空气相平衡。如果这时空气的相对湿度超过78%，就不能进行干燥(表1-3-6)。此外，达到平衡的相对湿度是随种子水分的减少而变低。因此，当种子水分是15%时，空气的相对湿度必须低于68%，否则无法进行干燥。

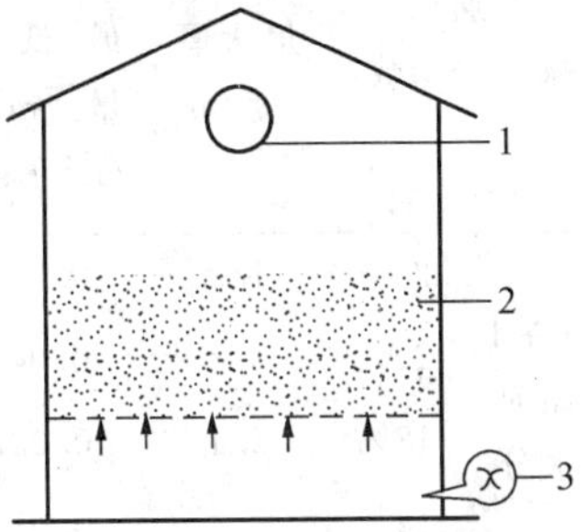

图1-3-1　自然风干燥法

1—排风口；2—种子；3—鼓风机

从表1-3-6可见，平衡相对湿度是随着温度的上升而增高。因此，水分为16%的种子，不可能在相对湿度为73%、温度为4.5℃的空气中得到干燥。

表1-3-6　不同水分的种子在不同温度下的平衡相对湿度　%

温度/℃	种子水分/%					
	17	16	15	14	13	12
4.5	78	73	68	61	54	47
15.5	83	79	74	68	61	53
25	85	81	77	71	65	58

从种子水分与空气相对湿度的平衡关系，可以表明自然风干燥必须辅之以人工加热的原因。所以，当采用自然风干燥，使种子水分下降到15%左右时可以暂停鼓风，等空气相对湿度低于70%时再鼓风，使种子得到进一步干燥。70%相对湿度是在自然风干燥的常用温度下与水分为15%的种子达到平衡水分时的相对湿度。如果相对湿度超过70%时，开动鼓风机不仅起不到干燥作用，反而会使种子从空气中吸收水分。

通风干燥效果还与种子堆高厚度和进入种子堆的风量有关。堆高厚度低，进风量大，干燥效果明显，种子干燥速度也快；反之则慢。在实践时可参考表1-3-7中的参数。

(2)加温干燥　在一定条件下，提高空气的温度可以改变种子水分与空气相对湿度的平衡关系。温度越高，空气的持水量也随之增多，相对湿度却随之降低，所以干燥效果越明显。在过高温度下种子会失去生活力，尤其是高水分种子。因此，采用加温干燥，必须在保证不影响种子生活力的前提下，适当地提高温度。在干燥机内的热空气温度不一定恰好等于种温，一般热空气的温度要高于种温。热空气温度愈高，则种子停留在机内的时间应愈短。而且种子在干燥机内所受的温度，应根据种子水分进行适当调节，当种子水分较高时，种温应低一些；反之，则可高些。

水稻种子的耐高温能力与原始水分和品种有关，原始水分越高越不耐高温。原始水分较低，又是较耐高温的品种，烘干温度可提高到50℃。

表 1-3-7 各类种子常温通风干燥作业的推荐工作参数

推荐通风干燥工作参数		种子堆最大厚度/m	在上述厚度时所需最低风量/[m³/(m³·s)]	机械常温通风将种子干燥至安全水分时空气的最大允许相对湿度/%	推荐通风干燥工作参数		种子堆最大厚度/m	在上述厚度时所需最低风量/[m³/(m³·s)]	机械常温通风将种子干燥至安全水分时空气的最大允许相对湿度/%
稻谷干燥前水分	25%	1.2	0.054	60	高粱干燥前水分	25%	1.2	—	60
	20%	1.8	0.04			20%	1.2	0.054	
	18%	2.4	0.027			18%	1.8	0.04	
	16%	3	0.013			16%	2.4	0.027	
小麦干燥前水分	20%	1.2	0.04	60	大麦干燥前水分	20%	1.2	0.04	60
	18%	1.8	0.027			18%	1.8	0.027	
	16%	2.4	0.013			16%	2.4	0.013	
玉米干燥前水分	30%	1.2	—	60	大豆干燥前水分	25%	1.2	—	60
	25%	1.5	0.067			20%	1.8	0.054	
	20%	1.8	0.04			18%	2.4	0.04	
	18%	2.4	0.027			16%	3.0	0.027	

小麦种子较水稻种子耐高温。水分为18%的小麦种子能在50℃温度受热时间较长的情况下，对发芽率影响不大(表 1-3-8)。对于大多数作物种子的烘干温度，一般宜掌握在43℃，随着种子水分的降低可适当提高烘干温度。烘干作业的具体参数可参考表 1-3-9。

表 1-3-8 加热温度对小麦种子发芽率的影响 %

加热时间/min	温度/℃	种子含水量/%		
		18	25	30
对照	—	99.0	100.0	100.0
30	40	99.5	98.0	99.0
60		98.5	100.0	91.0
90		98.5	100.0	86.5
10	50	99.0	97.5	47.6
20		99.0	95.0	13.5
30		99.0	90.0	10.5
60		99.5	80.5	0
90		96.0	78.0	0

用热空气进行种子干燥应注意以下事项：

①切忌将种子与加热器接触，以免种子烤焦、灼伤而影响生活力。

②严格控制种温，水稻种子水分在17%以上时，种温掌握在43～44℃。小麦种子种温一

般不宜超过 46℃。

③种子在干燥过程中，一次降水不宜太多；如果种子水分过高，可采用二次间隙干燥法。这样，种子不致因受热时间过长、温度过高和降水过快而发生子粒龟裂现象。

④经烘干后的种子，需冷却到常温后才能入仓，以防止种子堆发生局部性结露现象或长期受热而导致化学物质变性，降低播种品质。

表 1-3-9　各类种子烘干作业的推荐工作参数

推荐烘干工作参数		烘干机进口热风的最大允许温度/℃	种子堆最大厚度/m	在上述厚度时所需的最低风量/[m^3/(m^3·s)]	推荐烘干工作参数		烘干机进口热风的最大允许温度/℃	种子堆最大厚度/m	在上述厚度时所需的最低风量/[m^3/(m^3·s)]
稻谷烘干前水分	25%	43	1.2	0.054	高粱烘干前水分	25%	43	1.2	0.067
	20%		1.8	0.04		20%		1.2	0.054
	18%		2.4	0.027		18%		1.8	0.04
	16%		3	0.013		16%		2.4	0.027
小麦烘干前水分	20%	43	1.2	0.04	大麦烘干前水分	20%	40	1.2	0.04
	18%		1.8	0.027		18%		1.8	0.027
	16%		2.4	0.013		16%		2.4	0.013
玉米烘干前水分	30%	43	1.2	0.08	大豆烘干前水分	25%	43	1.2	0.067
	25%		1.5	0.067		20%		1.8	0.054
	20%		1.8	0.04		18%		2.4	0.04
	18%		2.4	0.027		16%		3	0.027

2. 加温干燥的设备

(1)加温干燥对干燥设备的要求　种子进行机械干燥时，必须采用适合要求的干燥设备。常用的干燥设备有三大类型，即分层干燥设备、分批干燥设备和连续流动式干燥设备。每一类型又分若干种类。不同作物种子、不同数量和不同水分条件适用的干燥设备不同，因此必须根据干燥要求选择最好的干燥设备。从经济、经营和能源观点出发，对种子干燥设备提出如下要求。

①烘干设备必须能干燥各种作物种子，如既能烘干各种麦类，又能烘干玉米种子。

②烘干设备通常在一年中只能使用数周，因此其基建投资应尽量降低。

③烘干设备的效率必须与收割机的能力相适应，以防止种子收获后干燥前的中间贮藏种子质量的下降。

④鼓风机的电能消耗和加热烘干空气的热能消耗要尽可能减少。

⑤烘干种子的质量不能降低，按种子的种类和应用要求保持不同空气温度和烘干时间。

⑥全部散装种子必须烘到可贮藏状态，并冷却到与外界温度相同，以避免在贮藏中由于微生物和呼吸作用所造成的损失。

⑦必须避免部分或整个种子堆烘干过度的问题。

⑧对于烘干设备在装料、卸料、操作、控制、维修和清理时所消耗的人力要尽可能减少。

⑨烘干机的结构和操作要遵守有关噪声、灰尘扩散、有害物质在烘干种子上的累积的法规以及消防规定。

(2)烘干机械设备的种类　烘干机械设备种类、型号很多，现将较为常用的设备介绍如下。

①分层干燥设备。分层干燥通常在仓库内进行。仓库可以是方形或圆形，圆仓构造见图1-3-2。在贮藏场所配备一套网状通气管与大型风扇相连接的工作系统。通气管应安装在低矮的仓库结构的地坪上，使之对整个种子堆供给相当均匀的气流以便冷却和干燥。通气管的接头应尽可能与墙壁靠近(图1-3-3)。风扇的大小和速率取决于仓库面积、种子种类和厚度、空气的温度和空气的流动量。每层种子达到部分干燥后再添入另一层种子，陆续增加层次直至仓库达到适当高度为止。添入种子的速度由排除水分数量和快慢决定。由于干燥的种子仍旧留在干燥设备内，所以这种干燥机不适用于大量操作或干燥条件需要变化的种子。该设备适用于农场中的玉米、大豆及禾谷类种子的干燥。

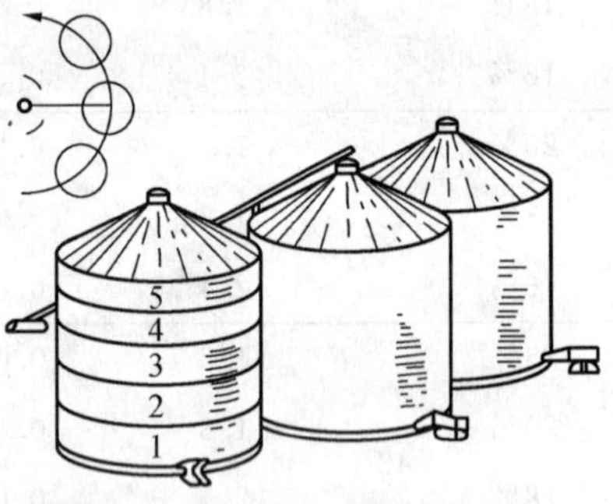

图1-3-2　供分层干燥用的圆仓

(朱斯梯等,《种子贮藏原理与实践》,1983)

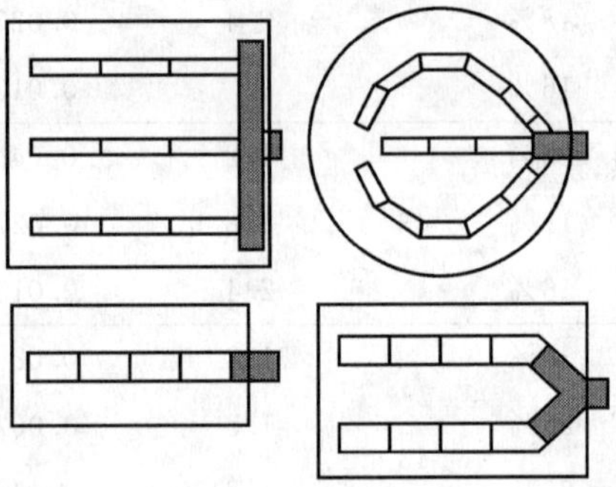

图1-3-3　种子仓干燥机的空气导管安装

②分批干燥设备。分移动式和固定式两类。移动式干燥机是特别设计的装有多孔垫板的四轮货车。这种多孔垫板可使加热的空气或冷空气向上鼓入通过种子。这种移动式干燥机可以拉到田间装入种子。分批干燥机每次干燥一定量的种子。种子干燥后必须经过冷却，然后送去贮藏。

固定式分批干燥机的种类很多，如简易堆放式干燥设备、斜床式干燥室、多用途堆放式干燥设备等。

简易堆放干燥设备，是一种最简单的干燥设备。它由一个燃煤炉和一台通风机及堆放种子的干燥床组成。通过燃煤炉加热后的空气，由通风机压送到干燥床下部的孔隙，穿过种子层将水分蒸发并带走。常见的简易堆放式干燥设备有圆仓式干燥仓和平床式干燥床(图1-3-4)这种干燥设备不足之处是气流在干燥床上分配不均匀，上下层水分差异较大，进出仓不够方便，劳动强度较大，故仅适于小批量种子干燥。但由于其结构简单，操作方便，目前仍广泛应用。

单层堆放换向干燥设备，是在平床堆放式干燥仓基础上，结合上下交替通风干燥设计的。其工作原理见图1-3-5。冷空气经过风机的吸引作用穿过煤炉侧壁与高温炉气混合成一定温度的热气流，被强制鼓入热风室，然后穿过干燥床与静止的种子充分接触，使种子表面水分获得热量而汽化蒸发，并将降低了温度的气流带到大气中。与此同时，种子内部的水分向外转移，并再被蒸发带入大气。如此循环，使种子逐步干燥到要求的水分。由于热空气穿过一定厚度的种子时，温度逐渐降低，有可能造成上下层降水速度的差异，为了保证均匀干燥，可每隔一定时间后操纵换向机构(换向手柄及上、下换向门)，改变通风方向，形成上下交替通风以消除上下层水分的差异。该干燥机的优点是干燥均匀性较好，能保证种子品质，成本较低，结构紧凑，拆装容易，使用可靠，劳动强度较低。并可配用间接加热空气装置，从而适合多种作物的干燥处理。

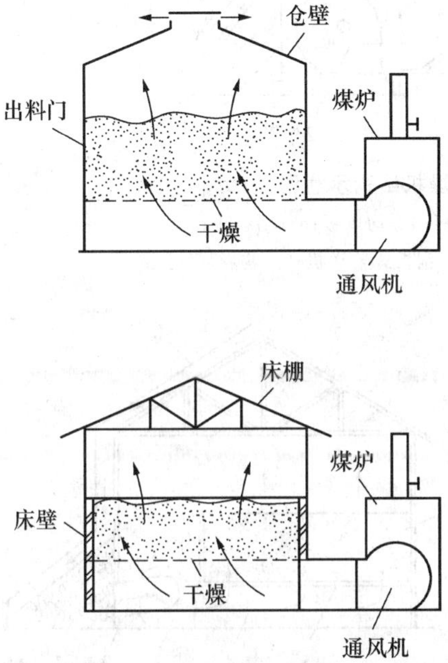

图 1-3-4 简易堆放式干燥设备图

上—圆仓式干燥仓结构；下—平床式干燥仓

(李笑光，《农作物干燥与通风贮藏》，天津科技出版社，1980)

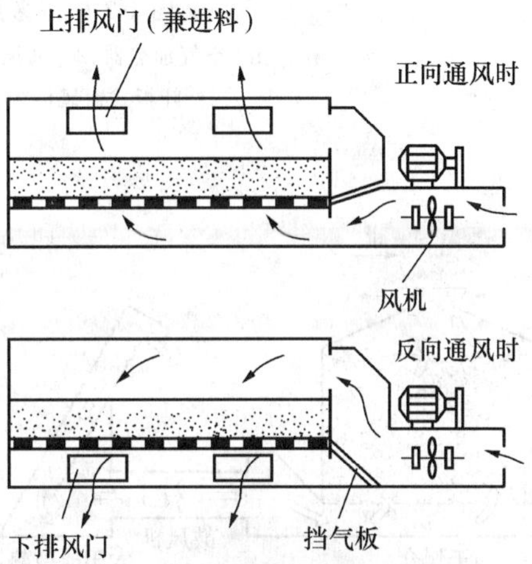

图 1-3-5 单层堆放换向通风式干燥机工作原理图

③连续流动式干燥设备。此类设备种类较多。有圆仓式循环干燥机、径向通风干燥机、塔式干燥机和通风带式干燥机等。通风带式干燥机是一种用途较广的连续流动式干燥设备，尤其适合于散落性差和形状不规则的种子。其主要结构由空气加热器、鼓风机、冲孔通风板、百叶板式通风传送带及刮板式输送机组成(图 1-3-6)。

3. 其他干燥设备

(1)太阳能干燥装置　由于世界能源日趋紧张，人们对太阳能的利用日益重视。传统的日晒干燥法，使种子直接受太阳辐射，这种方法有两种缺点，一是花费劳力多；二是晒场面积大，且干燥种子不够均匀，有的种子干燥过度，有的则干燥不足。利用燃料加热干燥，效果虽好，但成本较高。利用太阳能干燥则能量效率高，损耗少，烘干质量好，有较大的发展前途。

较为简单的太阳能谷物干燥装置由太阳能空气加热器、鼓风机、干燥仓(或通风室)组成(图 1-3-7，图 1-3-8)。

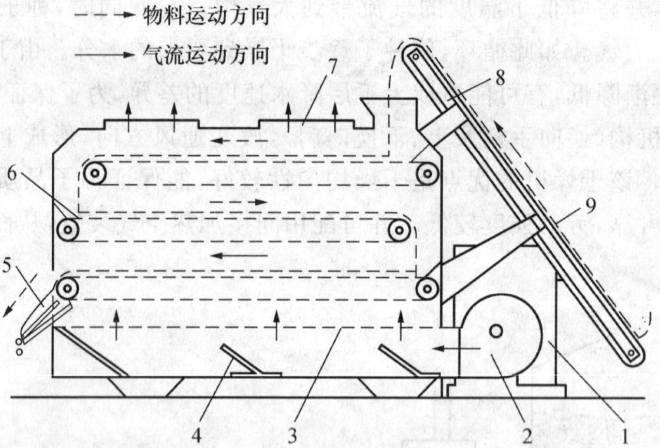

图 1-3-6 （多层）通风带式干燥机结构示意图

1—空气加热器；2—通风机；3—冲孔通风板；4—均风板；5—出料斗；
6—百叶板式通风传输带；7—排风口；8—刮板式输送机；9—物料

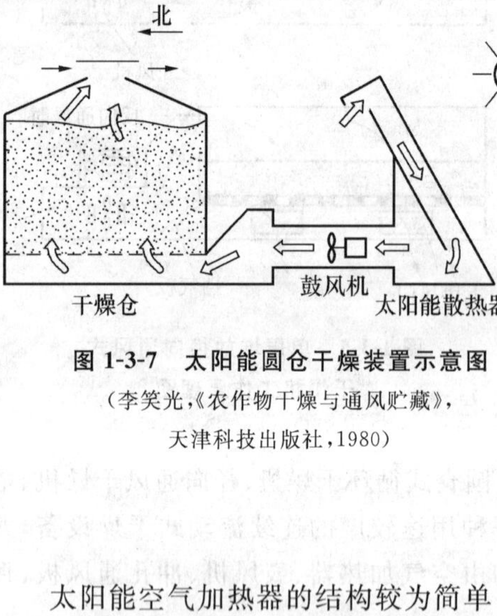

图 1-3-7 太阳能圆仓干燥装置示意图

（李笑光，《农作物干燥与通风贮藏》，
天津科技出版社，1980）

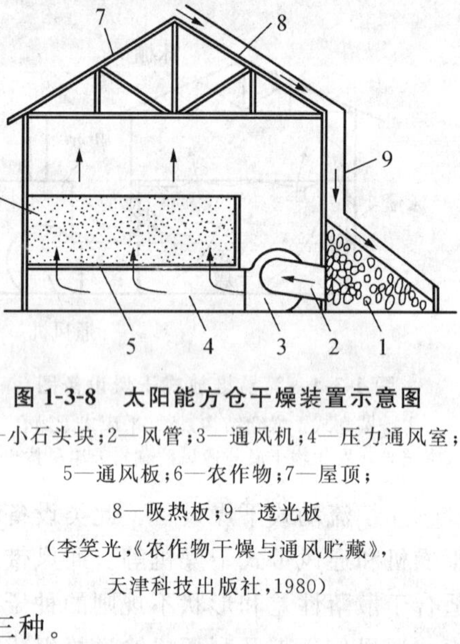

图 1-3-8 太阳能方仓干燥装置示意图

1—小石头块；2—风管；3—通风机；4—压力通风室；
5—通风板；6—农作物；7—屋顶；
8—吸热板；9—透光板
（李笑光，《农作物干燥与通风贮藏》，
天津科技出版社，1980）

太阳能空气加热器的结构较为简单，一般有下列三种。

①无透明层遮蔽的太阳能加热器；

②有透明层遮蔽的太阳能加热器；

③有透明层遮蔽和吸热板处于悬吊的太阳能加热器，其结构较前两种复杂（图 1-3-9）。

第一种由吸热板和保温层组成；第二种由透明层和保温层组成；而第三种则兼有透明层和吸热板及保温层组成。以后两种热效率较高，尤以第三种为明显。常用的吸热板用薄钢板涂黑漆制成。另一种方法是将 3 mm 厚的不锈钢板浸在含 60％硫酸、8％的重铬酸溶液中 15～18 min，使表面形成一层 1～2 mm 厚的氧化膜。使太阳能吸收率高，太阳辐射能达 91％～93％，而辐射率为 16％～17％。这种方法工艺简单、成本较低，且膜的耐久性也好。

(2)高频电场干燥装置 在高频电流产生的高频电场的作用下，潮湿种子的极化分子随电场的极性而迅速改变极化方向，从而引起类似摩擦作用热运动，使种子加温而水分蒸发，气化水分再由空气带走以达到干燥目的，使用这一方法有利于种子内水分向外移动，加速干燥过程。高频机一般采用 1～10 MHz 的电流频率。

高频电场法的优点：①高频能的穿透性高，加热速度快，干燥均匀；②干燥室的真空度使水沸点降低，使种子在整个干燥过程中处于较低的温度，有利于保持种子品质，并减少对环境的污染。

此外还有辐射干燥法，这种干燥靠辐射元件将可见或不可见的辐射能传送到潮湿种子上，种子吸收了辐射能后，就转化成热能，红外线和远红外线干燥均属此类。

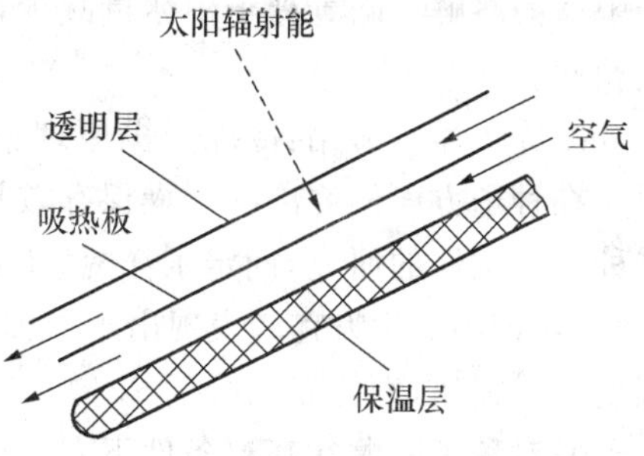

图 1-3-9　有透明层遮蔽和吸热板处于悬吊的太阳能空气加热器结构示意图

（李笑光，《农作物干燥与通风贮藏》，天津科技出版社，1980）

（三）冷冻干燥

冷冻干燥也称冰冻干燥，这一方法是使种子在冰点以下的温度产生冻结的方法，也就是在这种状况下进行升华作用以除去水分达到干燥的目的。

1. 冷冻干燥原理

水的状态分固态、液态和气态三相，当在水的三相点以下的温度、压力范围内，冰与水汽能够保持平衡，而在这种条件下，对冰加热即可以直接升华为水蒸气；由于冰的温度能够保持在对应于外界压力下的一定温度，因而能顺次升华为水蒸气。通常在常温以下的温度状况内均是对应于液态平衡的沸腾现象，则升华热可由水的本质内蒸发热、凝固热及温度变化时的对应热含量之和加以求出。在低温状况下除去种子水分时，种子的物理变化与化学变化是很小的，如再加水给冷冻种子，就可立即复原。因此，利用冷冻干燥法可使种子保持良好的品质。

2. 冷冻干燥设备

冷冻干燥装置因干燥的规模和要求，有大型和小型之分，小型冷冻干燥装置由以下几部分构成。

①干燥室。为放置种子进行干燥的部分。其下部为一加热器，基部有管道通向真空系统。干燥室通常保持温度为－30～－10℃，压力为 1 mmHg（1 mmHg＝133.332 Pa）左右。也有在加热器及干燥处之间设置冷冻装置。

②真空排气系统。由于冷冻干燥过程中，需保持系统中残留空气压在 10^{-2} mmHg 左右，故必须有真空泵及排气管路设备。真空泵一般采用油封回转泵较多。

③低温集水密封装置。为了捕集冷冻干燥过程所发生的蒸汽，需要设置密封的集水装置，一般情况下采用低温的集水密封装置，并需要有－40℃以下的冷却能的冷冻机。

④附属机器。在冷冻干燥装置的系统中还必须要有真空计、温度计、流量计等有关仪器。

3. 冷冻干燥的方法

通常有两种方法，一种是常规冷冻干燥法，将种子放在涂有聚四氟乙烯的铝盒内，铝盒体积为 254 mm×38 mm×25 mm。然后将置有种子的铝盒放在预冷到－20～－10℃的冷冻架上。另一种是快速冷冻干燥法，要首先将种子放在液态氮中冷冻，再放在盘中，置于－20～－10℃的架上，再将箱内压力降至 0.3 mmHg 左右，然后将架子温度升高到 25～30℃给种子微微加热，由于压力减小，种子内部的冰通过升华作用慢慢变少。升华作用是一个吸热过程，需要供给少许热量。如果箱内压力维持在冰的水蒸气压以下，则升华的水汽会结冰，并阻碍种子中冰的溶解。随着种子中冰量减少，升华作用也减弱，种子堆的温度逐渐升高到和架子的温度相同。

冷冻干燥的应用：冷冻干燥原理早在19世纪初期已经提出，但直到20世纪初才得以应用。在种子方面研究冷冻干燥保存较早的是Woodstock，他在1976年报道了采用冷冻干燥改进种子耐藏性的研究，确定了洋葱、辣椒和欧芹种子冷冻干燥的适宜时间，洋葱和欧芹以1 d为宜，辣椒则2 d为宜。表现出干燥损伤的水分因作物而不同，欧芹种子水分为2.4%时就表现出干燥损伤，而洋葱水分为2.1%，辣椒水分为1.3%时，均未表现干燥损伤。试验表明，冷冻干燥对种子贮藏在高温条件下有良好效果，并亦可在中温或低温条件下延长贮藏时期。

1983年Woodstock等又报道应用冷冻干燥进行长期贮藏，表明冷冻干燥后长期贮藏性明显增加，尤其对洋葱的干燥效果更好。经冷冻干燥的种子贮藏后，发芽率的下降并不太明显(表1-3-10)。

表1-3-10 冷冻干燥对洋葱、辣椒和欧芹种子长期贮藏性的作用(Woodstock，1983)

(种子在氟石干燥剂上于40℃经2年，然后于环境温度下保存的时间)

种子	处理	种子水分/%			发芽率(%±SD)				
								8年	
		0年	1年	8年	0年	1年	2年	正常幼苗	不正常幼苗
洋葱	—	9.0	5.7	1.1	90±4	34±4	4±2	0±0	9±6
	＋	4.1	2.1	0.6	85±5	85±2	79±3	79±3	8±1
辣椒	—	7.4	—	—	88±1	0±0	0±0	0±0	0±0
	＋	3.2	1.5	1.0	90±5	78±5	79±4	15±1	45±5
欧芹	—	9.9	5.1	1.9	76±8	64±8	53±1	0±0	0±0
	＋	5.1	2.9	1.6	81±4	74±5	46±6	0±0	0±0

冷冻干燥这一方法，可以使种子不通过加热将自由水和多层束缚水选择性地除去，而留下单层束缚水，将种子水分降低到通常空气干燥方法不可能获得的水平以下，而使种子干燥损伤明显降低，增加了种子的耐藏性，因此这种方法不仅适用于种质资源的保存，而且在当前已有大规模的冷冻设备用于食品冷冻干燥的情况下，也可应用这些设备进行大规模的种子干燥，这对蔬菜种子特别具有应用前景。

(四)干燥剂干燥

干燥剂是一种化学物质，具有吸湿能力，可以将空气中的水汽分子吸收掉，使种子水分降到相当于相对湿度25%以下的平衡含水量。用干燥剂干燥种子优于加热干燥，只要使用得当，不会使种子发生老化作用。

1. 干燥剂的种类和性能

当前使用的干燥剂有氯化锂、硅胶、氯化钙、活性氧化铝、生石灰和五氧化二磷等。现就常用的几种分述如下。

①氯化锂($LiCl$)。中性盐类，固体在冷水中溶解度大，可达45%的重量浓度。吸湿能力很强。化学性质稳定性好，一般不分解、不蒸发，可回收再生重复使用，对人体无毒害。

氯化锂一般用于大规模除湿机装置，将其微粒保持与气流充分接触来干燥空气，每小时可输送 17 000 m^3 以上的干燥空气。可使干燥室内相对湿度最低降至 30%以下的平衡水分，能达到低温低湿干燥的要求。

②硅胶。玻璃状半透明颗粒，无味、无臭、无害、无腐蚀性和不会燃烧。化学性质稳定，不溶解于水，直接接触水便成碎粒不再吸湿。硅胶的吸湿能力随空气相对湿度而不同，最大吸湿量可达自身重量的 40%(表 1-3-11)。

表 1-3-11　不同相对湿度条件下硅胶的平衡水分　　%

R·H	含水量	R·H	含水量
0	0.0	55	31.5
5	2.5	60	33.0
10	5.0	65	34.0
12	7.5	70	35.0
20	10.0	75	36.0
25	12.5	80	37.0
30	15.0	85	38.0
35	18.0	90	39.0
40	22.0	95	39.5
45	26.0	100	40.0
50	28.0		

硅胶吸湿后在 150～200℃条件下加热干燥，性能不变仍可重复使用。但烘干温度超过250℃时，开裂粉碎，丧失吸湿能力。

一般的硅胶不能辨别其是否还有吸湿能力，使用不便。在普通硅胶内掺入氯化锂或氯化钴成为变色硅胶。干燥的变色硅胶呈深蓝色，随着逐渐吸湿而呈粉红色。当相对湿度达到40%～50%时就会变色。

③生石灰(CaO)。通常是固体，吸湿后分解成粉末状的氢氧化钙：$CaO+H_2O=Ca(OH)_2$，失去吸湿作用。但是生石灰价廉，容易取材，吸湿能力较硅胶强。生石灰的吸湿能力因品质而不同，使用时需要注意。

④氯化钙($CaCl_2$)。通常是白色片剂或粉末，吸湿后呈疏松多孔的块状或粉末。吸湿性能基本上与氧化钙相同或稍稍超过。

⑤五氧化二磷(P_2O_5)。一种白色粉末，吸湿性能极强，很快潮解。有腐蚀作用。潮解的五氧化二磷通过干燥，蒸发其中的水分，仍可重复使用。

2. 干燥剂的用量和比例

干燥剂的用量因干燥剂种类、保存时间、密封时种子的水分而不同。

硅胶的使用量取决于种子的原始水分、数量和需干燥到某相对湿度时的种子平衡水分。例如，把含水量为 13.5%的小麦，重量 500 g，干燥到 30%相对湿度的平衡含水量(8.5%)，需放多少硅胶，可按下列方法计算。

小麦种子需除去的水分=(种子原始水分－30%相对湿度的种子平衡水分)×种子重量

=(13.5%－8.5%)×500=25(g)

需要硅胶：需除去水分÷30%相对湿度硅胶吸水量=25÷0.15=166.7(g)

所以 500 g 小麦种子内需放 170 g 硅胶。

小麦试验结果表明，生石灰、硅胶和氯化钙三种干燥剂的用量和吸湿能力，到达一定程度时即使加大用量和延长吸湿时间至 20 d，种子水分几乎不再下降(表 1-3-12)。由此可见，如果按比例投放干燥剂时，种子数量一定，不必过多放入干燥剂，一般以种子与干燥剂为 1∶2 就可以了，以免造成浪费。在长期采用干燥剂贮藏过程中，种子水分随干燥贮藏时间而逐渐降低，但越来越缓慢。支巨振采用三种作物(水稻、大豆、大白菜)种子，四种干燥剂(五氧化二磷、氯化钙、氧化钙和硅胶)、四种比例(种子∶干燥剂为 1∶5、1∶3、1∶1 和 1∶0.5)进行长期的吸湿贮藏试验，表明不同作物在不同情况下失水速率存在明显差异。小粒的大白菜种子失水最为迅速。

表 1-3-12 不同比例的干燥剂对小麦种子水分的影响

作物名称	干燥剂种类	干燥剂与种子之比	种子水分/%	干燥天数及种子水分				备注
				7 d	12 d	16 d	20 d	
小麦	生石灰	1∶0.5	12.8	12.1	8.3	12.1	11.4	生石灰处理的种子干燥到第 16 天含水量回升
小麦	生石灰	1∶1	12.8	11.6	8.4	11.3	10.9	
小麦	生石灰	1∶2	12.8	10.7	7.6	10.2	9.5	
小麦	生石灰	1∶4	12.8	9.9	7.8	9.1	8.6	
小麦	变色硅胶	1∶0.5	12.8	9.1	11.5	8.6	8.3	变色硅胶处理时，1∶0.5 和 1∶4 两处处理干燥到第 12 天含水量有回升现象
小麦	变色硅胶	1∶1	12.8	—	10.5	7.6	7.2	
小麦	变色硅胶	1∶2	12.8	—	10.2	7.3	6.8	
小麦	变色硅胶	1∶4	12.8	8.4	8.5	7.2	6.7	
小麦	无水氯化钙	1∶0.5	12.8	8.7	7.2	6.7	6.4	
小麦	无水氯化钙	1∶1	12.8	8.0	7.2	6.5	6.2	
小麦	无水氯化钙	1∶2	12.8	7.6	7.1	6.4	6.2	
小麦	无水氯化钙	1∶4	12.8	7.5	7.1	6.2	6.2	

思考一下：

种子干燥的方法有哪些？每种方法的原理是什么？

复习思考题

1. 种子干燥的作用有哪些？
2. 影响种子干燥的因素有哪些？
3. 请简述机械干燥的原理。
4. 用热空气进行种子干燥的注意事项有哪些？
5. 请简述加温干燥对干燥设备的要求。
6. 烘干机械设备的种类有哪些？

实验实训 种子干燥设备与使用

一、原理

种子中的水分是影响种子进一步加工处理和安全贮藏的一个重要因素。为使种子能长期地安全贮藏，必须使种子的水分降低到安全水分范围内。在种子干燥作业中，应用最广泛的是通过外加热量使种子中的水分蒸发并去除，所以是属于热力干燥的范畴。根据供热方式的不同，这种干燥方法又可分为以下几种：对流干燥法、传导干燥法和辐射干燥法。种子的干燥过程通常可以分为4个阶段：预热、水分汽化、缓苏和冷却。根据种子的运动方式，常用的种子烘干机械可以分为以下几种类型：种子固定床式、种子移动床式、种子流化床式和种子循环式。本实验的目的是通过观察种子固定床式干燥机，介绍种子热力干燥机的基本结构、工作原理和使用方法。

二、试材与设备

1. 材料

玉米或小麦种子若干。

2. 设备

种子固定床式干燥机。

三、固定床整仓干燥装置的工作流程

种子固定床式干燥机主要有固定床整仓干燥装置（图1-3-10）和斜床式换向通风干燥装置。其基本特征是种子层静止不动，干燥介质做相对运动，种子烘干后一次卸出。固定床整仓干燥装量是在贮存仓内干燥和冷却种子，并且大多就留在仓内贮藏。

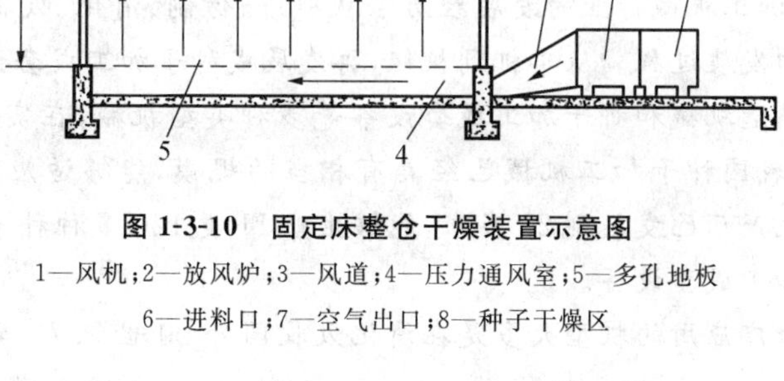

图 1-3-10 固定床整仓干燥装置示意图

1—风机；2—放风炉；3—风道；4—压力通风室；5—多孔地板

6—进料口；7—空气出口；8—种子干燥区

①将待干燥的种子(玉米或小麦种子)充填满整个固定床。

②开启热风系统,干燥介质(热风)从仓底向顶部流动,与种子产生湿热交换。

③随着干燥过程的进行,干燥区由底部向上移动。图中所示为干燥区已移到中部的情形。在干燥区的下部、种子的水分与进来的空气已基本上达到平衡状态。

④当固定床顶部的种子含水率达到安全贮藏水分时,停止加热系统。烘干后的种子可以一次卸出,或在仓内贮藏。

四、注意事项

①固定床整仓干燥所需的气流量较小,干燥过程比较缓慢,即干燥区上移缓慢,容易使上层种子产生霉变。为此,上部种子的水分不能太高,如小粒种子的原始水分应小于20%,玉米的原始水分应小于25%。

②整仓干燥管理简单,热能利用充分,种子不会过热,种子不易出现裂纹,但管理周期长。

③这种干燥方法干燥速度慢,干燥后的种子水分不均匀。

五、实训作业

撰写操作体会。

工作任务四　种子清选、精选原理和技术

知识目标

➢掌握种子清选、精选的目的和意义。

➢掌握种子清选、精选的原理。

➢掌握种子清选、精选的程序。

➢了解我国目前使用较广泛的种子清选加工机械的种类。

技能目标

➢掌握淌筛的使用技术。

➢掌握种子精选机的使用。

知识资讯导读

我国种子加工机械的发展,起步较晚,20世纪70年代起从国外引进单机并研学和仿制,80年代开始,从国外引进种子加工成套设备进行研学和仿制。自80年代后期到现在的20多年时间里,我国种子加工机械行业的发展经历了从引进、仿制、消化、吸收到自主技术开发、研制生产到普及推广的发展过程。从单机到机组,再发展成种子加工成套设备,研制出了一批能够适合我国国情的精选机械和种子加工成套设备等多种类型机械,在实际生产中得到了普遍的推广应用。目前,我国种子加工机械已经具有相当的规模,能够适应当前种子加工生产需要。种子加工机械生产厂已发展到20多家,能够生产11类120多种种子加工机械,可组成15种不同形式的种子加工成套设备。

我国当前普遍推广应用的机型大多是在消化吸收国外20世纪70至80年代产品的基础

上发展起来的机型或者国外样机的仿制产品。产品成型后，国内各个生产厂家再互相模仿，很少有设计者根据实际用途进行技术创新，改进机械，结果导致市场上机械大同小异，产品科技含量低。另外，我国种子加工机械生产厂家，大多数规模小、设施落后、技术力量薄弱，不同程度地存在着追求生产利润，忽视产品质量的现象，结果造成国产种子加工机械存在着制造工艺落后、性能不稳定、工作可靠性差、寿命短、能耗大等问题，不能满足种子加工业的发展需要。表现在清选机械加工过的种子，破碎率高、除杂率低。另外，多数民营种子生产企业，规模小，资金实力不足，难以购置大型种子加工机械，由于市场缺乏经济适用的小型机械，种子加工多数仍以人工方式为主。

你知道吗？

我国种子清选、精选技术的发展现状、存在问题及发展趋势？和国外相比，优势及缺陷在哪？

一、种子清选、精选的意义和目的

（一）种子清选、精选的意义

刚从田间收获的种子，往往含有各种废料、干叶、杂草的种子、异作物种子和害虫等杂质，如果种子里含有绿叶、断茎、杂草和其他高水分物质，就会影响有效干燥，安全包装和贮藏，所以对刚收获的种子进行清选和精选分级是十分必要的。

（二）种子清选、精选的目的

除芒的目的：有些种子，如有芒水稻和大麦种子，在风筛机清选时，其芒会阻塞筛孔，影响种子的正常清选，所以对有芒种子，必须预先除芒。

清选的目的：种子清选主要是清除混入种子中的茎、叶、穗和损伤种子的碎片、异作物种子、杂草种子、泥沙、石块、空瘪子等掺杂物，以提高种子纯净度，并为种子安全干燥和包装贮藏做好准备。

精选分级的目的：主要是剔除混入的异作物或异品种种子，不饱满的、虫蛀或劣变的种子，以提高种子的精度级别和利用率，即可提高纯度、发芽率和种子活力。

二、种子清选、精选原理

未经清选的种子堆，成分相当复杂，其中不仅含有各种不同大小、不同饱满度和完整度的本品种种子，还含有相当数量的混杂物，包括植株碎片、稃壳、泥沙、小石块及虫尸、菌瘿和杂草种子等。各类种子或各种混杂物所具有的物理特性不同，如形状、大小、比重、表面结构及色泽等。种子的清选和分级就是根据种子群体的这些物理特性以及种子与混杂物之间的差异性，在机械操作过程中（如运转、振动、鼓风等）将饱满、完整的种子与瘦瘪种子以及种子与混杂物分离开来。

（一）根据种子大小进行分离

种子的大小以其长度 l、宽度 b 和厚度 a 来表示。各种作物种子的长、宽、厚之间的关系可以有如下 4 种情况：

$l>b>a$，种子呈扁长形，如水稻、小麦种子；

$l>b=a$，种子呈圆柱形，如小豆；

$l=b>a$，种子呈扁圆形，如野豌豆；

$l:b:a=1$，种子呈球形，如豌豆。

根据种子的大小，可用不同形状和规格的筛孔，把种子与夹杂物分离开，也可以将长短和大小不同的本品种种子进行分级。

1. 依长度分离

种子可用圆窝眼筒将长短不同的种子分离。其方法如将一些长度不同的种子，放在钻有窝眼的平板上（图 1-4-1），窝眼的直径要大于短粒种子的长度而小于长粒种子的长度，这样可使短粒种子落入窝眼内，长粒种子则不能。然后逐渐使平板的一端提高，长粒种子的重心随着发生位移，由于重力作用而下落，而短粒种子则下落较迟。窝眼筒实际上就是将平板制成圆筒，筒内壁制成 U 形窝眼，筒内装有出种槽（图 1-4-2）。工作时，将需要进行分离的种子置于筒内，并使圆筒作回转运动。落入窝眼中的短粒种子，靠窝筒的旋转被带到一定高度后，由于本身重力而坠入出种槽内。长粒种子则直接从窝眼筒流到另一出口而与短粒种子分开。

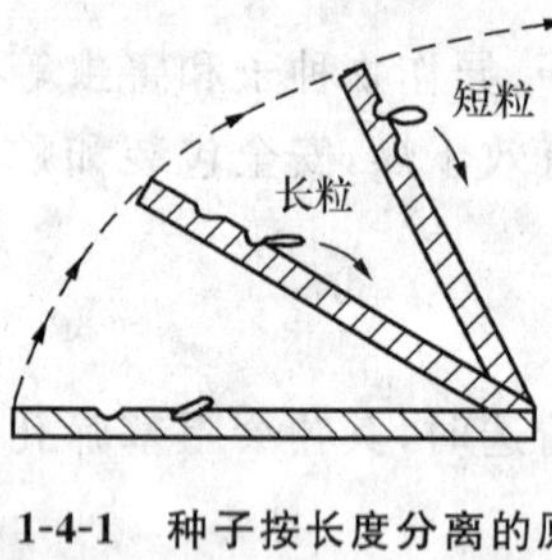

图 1-4-1　种子按长度分离的原理

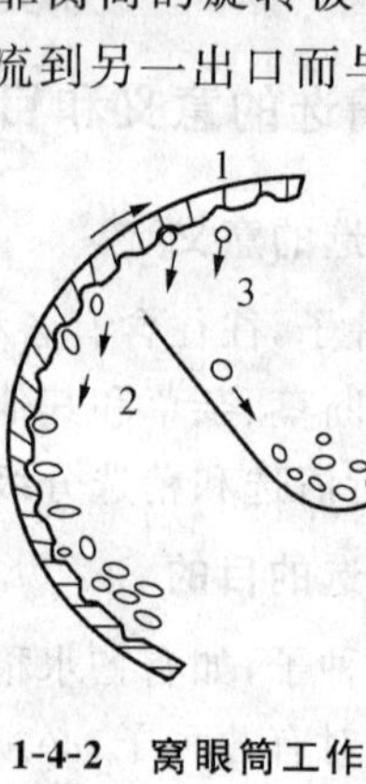

图 1-4-2　窝眼筒工作原理

1—转动方向；2—长谷粒流动方向；3—短谷粒流动方向

为了使种子分离正确，必须选用适当大小的窝眼（表 1-4-1）。此外，还必须选用一定的旋转速度，才能得到良好的效果。如果圆窝筒运转速度太快，种子的离心力大于重力，其合力的方向朝筒外，种子便贴着窝眼底部而不能下坠。因此，种子离心力的数值必须小于重力。一般常用的圆窝筒转速为 30～45 r/min。

表 1-4-1　各种作物的窝眼参考尺寸　mm

作物名称	窝眼直径		作物名称	窝眼直径	
	分离长混杂物	分离短混杂物		分离长混杂物	分离短混杂物
水稻	8.5,9	6.3,5.6	玉米	11.8,12.5	11.2,10.5,9.5
小麦	8,8.5,9	5,4.75	荞麦	8.5	5
大麦	11.2,11.8	7.1,6.3,5.6	亚麻	5	3.5,
黑麦	8.5,9,9.5	6,5.6,5	大麻	5,5.6	4,3.5,3.15

2. 依宽度分离

种子可用圆孔筛将宽度不同的种子与杂物进行分离。但是种子必须在直立状态下才能通过（图 1-4-3）。

3. 依厚度分离

种子一般采用长方形筛孔。孔径长度应大大超过种子长度，而孔径宽度应小于种子的宽度，这样才能保证厚度适宜的种子通过筛孔(图 1-4-4)。

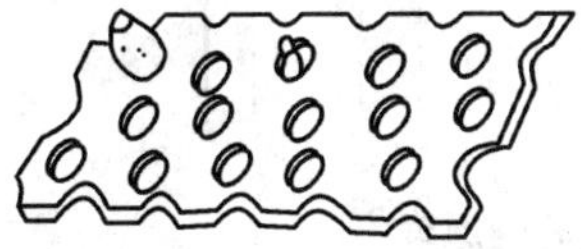

图 1-4-3 圆孔筛

图 1-4-4 长孔筛

除上述两种筛子孔外，其他如正方形、菱形的筛孔都不能正确地分离种子。为提高精选效果，选择筛孔尺寸要均匀，筛面要平直的冲孔筛。至于编织筛、交织筛(图 1-4-5)，由于织丝容易变形，造成筛孔大小不匀而影响精选质量。

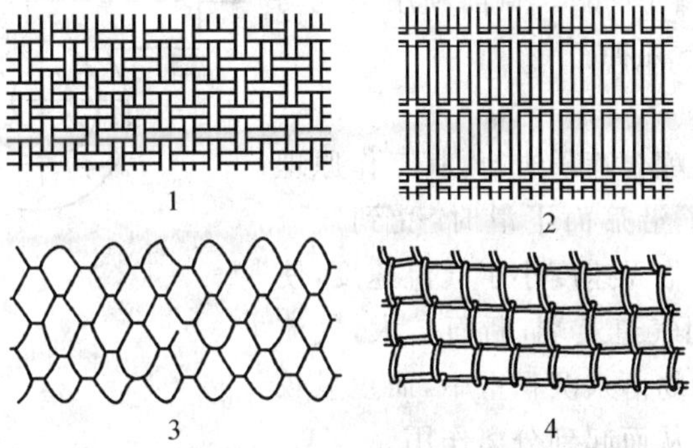

图 1-4-5 编织筛

1—竹篾编织的方孔筛；2—竹篾编织的长方孔筛；

3—铁丝编织的菱形孔筛；4—铁丝编织的方孔筛

(二)根据空气动力学原理进行分离

这种方法按种子和杂物对气流产生的阻力大小进行分离。任何一个处在气流中的种子或杂物，除受本身的重力外，还承受气流的作用力，重力大而迎风面小的，对气流产生的阻力就小，反之则大(表 1-4-2)。而气流对种子和杂物压力的大小，又取决于种子和杂物与气流方向成垂直平面上的投影面积、气流速度、空气密度以及它们的大小、形状和表面状况。

表 1-4-2 种子流动时间的阻力系数及空气临界速度

作物名称	阻力系数/ε	临界速度/(m/s)
小麦	0.184～0.265	8.9～11.5
大麦	0.191 9～0.272	8.4～10.8
玉米	0.162～0.236	12.5～14.0
黍	0.045～0.073	9.8～11.8
豌豆	0.190～0.229	15.5～17.5

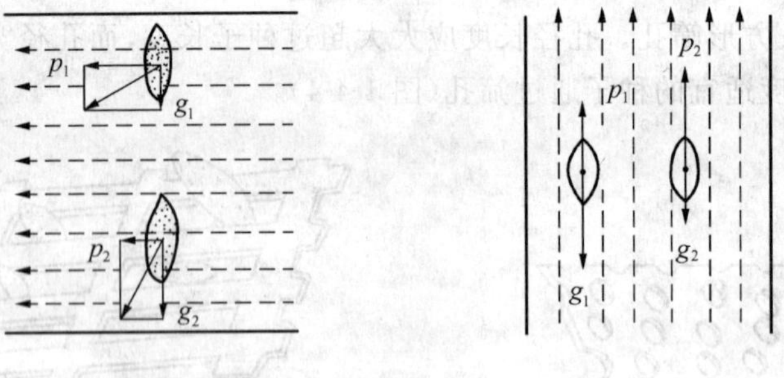

图 1-4-6　种子按气体动力学分离的原理

气流对种子的压力 p 的大小，可用下列公式表示：

$$p = \varepsilon \cdot \rho \cdot f \cdot v^2$$

式中，ρ 为空气密度；ε 为阻力系数(表 1-4-2)；f 为物体的承风面积；v 为气流速度(m/s)。

当物体(种子)重量 $g>p$ 时，则种子落下，$g<p$ 时，则种子被气流带走(图 1-4-6)。目前利用空气动力分离种子的方式有如下几种。

1. 垂直气流

垂直气流分离，一般配合筛子进行，其工作原理如图 1-4-7 所示。当种子沿筛面下滑时，受到气流作用，轻种子和轻杂物的临界速度小于气流速度，使随气流一起上升运动，到气道上端，断面扩大，气流速度变小，轻种子和轻杂物落入沉积室中，而重量较大的种子则沿筛面下滑，从而起到分离作用。

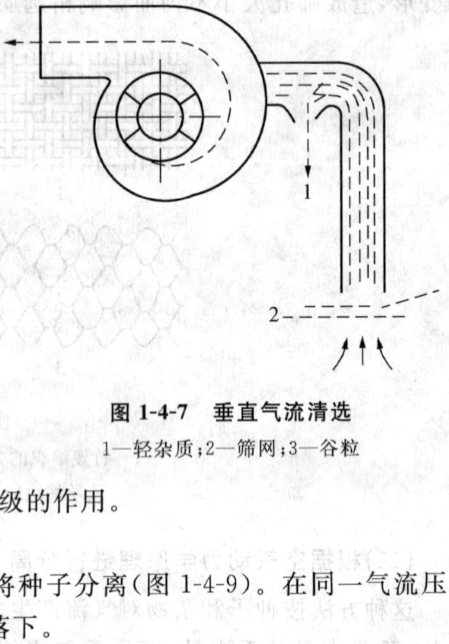

图 1-4-7　垂直气流清选

1—轻杂质；2—筛网；3—谷粒

2. 平行气流

目前，农村使用的木风车就属此类(图 1-4-8)。它一般只能用作清理轻杂物和瘪谷，不能起到种子分级的作用。

3. 倾斜气流

根据种子本身的重力和所受气流压力的大小而将种子分离(图 1-4-9)。在同一气流压力作用下，轻种子和轻杂物被吹得远些，重的种子就近落下。

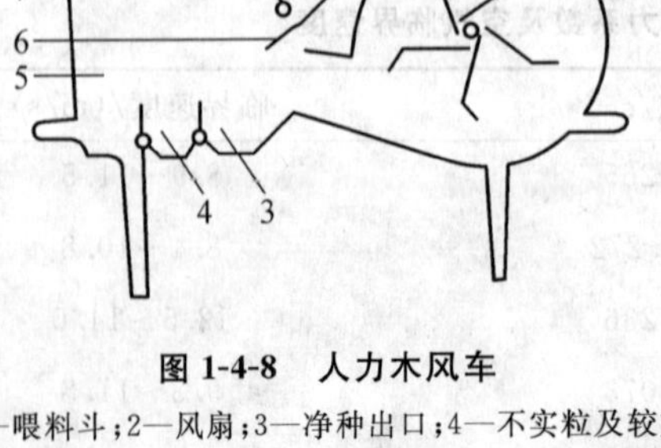

图 1-4-8　人力木风车

1—喂料斗；2—风扇；3—净种出口；4—不实粒及较重杂质出口；5—轻杂质出口；6—缓冲板；7—流量调节板

图 1-4-9　倾斜气流清选

1—喂料斗；2—谷粒；3—轻杂质

4. 将种子抛扔进行分离

目前，使用的带式扬场机属于这类分离机械（图 1-4-10）。当种子从喂料斗中下落到传动带上，种子借助惯性向前抛出，轻质种子或迎风面大的杂物，所受气流阻力较大落在近处；重质和迎风面小的，则受气流阻力较小落在远处。这种分离也只能作初步分级，不能达到精选的目的。

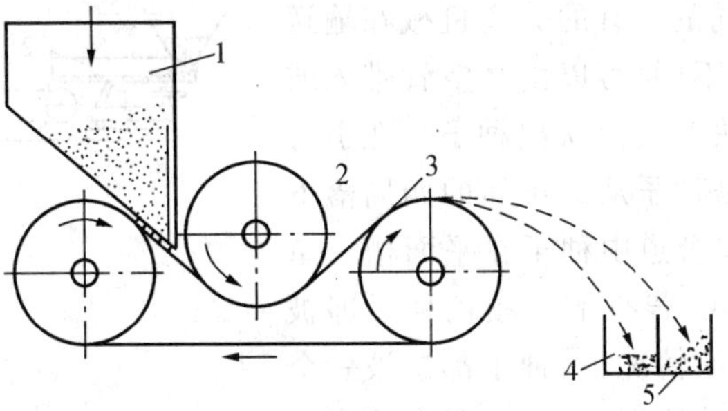

图 1-4-10　带式扬场机工作示意图

1—喂料斗；2—滚洞；3—皮带；4—轻的种子；5—重的种子

（三）根据种子表面结构进行分离

如果种子混杂物中的某些成分，难以依尺寸大小或气流作用分离时，可以利用它们表面的粗糙程度进行分离。采用这种方法，一般可以剔除杂草种子和谷类作物中的野燕麦。但是设计这种机械主要用于豆类中剔除石块和泥块，也能分离未成熟和破损的种子。例如，清除豆类种子中的菟丝子和老鹳草，可以把种子倾倒在一张向上移动的布上，随着布的向上转动，杂草种子被带向上，而光滑的种子向倾斜方向滚落到底部（图 1-4-11）。另外，根据分离的要求和被分离物质状况采用不同性质的斜面。对形状不同的种子，可选择光滑的斜面；对表面状况不同的种子，可采用粗糙不同的斜面。斜面的角度与分离效果密切相关，若需要分离的物质，其自流角与种子的自流有显著差异的，分离效果越明显。

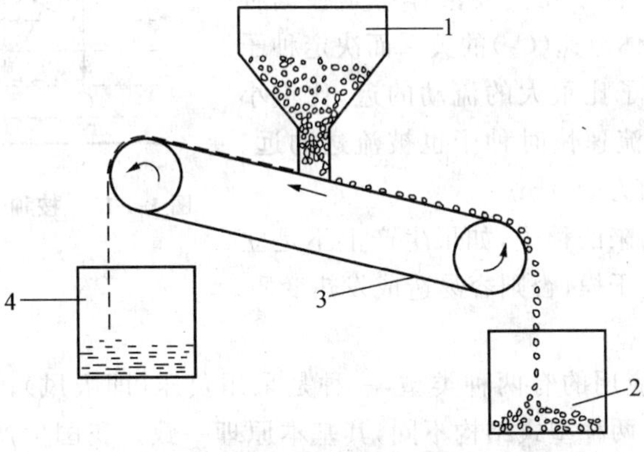

图 1-4-11　按种子表面光滑程度分离

1—种子漏斗；2—圆的或光滑种子；3—粗帆布或塑料布置；

4—扁平的或粗糙种子（美国农业部手册，第 179 页）

(四)利用种子色泽进行分离

用颜色分离是根据种子颜色明亮或灰暗的特征分离的。要分离的种子在通过一段照明的光亮区域，在那里每粒种子的反射光与事先在背景上选择好的标准光色进行比较。当种子的反射光不同于标准光色时，即产生信号，这种子就从混合群体中被排斥落入另一个管道。

各种类型的颜色分离器在某些机械性能上有不同，但基本原理是相同的。有的分离机械在输送种子进入光照区域方式不同，可以由真空管带入或用引力流导入种子，由快速气流吹出种子。在引力流导入的类型中，一种是种子从圆锥体的四周落下(图 1-4-12)；另一种是在管道中种子在平面槽中鱼贯地移动，经过光照区域，若有不同颜色种子即被快速气流吹出。在所有的情况下，种子都是被一个或多个光电管的光束单独鉴别的，不至于直接影响邻近的种子。

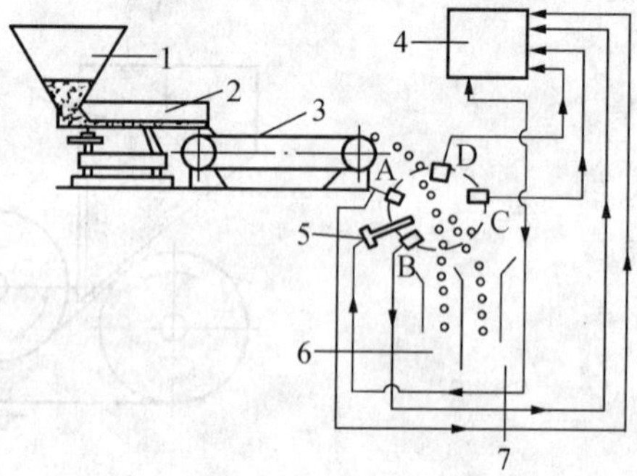

图 1-4-12 电色种子分离仪图解

1—种子漏斗；2—振动器；3—输送器；4—放大器；5—气流喷口；6—优良种子；7—废物；A、B、C、D—电光管

(国际种子检验协会会刊 34 卷，1969)

这类分离方法多半用于豆类作物中因病害而变色的种子和其他异色种子。

(五)根据种子的比重进行分离

种子的比重因作物种类、饱满度、含水量以及受病虫害程度的不同而有差异，比重差异越大，其分离效果越显著。

1. 应用液体进行分离

利用种子在液体中的浮力不同进行分离，当种子的比重大于液体的比重时，种子就下沉；反之则浮起，然后将浮起部分捞去，即可将轻、重不同的种子分离开。一般用的液体可以是水、盐水、黄泥水等。这是静止液体的分离法。此外还可利用流动液体分离(图 1-4-13)。种子在流动液体中是根据种子的下降速度(C)与液体流速(C_2)的关系而决定种子流动的近还是远，即种子比重大的流动的近，比重小的被流送的远；当液体流速快时种子也被流送的远。一般所用的液体流速约为 50 cm/s。

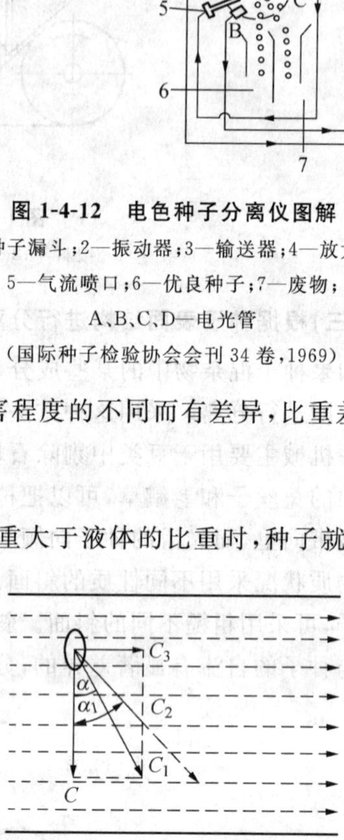

图 1-4-13 按种子的比重在液体中分离

用液体进行分离出来的种子，如果生产上不是立即用来播种，则应洗净、干燥，否则容易造成发热变质。

2. 重力筛选

目前，国内外广泛应用的有两种类型，一种是采用负压(即吸风)；另一种是用正压(即吹风)，将轻重粒分开。这两种型式结构不同，其基本原理一致。我国生产的 5XZ-1.0 型重力式种子精选机是采用负压型式。

重力筛也叫振动筛，筛面不起筛理作用，筛孔仅作通过气流用。当种子在筛面上时，由于吸力作用，使轻种子瞬时处于悬浮状态。当风的吸力近似于轻种子的重量时，轻种子不按振动筛振动而产生有规律的运动。据此，可将轻重不同的种子分离。当没有吸力作用时，不论种子轻重一律随振动筛的作用向上移动。振动筛的倾斜角越大,则上升力越大,即向上移动得越快。如果要分离种子与沙石时,可调节风的吸力和筛面的倾斜角。因为种子的比重小于沙石,只要风的吸力能略大于种子的重量,使种子瞬时处于悬浮状态,沙石在倾斜的筛面向上移动,即可达到种子与沙石分开的目的。

综上所述,种子可根据其本身的各种物理性质,采用不同的机械进行清选和分级。表1-4-3表明可供选用的各种类型的清选、分级机械。

表 1-4-3 根据不同物理性质可供选用的清选分级机械(Gregg,B. R,1983)

种子的物理性质	清选分级机械	种子的物理性质	清选分级机械
种子大小	气、筛清选机	种子形状	螺旋分离机
	筛选机		皱褶带分离机
	宽厚分级机	种子表面结构	滚轮分离机
种子重量	比重分离机		磁性分离机
	分筛清选机		角状分离机
	吸风机	种子颜色	电色分离机
	分级吹风机		磁性分离机
	去石机		角状分离机
种子长度	盘式窝眼分离机		—
	滚筒式窝眼分级机		—
	盘、筒联合分离机		—

思考一下:

种子清选、精选的目的和原理是什么?

三、种子加工的程序

种子加工通常要经过几道特定的工序才能得到满意的结果,机器和加工程序的选择取决于种子的种类及种子中杂质的性质和类别。常用的加工程序是预先准备、基本清选和精加工。

(一)预先准备

为种子基本清选做好准备和创造条件,如脱粒、预清和除芒。

1. 脱粒

所有玉米均采用摘穗机或人工采收果穗的,因此玉米脱粒几乎是每个玉米加工厂的必要的一道工序。脱粒是一道关键的工序,应尽量防止脱粒损伤,玉米种子水分在16%～17%时对损伤不太敏感。

2. 预清

预清是对种子进行粗清选,将较大的杂质进行清除,并将重量轻、体积小的颗粒除去,通常采用多筛预清机或粗选机进行预清。人工收割的种子很少需要预清,机械收获的种子根据需要进行预清,如果种子中混杂有对种子流动有显著不良影响的物质则必须预清。种子在进入烘干机之前则应先行预清。

3. 去芒

有芒的作物如大麦和禾本科牧草种子应先去掉芒和绒毛，因为芒影响种子的流动和分级。对于带有大量未脱粒的小粒作物的穗头，使用去芒机可收到良好的效果，但应小心操作，否则会损伤种子。

(二)基本清选

这是一切种子加工中必要的工序。其目的是清除比清选种子的宽度或厚度过大或过小的杂质和重量更轻的物质。因此，主要根据种子大小和密度两项物理性进行分离，有时也根据种子形状进行分离。基本清选是采用风筛清选机进行。粗加工的种子进入这种机器后即将种子送入气流之中，使谷壳等重量轻的物质除去；然后进入顶层筛上剔除大的杂质，进入第二层筛子后将种子按大小分类，第三层筛子对种子进行更细的剔除，最后经过第四层筛子进行种子精细分级，最后种子经过气流而留下饱满的种子。适当的筛选和空气吹扬是获得满意结果的关键。

(三)精加工

在基本清选之后再进行加工的工序叫精加工。因单用风筛清选机对种子加工不能达到要求的种子质量标准。精加工包括按种子长度分类，按种子宽度和厚度分级，按容重分级和处理。

1. 按长度分离

除去杂草种子和破碎作物种子；除去较作物种子长的物质；按大小进行分类，使种子长度均匀一致。通常有两种长度分离机，一种是滚筒式窝眼分离机；另一种是圆盘式分离机，以前者应用广泛，适用于多种作物种子，后者不适用于玉米加工。

2. 按宽度和厚度分离

小麦、水稻等种子在基本精选后还要按宽度和厚度进行分离，以剔除风筛清选机未能剔除的杂草种子和破损种子，并将与本品种不同宽度和厚度的异品种分离开来。准备机械播种的玉米种子需用宽度和厚度分离机将种子按大小分类，可用长孔筛和椭圆孔筛按玉米的大小分为“扁平”和“圆粒”种子，用圆孔筛可将大粒、中粒和小粒玉米分开。

3. 按比重分离

不同成分和不同种类的种子，其比重常常不同，应用比重分离的机具有吸气机、风选分离机和气流式分级机。几乎所有谷类种子都可以使用比重分离机，但并非经常必要，比重分离机主要剔除严重退化的、病害及虫害的种子，最好先进行按大小分级，再按比重分离，则效果较好。

四、种子清选、精选机械的使用与维护

种子清选加工机械有单机、机组和成套设备(或种子加工厂)三类。单机指单一机械，机身一般较小，移动方便。主要功能为筛选或风选，可完成除稗、除杂、除劣作业。一般不能起到精选分级作用。机组由二台机械组成，如风选和筛选或风选和重力选。功能较单机好，可起到初步精选分级作用。成套设备(或种子加工厂)可由三台以上机械组成，可完成清选、分级、计量、包装以至拌药包衣等一系列作业。近来我国的种子清选加工机械发展较快，从国情出发需要因地制宜，统筹规划，合理布局地发展。因为我国的农作物种类繁多，农村经济结构为以户为

生产单位的联产承包责任制，交通运输不便，加工对象单一等特点。不宜过快发展设备多，工艺流程复杂的机械。另外，我国的种子经营部门收购的种子，一般的净度可达到93%以上。因此，只要在此基础上，采用以复式精选机或风筛选和重力选组成的机组，加工后完全可以达到一、二级国家种子分级标准。如果再配上进料、拌药包装、计量机械，是投资少、收效好的办法。从目前大多数种子经营部门的经济实力考虑，没有国家扶持很难筹建一个功能较完备的种子加工厂。因此，现阶段我国的种子清选加工机械仍应以单机、机组为主。当然，有条件的地区如基地集中、种源量大、交通方便等，可发展成套设备或建立种子加工厂。

我国目前使用较广泛的种子清选加工机械有以下几种。

(一)淌筛

淌筛也叫自流淌筛(溜筛)，其优点是结构简单、造价低廉、使用方便，为目前使用较广泛的除稗除杂筛具。

1. 结构筛

框长180～200 cm，宽90 cm左右，高20 cm左右，尾端为狭长出口(图1-4-14)。筛眼有多种，可根据种子形状及筛理要求选用。这种淌筛使用不当时，在筛面上容易发生阻塞现象。如果在筛框的横架上装两根敲棒，用0.35 kW的电动机带动，通过偏心轴的转动，轮换敲打筛框上的横架，以振动筛面，可以提高除杂效果，同时加速种子流量。短棒敲打次数以每分钟35～40次为宜。

2. 效用

主要用于除稗、除杂、除虫，还可分离小粒和破碎种子。其效果因筛眼大小、筛面倾斜角以及单位时间流量而不同。筛眼应根据种子形状和筛理要求而选用。根据上海市粮食贮运公司经验，一般大粒种子如大豆、玉米选用6眼/2.54 cm，粳稻选用8～10眼/2.54 cm，籼稻、小麦选用10～12眼/2.54 cm，筛眼过大过小都不能保证各种清理对象的有效分离。筛面的倾斜角一般须略大于种子的静止角，过大则种子在筛面上流速太快，会降低清选效果。倾斜角过小，种子在筛面上自流速度缓慢，易置(棘轮)发生阻塞现象，也不能达到理想的清选效果。种子在筛面上的流量一般掌握在每小时20 t左右为宜；除稗流量不应超过10 t，除虫时种子流量还要相应减少。因此，使用淌筛时，必须根据清理对象，对筛眼、筛面倾斜度、流量等进行试验性的校正。然后开始工作，在确保清选效果的前提下，尽可能地提高清选效率。

(二)除杂、除稗振动筛

此机具有结构简单、操作方便、工效高、造价低等优点。

1. 结构

由喂料斗、二层筛面、一层底和动力等部分组成(图1-4-15)。

2. 效用

由电动机带动，每小时可清选种子2 200多千克，比用手工圆筛除稗工效提高30倍，含稗率由原来的0.1%降低到0.04%左右。

(三)5XZ-1.0型重力式种子精选机

此机由配套吸风机、上料装置和重力精选机主体三部分组成，如图1-4-16所示。

喂入量每小时水稻种子900 kg、小麦种子1 100 kg、高粱种子900 kg，使用时由上料装置将种子运送至入口进料管，靠种子自身重量推开由弹簧控制的活门落入振动筛，并均匀地分布在筛面上。由于子粒自身重量不同，轻粒浮在上层，未被吸起的重粒下沉贴在筛面上，因受振动筛振动而向上移动。分离后的种子从三个橡皮套筒流出。饱满子粒从出口 A 流出，混合子粒从出口 B 流出，瘦瘪粒从出口 C 流出。居中的混合子粒在出料分料槽内又被回进入口，再次筛选。

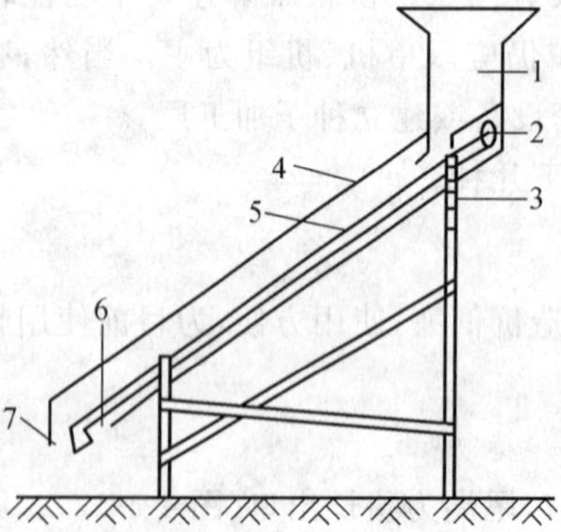

图 1-4-14 淌筛

1—喂料斗；2—筛面张紧装置(棘轮)；3—角度调整铁板；4—筛框；5—筛面；6—细小杂质出口；7—净种子出口

图 1-4-15 除杂、除稗振动筛

1—喂料斗；2—闸门；3—大型杂质出口；4—净种出口；5—细小杂质出口

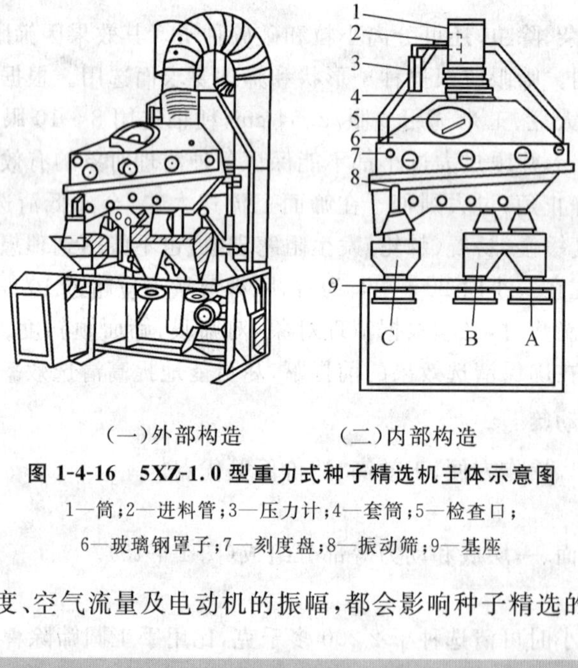

(一)外部构造　　　　(二)内部构造

图 1-4-16 5XZ-1.0 型重力式种子精选机主体示意图

1—筒；2—进料管；3—压力计；4—套筒；5—检查口；6—玻璃钢罩子；7—刻度盘；8—振动筛；9—基座

筛面纵横的倾斜度、空气流量及电动机的振幅，都会影响种子精选的效果。

思考一下：

种子清选、精选的设备如何使用？

复习思考题

1. 种子清选、精选方法有哪些？

2. 根据种子大小清选、精选的设备有哪些?
3. 种子加工程序有哪些?
4. 如何使用淌筛?

实验实训 种子清选设备与使用

一、实验目的与原理

实验的目的是以复式清选机为例,介绍种子清选分级机械的基本结构、工作原理和使用方法。

种子清选分级机械主要包括:筛选机、风选机、风筛清选机、窝眼滚筒清选机、复式清选机、比重分选机、螺旋清选机、磁力清选机、光电分选机、静电分选机等。

将风选、筛选和窝眼滚筒组合起来进行种子清选作业的机具称为复式清选机。复式清选机具有多种清选功能,广泛用于小规模单机种子清选分级作业。复式清选机由风机、筛子、窝眼滚筒等部分组成,风机有前后 2 个垂直吸风道和 3 个沉积室,它的排尘出风口在机器的顶上。

二、试材与设备

1. 试材

玉米或小麦种子若干。

2. 设备

复式清选机。

三、复式清选机工作流程观察(以小麦为例)

工作过程如图 1-4-17 所示,待选种子装入喂料斗 2,经闸门 3 和八角橡胶辊 1 到前吸风道 6。在风机 11 的气流作用下种子被提升,碰到反射板 7 后折入前沉积室 8,落到底部后压开活门 5,落到上筛 4。轻杂质则随气流进入中间沉室 12,其中部分稍重一些的杂质落到底部,并经活门 14、15 到达收集槽,然后经出口⑧排出。而轻杂质随气流经风扇出口 10 和外接管道排出。由于重杂质的临界速度大于气流速度,故不能被提起,通过前吸风道进口落到地面。落到筛上的种子小于上筛筛孔尺寸的,通过上筛落到下筛 19 上。大于上筛筛孔尺寸的特大粒种子、大杂质和其他谷粒,经收集槽由出口⑩排出。落到下筛上的种子或杂质,凡小于下筛筛孔尺寸的,通过下筛落到筛箱底部由收集槽出口⑨排出。比较好的种子经过下筛筛面流到后筛 20,由于后筛及后吸风道的配合,再次对种子进行风选。后吸风道 18 把剩余杂质和较轻的不成熟种子吸入后沉积室 16。其中较重的落到室底,堆积一定数量后压开活门,经收集槽由出口⑧排出。较轻杂质随气流经风扇排出。由后筛筛面流过的种子有两条出口,一是不需进一步按长度尺寸精选的种子,由出口⑦排出;二是需进一步按长度精选的种子,进入窝眼滚筒 21,再进行一次精选。短粒种子落入窝眼中被带到一定高度后掉入 V 形槽 22 内,经出口

⑥排出。录选种子则经出料绞轮 25 和排料槽 24，由出口④、⑤排出。至此整个精选过程全部结束。

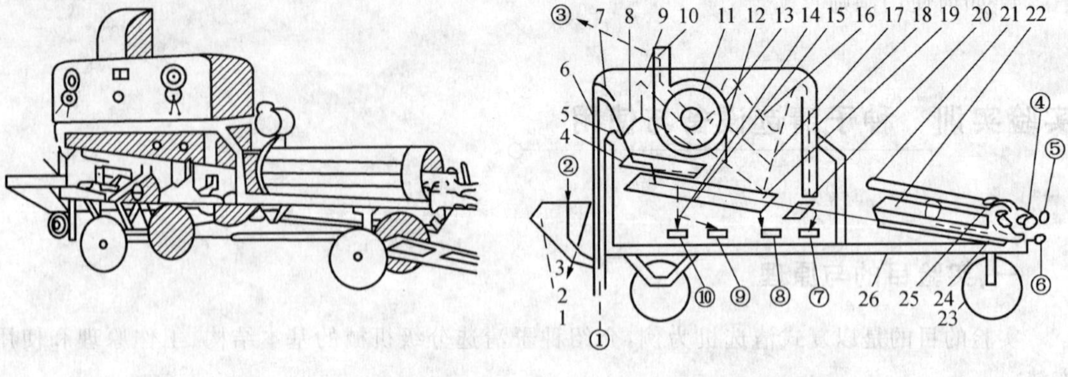

(一)外部构造　　(二)内部构造

图 1-4-17　5XF.-1.3A 型种子复式精选机

四、注意事项

①根据作物、品种选择筛孔尺寸。最好取少量种子，用套筛进行试筛，选择合适的筛孔尺寸。

②上筛和下筛选择应符合下述原则：上筛应保证筛除大杂质，较好的种子全部通过筛孔；下筛应筛除瘪小瘦粒、破碎粒、小杂质等，绝大部分较好种子留在筛面上。试筛后选择筛片的筛孔尺寸要大 0.1 mm。这些原则可根据具体清选目标灵活掌握。

③在筛选过程中要注意风机气流速度、筛片防堵站置(筛刷、敲击锤)和集料槽位置的调节等。

五、实训作业

撰写操作体会。

工作任务五　种子处理和包衣技术

知识目标

- ➢熟练掌握种子处理的依据、特点和常用的种子处理方法及新技术。
- ➢熟悉种子包衣和种子使用技术。
- ➢了解种子加工的基本原理。
- ➢掌握种子干燥技术。

技能目标

- ➢掌握种子处理和包衣技术。
- ➢会操作种子包衣机并进行日常维护。

知识资讯导读

国内专业市场研究机构西美信息发布了最新的《中国种子处理剂市场研究报告》，报告显示，2009 年，中国种子处理剂消费量超过 41 000 t，价值约 1.5 亿美元。中国已成为全球最大的种子处理市场之一，但与国外发达国家相比，多数作物的种子处理率仍处于较低水平。由于种子处理对农作物增产发挥着重要作用，近年来，农业部门对种子处理越来越关注，种子处理率将在未来几年保持稳定增长，同时中国种子处理产业将催生新的商业机会。

报告指出，种子处理可分为物理处理、化学处理和生物处理，其中化学处理占中国种子处理行业 90%以上的市场份额，而物理处理和生物处理的市场化水平较低。常见的化学处理方法有药剂浸种、拌种、种子包衣和熏蒸处理等，其中种子包衣已成为国内种子处理最常用的方式，占有超过中国种子处理 87%的市场份额。

西美信息研究员郭秋华表示，中国种子处理市场呈现出几个显著的特点：

①小麦和玉米种子处理在种子处理行业占据重要的地位，2009 年小麦、玉米的价值分别为 7 550 万美元和 5 280 万美元，分别占国内种子处理行业市场价值的 50%和 35%。

②种子处理市场的地域差异显著，北方地区的种子处理平均水平明显比南方地区要高。这与南北种植作物不同、耕地特点以及农民用药习惯等有直接的关系。

③相对于零散种植，大规模种植的种子处理率明显要高得多。

④种子包衣已成为最普遍的种子处理方式，而传统的药剂拌种和粉剂浸种的应用比例逐步降低，从侧面反映了中国种子处理市场化水平的提高。

报告对小麦、玉米、水稻、棉花、大豆、花卉、蔬菜等 14 大类作物的种子处理市场进行了剖析，最后探讨了未来几年种子处理行业的商业机会。与国外发达国家相比，中国种子处理行业发展缓慢，低于中国经济发展的速度，但如何保障粮食安全和粮食供应已成为全世界共同关注的一个话题，而粮食增产是一个最基本的措施，对此农业部门也提高对种子处理的重视程度。中国种子处理行业将会催生更多的商业机会，主要集中在行业整合，高效低毒种衣剂需求的增长，以及蔬菜、花卉、烟草等高附加值经济作物包衣种子需求增长等方面。

你知道吗？

衡量种衣剂好坏有哪些重要指标？包衣后的种子发芽率会受到影响吗？

一、种子处理和包衣的含义和目的

(一)种子处理和包衣的含义

种子处理和包衣是指在种子收获后到播种前，采用各种有效的处理，包括杀菌消毒，温汤浸种，肥料浸拌种、微量元素，低温层积、生长调节剂处理和包衣等强化方法。

(二)种子处理和包衣的目的

①防止种子携带和土壤中的病虫害，保护种子正常发芽和出苗生长。

②提高种子对不利土壤和气候条件的抗逆能力。如提高种子的抗旱、抗寒和抗潮湿等特性，增加出苗率。

③提高种子的耐藏性，防止种子劣变。

④改变种子大小和形状，便于机械播种。

⑤增强种子活力，促进全苗、壮苗，提高作物产量和改善产品质量。

由此可见，种子处理和包衣是种子加工工作的重要环节。也是提高种子质量和商品性，增加种子经济效益，防止假冒的重要措施。

二、种子处理方法

(一)清选去杂

净度低、杂质多的种子以及带有长芒、绵毛等附属物的种子，在使用播种机播种时，存在流动性差或流动不均匀，进而影响播种或播种质量的问题，在播种前应采取相应措施进行处理。

分离杂质的常用设备有气流筛选机、比重筛选机、窝眼筛选机、磁性分离机、螺旋分离机及倾斜布面清选机等。应根据种子中所含杂质的特点选用相应的清选分离机械。亦可采取清水或盐水漂浮法去除轻质杂质。

对于种子的长芒、绵毛等附属物，常用的处理设备为锤式去芒机，这种机具由锤击去芒、筛选分离和通风排放三部分构成，除去芒外，尚可去除绵毛、稃片、颖壳、穗轴等。亦可采取碾压法，将种子均匀铺于晒场上，厚度 5～7 cm，用环形镇压器进行压切，或用石磙进行碾压，然后筛离。

(二)破除休眠

1. 种子休眠

一些草种的部分种子，尽管具有生活力，但在适宜的光、温、水、气条件下，依然不能萌发，这种现象称为种子休眠。种子休眠包括三种情形，即生理休眠、硬实休眠和抑制休眠。

(1)生理休眠　此类休眠子在脱离母体时种胚尚未完全成熟，需要经过一段时间的后熟作用才能发芽，称为后熟种子。许多禾本科草种的休眠属于这种类型。后熟时间通常为几周至一年，如苇状羊茅仅需 3～4 周，紫羊茅要 1～2 个月，而草地早熟禾则要一年。如果确实急需使用这些处于后熟阶段的种子，可以采用下面提供的方法破除休眠。

(2)硬实休眠　此类休眠种子种(果)皮结构致密坚实，或具有角质层及蜡质层，不透水或不透气，从而导致不能发芽，称为硬实种子。许多豆科草种的休眠属于这种类型。硬实种子占供检种子的百分率称为硬实率。部分豆科草种的硬实率：红豆草约 10%，红三叶约 14%，紫花苜蓿 10%～20%，草木樨 40%～60%，沙打旺、鹰嘴黄芪 50%～60%，紫云英 80%～90%。在生产实践中，应综合考虑是否采取破除休眠措施，如决定进行处理，下面提供的方法可供参考。

(3)抑制休眠　此类休眠种子的某些部位存在着某些抑制种子萌发的物质，如氨、乙烯、氰化氢以及各种芳香油、生物碱、有机酸等，它们能抑制种子萌发而使种子处于休眠状态。如结缕草颖苞及种子中和羊草稃片及种子中存在抑制物质脱落酸；锦鸡儿属和岩黄芪属种子中存在的抑制物质为色氨酸；草木樨种子中的香豆素对种子萌发产生抑制作用。

2. 种子休眠的破除方法

破除休眠的方法可按照休眠类型分别归结如下。

(1)生理休眠的破除方法　破除生理休眠的常用方法有晒种、加温、变温、沙藏及硝酸钾处理 5 种。

①晒种处理。将种子铺成5～7 cm厚,在阳光下暴晒4～6 d,每天翻动3～4次,阴天及夜晚收回室内。

②加温处理。种子处理的温度为30～50℃,时间通常为7 d。

③变温处理。昼夜交替运用低温和高温处理种子,低温0～10℃,持续时间16 h,高温30～40℃,持续时间8 h。变温处理通常需持续7 d。

④沙藏处理。结合0～10℃的低温,用湿沙埋藏草芦、甜茅等湿生禾草种子,1周至2个月,可促进后熟作用。

⑤硝酸钾处理。结合0～10℃的低温,用0.2%硝酸钾溶液浸泡种子12～72 h。

(2)硬实休眠的破除方法　破除硬实休眠的常用方法有机械损伤、低温处理、高温处理、变温浸种及化学处理5种。

①机械损伤。可用石碾碾压或用去谷壳的碾米机碾磨,使种皮产生裂纹。

②低温处理。将种子置于0～10℃的低温条件下,处理7 d。

③高温处理。将种子置于100℃左右的高温干燥条件下,处理4～10 min。

④变温浸种。用50～98℃热水浸种10～30 min,或浸至冷却,直至浸泡一昼夜,然后捞出在阳光下暴晒,夜晚移至凉处并浇水保湿,如此2～3 d,种皮开裂,此时便可播种。

⑤化学处理。用浓硫酸或浓盐酸腐蚀种子几分钟至1小时,处理时间因种而异,直至种皮出现孔纹,然后放入流水中充分洗涤。亦可用25%双氧水处理种子5～15 min,处理时间因种而异。用氢氧化钠等碱性物质处理,亦可收到良好效果。处理时要注意做好防护,以免酸、碱烧伤。

(3)抑制休眠的破除方法　破除抑制休眠的常用方法为流水洗涤,洗涤时间依草种而异。

(三)拌种和浸种

1. 拌种

拌种主要包括药粉拌种和肥料拌种两类。

药粉拌种可有效防治种苗病虫害。菲醌是常用的灭菌粉剂,用种子质量的0.5%拌种,可防治紫花苜蓿等豆科草的轮纹病;用种子质量的0.5%～0.8%拌种,可防治三叶草的花霉病;用种子质量的0.3%拌种,可防治禾本科草的秆黑粉病。用种子质量0.3%～0.4%的福美双拌种,可有效防治多种草的散黑穗病。用种子质量0.7%的萎锈灵50%可湿性粉剂拌种,可防治苏丹草和高粱的坚黑穗病。

肥料拌种对于需要量很少的微量元素来说是一种简便而有效的措施。在生产实践中,应根据实际情况,如土壤中微量元素含量、草的种类及其他栽培措施等,综合考虑确定是否进行肥料拌种、拌种肥料种类及方法。如豆科草在接种根瘤菌时,通常结合施用钼肥。

2. 浸种

浸种主要包括温汤浸种、药液浸种和肥液浸种3类。

温汤浸种是根据种子的耐热能力常比病菌耐热能力强的特点,用较高温度杀死种子表面和潜伏在种子内部的病菌,并兼有促进种子萌发的作用。进行温汤浸种,应根据各种作物种子的生理特点,严格掌握浸种温度和时间。具体方法如下:

(1)水稻　先在冷水中浸种24 h,然后在40～45℃的温水中浸种5 min,再放入54℃的温水中,保持水温52℃左右,浸10 min,捞出晾干播种,可有效地杀死稻瘟病、恶苗病、干尖线虫病等病菌。

(2)小麦、大麦　先用冷水浸 5～6 h，然后放到 54--55℃的温水中不断搅动，经 10 min 后取出，用冷水淋洗晾干后即可播种，此法可杀死潜伏在种子内的散黑穗病菌。

另外，麦种也可用冷浸日晒的方法进行处理。方法是先将麦种在冷水中浸 5 h 左右，可在上午 6 时浸种到 11 时取出，将种子薄薄地摊在晒场上暴晒，每隔 30 min 翻动 1 次，下午 5 时收起来，若麦粒不充分干燥，可在第二天继续暴晒到充分干燥为止。这种方法能杀死种子内外的病菌，对防治散黑穗病等效果很好。

(3)棉花　用 3 份开水，对 1 份冷水混合，水温约在 70℃，然后倒入棉花种子，边浸边搅，保持 55～60℃浸 30 min 后，在 40℃以下继续浸 2～3 h，然后取出晾干播种。一般每 50 kg 水浸棉籽 17.5 kg 左右。该法具有杀菌催芽的作用，对防治棉花炭疽病等效果较好。

(4)玉米　用两份开水一份冷水(约 55℃)的温水浸种 5～6 h，可杀死种子表面的病菌。

(5)甘薯　在水缸内用两份开水，一份冷水配成温水，先把洗净的薯块装入框里再放缸里上下提动，使水温均匀，保持水温 51～54℃浸 10 min 后取出即可播种。可有效地减轻黑斑病和茎线虫病的危害。

(6)油菜　用 50～54℃温水浸 20 min，对油菜霜霉病、白锈病等有一定的防治效果。但要严格掌握水温，低于 46℃就失去杀菌作用，高于 60℃又会降低种子发芽率。

(7)蚕豆、豌豆　先将锅里的水烧开，将充分干燥的蚕豆、豌豆种子倒入竹筐内，再浸入开水里用木棒不断搅拌，蚕豆浸 30 s，豌豆浸 25 s，时间一到立即提出，放在冷水中凉一下，再摊开晒干备用，可杀死蚕豆象和豌豆象。

药剂浸种是指用药剂浸种或拌种防治病虫。不同作物的种子上所带病菌不同，因此处理时应合理选用药物，并严格掌握药剂浓度和处理时间。其处理技术见表 1-5-1。

肥液浸种对于需要量很少的微量元素来说是一种简便而有效的措施。在生产实践中，应根据实际情况，如土壤中微量元素含量、草的种类及其他栽培措施等，综合考虑确定是否进行肥液浸种、浸种肥料种类及方法。如豆科草在接种根瘤菌时，通常结合施用钼肥。

思考一下：

种子处理包含几种方法？蔬菜种子变温处理方法是什么？

三、种子包衣技术

(一)种子包衣的意义

种子包衣技术可根据所用材料性质(固体或液体)的不同，分为种子丸化技术(pelletting)和种子包膜技术(film coating)。种子丸化技术是用特制的丸化材料通过机械处理包裹在种子表面，并加工成外表光滑，颗粒增大，形状似“药丸”的丸(粒)化种子(或称种子丸)。种子包膜技术是将种子与特制的种衣剂按一定“药种比”充分搅拌混合，使每粒种子表面涂上一层均匀的药膜(不增加体积)，形成包衣种子(或称包膜种子)。种子包衣技术与传统的种子处理技术相比具有许多不可比拟的优点。

1. 确保苗全、苗齐、苗壮

种衣剂和丸化材料是由杀虫剂、杀菌剂、微量元素、生长调节剂等经特殊加工工艺制成，故能有效防控作物苗期的病虫害及缺素症。

表 1-5-1　药剂浸种拌种的处理技术

药剂种类	处理种子	操作技术：药液浓度	操作技术：浸种时间	操作技术：闷种时间/h	防治对象	注意事项
石灰水浸种	水稻	1%	35℃浸 1 d		瘟疫病、稻胡麻斑病、稻恶苗病、大麦和小麦赤霉病、大麦条纹病、小麦散黑穗病	①浸种时避免直接阳光；②种子厚度不宜超过 66 cm；③水层要高出种 16～18 cm，浸种期间不换水，不能搅动，让水面上形成薄膜，使种子的病菌与空气中的氧气隔绝，进行无氧灭菌；④预先用硫酸铵浸选过的种子，不能再用石灰水浸种，以免降低发芽率
			30℃浸 1.5 d			
	大麦		25℃浸 2 d			
			20℃浸 3 d			
	小麦		15℃浸 4 d			
福尔马林	水稻	1∶50	3 h	—	稻瘟病、恶苗病	①种子处理前用清水浸种 5～6 h，浸种处理后用清水冲洗；闷种的要用塑料薄膜盖好，闷后晾干；②处理过的种子不可放在太阳光下暴晒；③处理后最好当天播种，最多不超过 5 d；④福尔马林有毒，工作时应注意安全，操作时要戴口罩和手套；⑤配制的福尔马林溶液应放于密闭的有色玻璃瓶内，不宜放于金属容器内
		1∶50	—	3		
	小麦	1∶320	10 min	—	腥黑穗病、杆黑粉病	
		1∶300	—	2		
	玉米	1∶350	15 min	—	黑穗病	
	谷子	1∶300	2～3 h	—	谷类黑穗病	
	豆类	1∶50	5～10 min	—	豆类真菌与细菌病害	
	马铃薯	1∶240	—	24	疮痂病	
		1∶120	48～50℃时 5 min	—		
	棉籽	1∶200	—	10	角斑病	
		1∶90	3 h	—		
	萝卜	1∶50	5～10 min	—	蔬菜种子的真菌和细菌病害	
	芹菜	1∶210	15 min	—		
	甜菜	1∶100	5 min	—	褐斑病、蛇眼病	
	瓜类	1∶100	5 min	—	瓜类炭疽病	

2. 省种省药，降低生产成本

包衣处理的种子必须经过精选加工，子粒饱满，种子的商品品质和播种品质好，有利于精量播种，因此可降低用种量 3%左右。同时，由于包衣种子周围形成一个“小药库”，药效持续期长，可减少 30%的用药量。也减少了工序，节省了劳动时间。投入产出比一般为(1∶10)～(1∶80)。

3. 利于保护环境

种衣剂和丸化材料随种子隐蔽于地下,能减少农药对环境的污染和对天敌的杀伤。而一般用粉剂拌种,易脱落,浪费药,对人畜不安全,药效不好;而浸种(闷种)不是良种标准化的措施,只是播前对种子带菌消毒的植保措施,且浸种式闷种需要立即播种,而不能贮藏,因而不能作为种子标准化、服务社会化的措施。

4. 利于种子市场管理

种子包衣上联精选,下接包装,是提高种子"三率"的重要环节。种子经过精选、包衣等处理后,可明显提高种子的商品形象,再经过标牌包装,有利于粮、种的区分,有利于识别真假和打假防劣,便于种子市场的净化和管理。

另外,对于子粒小且不规则的种子,经丸化处理后,可使种子体积增大,形状、大小均匀一致,有利于机械化播种。

(二)种子丸化技术

1. 种子丸化材料

种子丸化材料主要包括三部分:惰性填料、活性物质、黏合剂。

惰性填料主要包括黏土、硅藻土、泥炭、云母、蛭石、珍珠岩、铝钒土、淀粉、沙、石膏、活性炭、纤维素、磷矿粉、硅石、水溶性多聚物等,这些惰性填料中有些材料不仅仅是作为填料,同时还起到保护、供氧、改善土壤条件等作用。

活性物质主要包括杀菌剂(克菌丹、福美双等)、抗菌素、杀虫剂、化肥、菌肥、植物生长调节剂等。

黏合剂主要有羧甲基纤维素(CMC)、甲基纤维素、乙基纤维素、阿拉伯树胶、聚乙烯醇(PVA)、聚乙烯醋酸纤维(盐)、石蜡、淀粉类物质、朊藻酸钠、聚偏二氯乙烯(PVDC)、藻胶、琼脂、树脂、聚丙烯酰胺等。

另外,因为丸化材料本身带菌或操作过程中造成污染,必须加入防腐剂。为了区分不同品种的种子,须加入着色剂。常用染料有胭脂红、柠檬黄、靛蓝三种,它们三者按不同比例配制即可得多种颜色。

2. 种子丸化的加工式工艺

种子丸化的加工工艺是种子丸化技术中的一个重要环节,丸化质量的好坏直接影响种子的质量。被丸化种子需精选(包括脱茎、脱绒等)。

种子质量必须达到国家一级种子标准。机械加工一般选用旋转法或漂浮法。种子丸化机械国外有多种机型,是收机座,电机、减速箱、滚动罐、气泵、喷雾装置形成(图 1-5-1)。作业时,除种子和粉料由人工加入外,喷雾和鼓风由仪表自动控制。目前我国也研制生产了自行设计的包衣机,如南京食品机械所研制的 6ZY 型种子包衣机等。

种子丸化过程可分四个时期:①成核期。种子放入滚动罐中匀速滚动,同时向罐内喷水雾,待种子表面潮湿后,加入少量粉料,在滚动中粉料均匀地包在种子外面,重复上述操作,形成以种子为核心的小球,杀虫剂、杀菌剂一般在此阶段加入。②丸粒加大期。罐内改喷雾状黏合剂,同时投入粉料,化肥及生长素等混合物,喷黏合剂和加粉料要做到少量多次,直至接近要求的种子粒径。③滚圆期。此期仍向罐内喷雾状黏合剂,同时投入较前二个时期更细的粉料,吹热风并延长滚动时间,以增加丸粒外壳的圆度和紧实度,待大部分丸粒达到要求后,停机取出种子过筛,除去过大过小的丸粒种子、种渣。④撞光染色期。将过

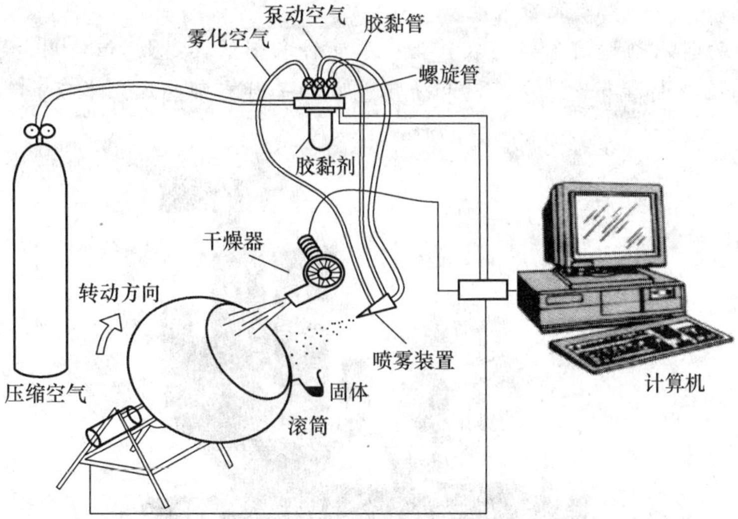

图 1-5-1　种子包衣配套设备

筛后的种子放回滚动罐中，加入滑石剂和染色剂，不断滚动，使种子外壳有较高的硬度、光滑度，并用不同颜色加以区分。

(三)种子包膜技术

1. 种衣剂

种衣剂是用成膜剂等配套助剂制成的乳糊状新剂型。种衣剂借助成膜剂黏着在种子上，很快固化成均匀的薄膜，不易脱落。

国际上种衣剂有四大类：物理型、化学型(药肥型)、生物型(激素型)和特异型(逸氧、吸水功能等)，国外多为单一剂型，如美国 FMC 公司的呋喃丹 35ST 为单一杀虫剂型，友利来路公司的卫福 200 为单一杀菌剂型。

目前，我国已研制了复合种衣剂、生物型种衣剂 20 多个剂型，可应用于玉米、小麦、棉花、花生、水稻、大豆等多种作物，有 9 个剂型已大量投产。

种衣剂的主要成分包括活性组合(农药、肥料、激素)、胶体分散剂(聚醋酸乙烯酯与聚乙烯醇的聚合物等)、成膜剂(PVAC、PVRN 等)、渗透剂(异辛基琥珀酸磺酸钠等)、悬浮剂(苯乙基酚聚氧乙基醚等)、稳定剂(硫酸等)、防腐剂、填料、警戒色等。

2. 种子包膜的加工工艺

种子包膜的关键是用好的种子包衣机进行作业。包膜工艺并不复杂，种子经过精选分级后，在包衣机内种衣剂通过喷嘴或甩盘，形成雾状后喷洒在种子上，再用搅拌轴或滚筒进行搅拌，使种子外表敷有一层均匀的药膜，包膜后的种子外表形状变化不大。包膜时，种子与种衣剂必须要保持一定的比例，如玉米的药种比为 1∶50，而大豆则为 1∶80 效果较好。下面以德国佩特库斯 CT5-25 型包衣机来说明种子包膜的工艺流程：种子从喂料口进入包衣机；种子甩盘使种子幕状分布；包衣药剂通过剂量泵进入甩盘；甩盘使药剂均匀雾化并与种子充分接触；搅拌器使药剂包在种粒上(图 1-5-2)。

思考一下：

不同型号的种衣剂适用不同的农作物。尽管种衣剂低毒高效，但使用、操作不当也会造成环境污染或人身中毒事故。在存放和使用包衣种子时有哪些注意事项？

图 1-5-2　佩特库斯 CT5-25 型包衣机

四、种子包衣机的使用与维护

（一）种子包衣机的结构

种子包衣机（以 5BYG-3.0 型为例）是由药桶和供药系统，喂料斗和计量药箱、雾化装置、搅拌和传动装置、支架等组成（图 1-5-3）。

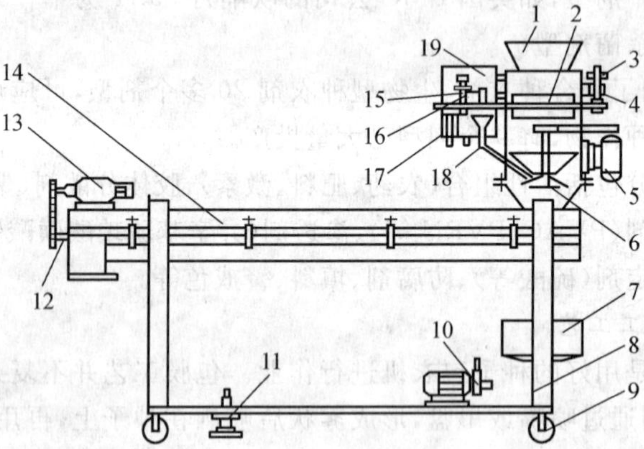

图 1-5-3　种子包衣机结构示意图

1—进料漏斗；2—种子量杯；3—限位杆；4—限位调节装置；5—电动机；6—甩盘；7—药箱；8—机架；9—脚轮；10—药泵；11. 辅助支撑；12—搅龙；13—减速机；14—包衣箱体；15—药剂定量杯；16—液面高度调节器；17—液药管；18—药嘴；19—上药箱

（二）工作原理

种子经进料漏斗 1，流入种子量杯 2 计量，然后进入处理箱体，同时药剂由药泵 10 送至上药箱 19 内，经过药剂定量杯 15 计量后，也流入处理箱体，在甩盘高速离心力作用下，药剂得到均匀雾化，有效地附着在种子表面，初步形成了包衣体，种子进入包衣箱体 14 后进一步获得包衣处理，被搅匀进一步拌合包衣，最后送到出料口。

（三）使用

(1)开机前的检查　在开机前首先要考虑种子的提升装置、拌药后计量、缝包、输送、堆放等必要的配套设施布局是否合理。种子包衣机应保持机身水平和固定牢固。各电机开关应操作方便，安全可靠。检查各部轴承是否加足润滑脂，平衡重块摆是否灵活无阻卡，以及传动带的松紧程度。然后启动包衣机，进行空运转检查，空运转时间应大于 5 min，运转中应无异常声响。

(2)药液调剂　①将供药液桶底下的排液阀完全关闭，注入药液达 3/4 桶高度。打开进入液泵的球阀，关闭进入计量缸体的球阀，启动液泵，待泵工作正常后，打开进入计量缸体的球阀，逐渐关闭回流阀，使计量缸体中的液面保持恒定，且 2 个溢流口情况一样。用挡板微量调整液面高度，适当提高可调挡板，以减少药液在缸内深沉，但切不可使药液溅入到容器内。调好后将盖关上。②根据不同作物的种子确定药种比例。一般玉米为 1∶50，大豆为 1∶80。③确定喂料斗流量。调整搅拌轴转速，一般将斗门开到开口的 3/4，此时工作状态最佳。开动输送搅拌装置，然后喂入物料，应降低转速。此时应淹没搅拌轴。如果物料低于搅拌轴，应降低转速；反之，提高转速。④选定药勺，确定标准配重块的位置。选择合适的药勺规格，先校对每斗种子及每勺药剂的质量。试验每斗种子质量时，电机不转动，打开输送搅龙底盘，往喂料斗加入种子，下面用包装袋接好，当重块摆动 4 次后立即按住摆杆，并停止喂料，算出每斗物料的平均值，如每斗差值超过 0.25 kg，可修正重块位置得到标准值。试验每勺药液质量时，启动液泵使计量缸体达到标准液面，用容器接取进入雾化器的药液，然后用手摆动摇臂 10 次，算出每勺药剂的质量平均值，如此值超过其质量的 1/10，则调整可调挡板或更改勺臂安装角度至标准值。根据所需药种比例，确定所用药勺，然后调整配重块，使每斗质量满足要求。调整喂入量使包衣机在额定生产率内。

(3)开机正式生产　做好了开机前的准备工作后，启动雾化电机、齿轮电机、输送搅龙电机，空载运行 5～10 min。检查机器有无震动，有无异常声响，轴承是否发热，如有异常情况应及时排除。启动液泵，检查管路系统有无渗漏，若有渗漏及时排除。情况正常后正式进行生产运行。操作程序：启动液泵电机—量缸体液面—雾化器电机—齿轮电机—启动输送搅龙—入物料。停机程序与之相反。

(4)生产结束后对整机进行保养　打开输送搅龙底盖，清扫残留种子。排空供液桶药剂，关闭桶底的阀门，注入清水，在输送搅龙出口处放置容器，然后开动液泵，使清水通过药勺注入输送管流到雾化器、输送搅龙，直至把余药清洗干净后停机，将水放净，用软布擦干。在各活门铰链处滴入少许机油，两端轴承加注润滑脂直至从轴承间隙溢出。关闭所有门盖。

（四）维护

1. 操作及关键部位的调整

①开机。第一步开药泵，检查药剂输送是否正常；第二步开搅龙电机；第三步开甩盘电机；一切正常后再开进料漏斗。

②停机。第一步关进料漏斗；第二步关药泵电机；第三步关甩盘电机；最后待出料口无物

料后关闭搅龙电机。

③种子量的调整。把1 kg净重的种子倒入进料漏斗，使其流入种子量杯，此时观察限位杆3刚开始动作。如果限位杆不动作，则可以把限位调节装置4上的螺栓逆时针旋转，使螺杆伸长，再重复做试验，直到满意为止。种子量杯分左右两只，都用同样方法校正。

④药种比调整。药剂需要设定。调整时只需调整液面高度调节器16的高低，就可以达到药量大小的目的。调整方法如下：将一只小杯子放在药嘴18处，在种子量杯2内倒入种子1 kg，限位杆开始动作，此时药剂定量杯内的药液倒入导药盒，从药嘴流入杯子内，液量去皮称重后计算配比，药量过多时，则降低液量调节器高度，再重复调节，直到合适为止。

⑤包衣处理量的调整是通过调整甩盘装置上的锥体的上下位置而获得，锥体距漏斗的尺寸不能太小，否则将造成阻塞。

2. 常见故障与排除方法

①电机超负荷，停止运转。电机超负荷原因主要有喂入量过大，作业电压太低，机器内有异物，违反操作规程，输送搅龙堵塞等。针对以上故障，采取相应排除方法，减少喂入量，调整电压，打开底盖排出异物，疏通堵塞。

②包衣不均匀。分析原因主要有药液配比不正确，种子面过高或过低，种子流量太大，机器不水平，称重计左右质量差太大等。针对故障采取排除措施，调整配比，调整喂料计开度或无级变速器，调整机架水平，将称重斗与摆臂垂直中心线修正到同一平面内。

③计量缸体液面达不到标准高度。原因是阀门或管道堵塞，液泵内有异物，排除方法是清除堵塞、异物。

④生产效率低。原因是无级变速器内卡盘磨损，V形带张紧度不够。排除方法是修复或更换磨损零件，调整V带。

使用种子包衣机时要严格按操作规程进行。作业时严禁打开输送搅龙底盖，严禁打开雾化室小门。运行中严禁排除故障，停机或中途断电时要切断电源。

复习思考题

1. 简述种子处理的依据和特点。
2. 简述种子处理在农业生产中的作用和地位。
3. 简述种子包衣剂及其特点。
4. 为什么要大力推广包衣种子？
5. 简述种子清选的原理，分别举例说明。

实验实训　种子包衣方法与包衣机械

一、目的要求

①了解种子包衣剂的配方，种子包衣剂类型及其特点。

②了解种子包膜和丸化机械及其操作程序。

③了解种子包衣过程的安全防护，包衣种子的保存和安全使用知识。

二、实习场地

组织学生到就近种子包衣厂现场参观。

三、实习参观内容

①了解当地主要作物种子包衣剂类型、特点及其使用配方。
②参观当地主要包衣机械、包衣方法和注意事项。

四、实训作业

①通过现场教学，你认为种子包衣后有何特点？
②如何正确使用包衣种子播种？

工作任务六　种子包装材料和包装技术

知识目标

➤熟悉种子包装材料的种类。
➤掌握种子包装的方法。
➤了解种子包装机的结构和工作原理。

技能目标

➤能够根据不同种子的特点选择适宜的种子包装材料和包装技术。
➤学会使用种子包装机。

知识资讯导读

日前，有关部门在市场上调查发现：瓜菜种子包装呈现越来越小的趋势，一桶 30 g 的胡萝卜种子，里面包有一层塑料薄膜，外面是精制铁桶，售价 50 元。一袋苦瓜籽，印刷精美，售价 10 元，打开一看，仅有 40 粒。白菜、黄瓜等种子，也绝大部分都是每袋 10～20 g，就连大颗粒的豆角种子，一袋也最多为 30 g，而且包装精美，售价不菲。

瓜菜种子呈现出小型、豪华的包装趋势，引起了众多瓜菜农民的反感。首先是提高了成本，越是豪华的包装必然会导致成本的增加，最终加重了种植成本。据调查，瓜菜种子因包装增加的成本普遍比 3 年前高出 1 倍还多。其次是包出了污染。一位菜农说，3 年前，种 1 亩白萝卜需要 250 g 种子，只有一个包装袋。如今一袋只装 10 g 种子，种 1 亩白萝卜就需要 25 袋种子，那一年众多瓜农菜农又会扔掉多少个瓜菜种子包装袋？这些包装袋在种完后大都丢在地头，由于包装物里面有塑料成分，不易降解，因此会对农田形成一定的污染。

另外，越是精制的包装，所需要的工料成本就越高。无论从生产、销售、还是到农民下种环节，都带来一定的麻烦和负担。

查一查：

要使包装种子质量好、信誉高，除提高种子纯度、确保种子质量外，在种子包装时还必须注意哪些事项？

一、种子包装的意义和要求

种子加工以后，为防止品种混杂、感染病虫害及种子变质、保证安全贮运及便于销售、防止假冒等，应实行种子包装。

（一）种子包装的意义

经清选干燥和精选等加工的种子，加以合理包装，可防止种子混杂、病虫害感染、吸湿回潮、种子劣变，以提高种子商品特性，保持种子旺盛活力，保证安全贮藏运输以及便于销售等作用。

（二）包装工作的要求

要求包装的种子符合含水量、发芽率和净度标准；包装的容器必须防湿、清洁、无毒、不易破裂，重量轻等；按作物种类的苗床或大田播种量，确定适合的包装数量，以利于使用和销售；包装容器外应加印或粘贴标签，注明作物和品种的名称、品种特征特性、栽培技术要点，还要注明种子重量、产地、采种年月、种子品质指标等，最好附有醒目的成熟商品图案或照片。

二、包装材料的种类、特性及选择

（一）包装材料的种类和性质

目前，应用比较普遍的包装材料主要有麻袋、多层纸袋、铁皮罐、聚乙烯铝箔复合袋及聚乙烯袋等。

麻袋强度好，透湿容易，防潮、防虫和防鼠性能差。

金属罐强度高，透湿率为0，防湿、防光、防淹水、防有害烟气、防虫、防鼠性能好，并适于高速自动包装和封口，是最适合的种子包装容器。

聚乙烯铝箔复合袋强度适当，透湿率极低，也是最适的防湿袋材料（表1-6-1）。该复合袋由数层组成。因为铝箔有微小孔隙，最内及最外层为聚乙烯薄膜则有充分的防湿效果。一般认为，用这种材料包装种子，一年内种子含水量不会发生变化。

聚乙烯和聚氯乙烯等为多孔型塑料，不能完全防湿。用这种材料所制成的袋和容器，密封在里面的干燥种子会慢慢地吸湿，因此其厚度在0.1 mm以上是必要的。但这种防湿包装只有1年的有限期。

表1-6-1 铝箔厚度和透湿率（日本工业规格21500—1960）

种类	铝箔厚度/mm	透湿率/[g/(m^2·24 h)]
1	0.007～0.008	<7
2	0.008～0.010	<5
3	0.010～0.015	<2.5
4	0.015～0.020	<1.5
5	0.020～0.025以上	0

聚乙烯薄膜是用途最广的热塑性薄膜。通常可分为低密度型(0.914～0.925 g/cm^3)、中密度型(0.93～0.94 g/cm^3)和高密度型(0.95～0.96 g/cm^3)。这三种聚乙烯薄膜均为微孔材料,对水汽和其他气体的通透性因密度不同而有差异。经试验,在37.8℃和100%相对湿度下,6.45×10^{-2} m^2 的薄膜,在24 h内可透过水汽:低密度薄膜为1.4 g,中密度薄膜为0.7 g,高密度薄膜为0.3 g。

铝箔(其厚度小于 3.81×10^{-5} m)虽有许多微孔,但水汽透过率仍很低,仅为0.19 g,0.89×10^{-5} m铝箔透水汽率0.29 g,1.27×10^{-5} m铝箔透水汽率为0.12 g;更厚的铝箔几乎已不透过水汽。

如果铝箔同聚乙烯薄膜复合制品,则其防湿和防破强度更好,可满意的适用于种子包装。如①铝箔/玻璃纸/铝箔/热封漆;②铝箔/砂纸/聚乙烯薄膜;③牛皮纸/聚乙烯薄膜/铝箔/聚乙烯薄膜。

纸袋多用漂白亚硫酸盐纸或牛皮纸制皮,其表面覆上一层洁白陶土以便印刷。许多纸质种子袋系多层结构,由几层光滑纸或皱纹纸制成。多层纸袋因用途不同而有不同结构。普通多层纸袋的抗破力差,防湿、防虫、防鼠性能差,在非常干燥时会干化,易破损,不能保护种子生活力。

纸板盒和纸板罐(筒)也广泛用于种子包装。多层牛皮纸能保护种子的大多数物理品质,并对自动包装和封口设备很适合。

(二)包装材料和容器的选择

大田作物种子包装一般用麻袋、棉布袋、无缝多层纸袋等。有些公司用防潮包装,如弹性的多层纸袋(具有一层沥青或一层聚乙烯)、有聚乙烯衬里的麻袋或布袋等。

蔬菜种子的包装材料主要取决于购买者属于哪一类顾客。批发种子常装于织物袋(由聚乙烯衬里或无),或多层沥青纸的叠层袋中。零售种子则大多装在纸袋或铝箔复合袋中。

批发的花卉种子通常装在类似油漆罐的容器、玻璃瓶和有聚乙烯衬里的织物袋中。而零售种子的包装材料,通常的类型有纸、纸/聚乙烯、醋酸酯、玻璃纸及金属箔叠制的袋。

(三)密封容器中种子含水标准

种子在密封前,务必将种子水分降低至一定标准,这是种子安全贮藏的关键。美国联邦种子法中的规程和条例(美国农业部,1968,17～18页)规定在密封容器中的种子,不得超过如下水分标准:

农作物种子水分百分率(以湿重为基数):

饲用甜菜、糖用甜菜为7.5;

绛三叶、紫羊茅、一年生黑麦草、多年生黑麦草为8.0;

六月禾为6.0;

其他全部为6.0。

蔬菜种子水分百分率:

辣椒为4.5;

白菜、甘蓝、硬花甘蓝、抱子甘蓝、花椰菜、芥菜、羽衣甘蓝、球茎甘蓝、萝卜、芜菁为5.0;

番茄、莴苣为5.5;

甜瓜、黄瓜、南瓜、西葫芦、茄子、欧洲防风为6.0;

西瓜、葱、洋葱、韭菜、细香葱、皱叶欧芹为6.5；

菜豆、豇豆、胡萝卜、利马豆、甜芹、块根芹、豌豆为7.0；

甜菜、达菜为7.5；

菠菜、叶用甜菜、甜玉米为8.0；

其他全部为6.0。

思考一下：

包装材料会影响种子的发芽率吗？

三、包装方法和包装机械的使用

（一）种子包装数量

目前，种子包装主要有按种子重量包装和种子粒数包装两种。一般农作物和牧草种子采用重量包装。其每个包装重量，按农业生产规模、播种面积和用种量进行包装。我国根据农户生产规模较小，全国地区差异大，作物种类的差异，杂交水稻有每袋3～5 kg，玉米每袋5～10 kg，蔬菜有每袋4 g、8 g、20 g、100 g、200 g等不同的包装。目前，随着种子质量提高和精度播种要求，对比较昂贵的蔬菜和花卉种子采用粒数包装。每袋100粒、200粒等包装。因此，为适应种子定量和定数包装，种子包装机械也有相应两种类型。

（二）种子包装工艺流程和机械

1. 种子包装工艺流程

种子包装主要包括种子从散装仓库输送到加料箱→称量或计数→装袋（或容器）→封口（或缝口）→贴（或挂）标签等程序。

先进国家和我国的一些地区，种子包装基本上已实现自动化或半自动化操作。种子从散装仓库，通过重力或空气提升力、皮带输送机、升降机等机械运动送到加料箱中，然后进入称量设备。当达到预定的重量或体积时，即自动切断种子流，接着种子进入包装机，打开包装容器口，种子流入包装容器，最后种子袋（或容器）经缝口机缝口或封口和贴标签（或预先印上），即完成了包装操作。

2. 种子定量包装机

以5ZJ-100型电子自动计量缝包装置为例。

（1）用途及结构

①用途。5ZJ-100型种子自动计量缝包装置是一套精度较高的自动缝包装置，主要用于玉米、小麦、水稻、大豆等种子自动计量缝包。

②结构及原理。该装置由计量头、料斗、台秤、支架、限位开关及控制等部分组成。计量头可直接接在料仓上，计量头下面的支架上放有台秤及料斗，限制开关调试后装在称的固定臂上，不应随意拆装。

计量头为控制种子称重时间及重量的执行部件，被称的种子通过计量头进入台秤料斗，当种子达到所需要的重量是，限制开关发出信号，这时计量间滑块做第一次动作。当大量种子进入时，仍有少量种子慢慢流入料斗，直到被称种子达到要求重量，限制开关再次发出信号，计量头滑块第二次动作，种子下落全部停止，计量工作结束。

(2)工作原理和工艺流程　5ZJ-100 型电子自动计量缝包装置可准确地称量玉米、小麦、水稻、大豆等各类作物种子,其主要工艺流程如下:

种子→电子自动计量→装袋→输送→缝包→入库

①工艺流程的确定。工艺流程的确定决定了种子计量的准确性及适用范围,该装置采用目前国内外最先进的电子磁力控制装置及计量台秤、缝包机、使用目前种子加工生产的需要。

②机型的选配与设计具有独到之处,采用两级自然跌落分段计量,并可自动控制大小流量与计量台秤,缝包机匹配,工作可靠,性能稳定,操作方便。

③整个装置布局紧凑、合理,解决种子在计量中易破碎的问题,保证了种子质量。

④设备的平面布置。5ZJ-100 型电子自动计量缝包装置分为电子自动计量、装袋、缝袋及电器控制,最大高度为 4.01 m,缝袋高度为 1.45 m,总投影面积为 3.55 m^2。

瑞士还生产有先进的定量小包装机械。只要将种子放入漏斗,经定量秤称重,流入小包装袋,自动封口,自动移到收集道口,由工人装入定制的纸箱,效率很高。

3. 种子定数包装机

先进的种子定数包装机,只要将精选种子放入漏斗,经定量的光电计数器,流入包装袋,自动封口,自动移到出口道,由工人装入定制纸箱,就已完成,效率很高。

思考一下:

我国目前最常用的种子包装技术是什么?有何优缺点?

复习思考题

1. 种子包装的意义?
2. 种子包装材料有哪些?

工作任务七　种子运输机械及加工成套设备

知识目标

➢了解带式输送机与斗式提升机的工作原理。

➢掌握运输机械的使用方法与维护。

➢了解种子加工成套设备及加工工艺。

技能目标

➢学会使用常见种子运输机械。

➢能处理输送机皮带常见故障,会调试带式输送机。

➢掌握斗式提升机的安装方法及常见故障处理。

知识资讯导读

中国古代的高转筒车和提水的翻车,是现代斗式提升机和刮板输送机的雏形。17 世纪中叶,开始应用架空索道输送散状物料;19 世纪中叶,各种现代结构的输送机相继出现。1868 年,在英国出现了带式输送机;1887 年,在美国出现了螺旋输送机;1905 年,在瑞士出现了钢带式输送机;1906年,在英国和德国出现了惯性输送机。此后,输送机受到机械制造、电机、化工和冶金工业技术进步的影响,不断完善,逐步由完成车间内部的输送,发展到完成在企业内部、企业之间甚至城市之间的物料搬运,成为物料搬运系统机械化和自动化不可缺少的组成部分。

一、带式输送机的使用与维护

带式输送机(belt conveyer)又称胶带输送机,俗称"皮带输送机"。目前,输送带除了橡胶带外,还有其他材料的输送带(如PVC、PU、特氟龙、尼龙带等)。带式输送机由驱动装置拉紧输送带,中部构架和托辊组成输送带作为牵引和承载构件,借以连续输送散碎物料或成件品(图1-7-1)。

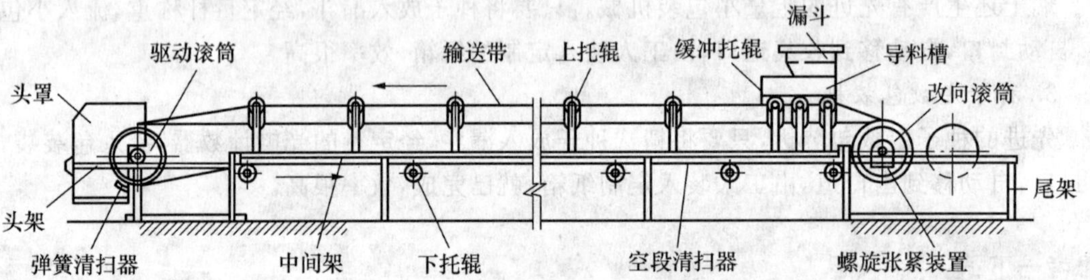

图1-7-1 带式输送机简图

带式输送机与其他运输设备(如机车类)相比,具有输送距离长、运量大、连续输送等优点,而且运行可靠,易于实现自动化和集中化控制。

(一)带式输送机的组成

通用带式输送机由输送带、托辊、滚筒及驱动、制动、张紧、改向、装载、卸载、清扫等装置组成。

1. 输送带

常用的有橡胶带和塑料带两种。橡胶带适用于工作环境温度−15～40℃。物料温度不超过50℃。向上输送散粒料的倾角12°～24°。对于大倾角输送可用花纹橡胶带。塑料带具有耐油、酸、碱等优点,但对于气候的适应性差,易打滑和老化。带宽是带式输送机的主要技术参数。

2. 托辊

分单滚筒(胶带对滚筒的包角为210°～230°)、双滚筒(包角达350°)和多滚筒(用于大功率)等。有槽形托辊、平形托辊、调心托辊、缓冲托辊。槽形托辊(由2～5个辊子组成)支承承载分支,用以输送散粒物料;调心托辊用以调整带的横向位置,避免跑偏;缓冲托辊装在受料处,以减小物料对带的冲击。

3. 滚筒

分驱动滚筒和改向滚筒。驱动滚筒是传递动力的主要部件。分单滚筒(胶带对滚筒的包角为210°～230°)、双滚筒(包角达350°)和多滚筒(用于大功率)等。

4. 张紧装置

其作用是使输送带达到必要的张力,以免在驱动滚筒上打滑,并使输送带在托辊间的挠度保证在规定范围内。

(二)带式输送机的使用方法

在带式输送机运行前，首先要确认带式输送机设备、人员、被输送物品均处于安全完好的状态；其次检查各运动部位正常无异物，检查所有电气线路是否正常，正常时才能将皮带输送机投入运行。最后要检查供电电压与设备额定电压的差别不超过±5%。

在带式输送机运行投入，必须进行以下操作。

①合上总电源开关，检查设备电源是否正常送入，且电源指示灯是否亮。正常后进行下一步操作。

②合上各回路的电源开关，检查是否正常。正常状态下为设备不动作，皮带输送机运行指示灯不亮，变频器等设备的电源指示灯亮，变频器的显示面板显示正常(无故障代码显示)。

③按照工艺流程依次启动各电气设备，上一个电气设备启动正常后(电机或其他设备已达到正常速度、正常状态)再进行下一个电气设备的启动。

带式输送机运行停止，按下停止按钮待系统全部停止后方能切断总电源。

(三)带式输送机的维护

1. 输送机皮带常见故障的处理

皮带输送机运行时皮带跑偏是最常见的故障。为解决这类故障重点要注意安装的尺寸精度与日常的维护保养。跑偏的原因有多种，需根据不同的原因区别处理。

①调整承载托辊组。皮带机的皮带在整个皮带输送机的中部跑偏时可调整托辊组的位置来调整跑偏；在制造时托辊组的两侧安装孔都加工成长孔，以便进行调整。具体方法是皮带偏向哪一侧，托辊组的哪一侧朝皮带前进方向前移，或另外一侧后移。

②安装调心托辊组。调心托辊组有多种类型如中间转轴式、四连杆式、立辊式等，其原理是采用阻挡或托辊产生横向推力使皮带自动向心达到调整皮带跑偏的目的。一般在皮带输送机总长度较短时或皮带输送机双向运行时采用此方法比较合理，原因是较短皮带输送机更容易跑偏并且不容易调整。而长皮带输送机最好不采用此方法，因为调心托辊组的使用会对皮带的使用寿命产生一定的影响。

③调整驱动滚筒与改向滚筒位置。驱动滚筒与改向滚筒的调整是皮带跑偏调整的重要环节。因为一条皮带输送机至少有2～5个滚筒，所有滚筒的安装位置必须垂直于皮带输送机长度方向的中心线，若偏斜过大必然发生跑偏。其调整方法与调整托辊组类似。对于头部滚筒如皮带向滚筒的右侧跑偏，则右侧的轴承座应当向前移动，皮带向滚筒的左侧跑偏，则左侧的轴承座应当向前移动，相对应的也可将左侧轴承座后移或右侧轴承座后移。尾部滚筒的调整方法与头部滚筒刚好相反。

④张紧处的调整。皮带张紧处的调整是皮带输送机跑偏调整的一个非常重要的环节。重锤张紧处上部的两个改向滚筒除应垂直于皮带长度方向以外还应垂直于重力垂线，即保证其轴中心线水平。使用螺旋张紧或液压油缸张紧时，张紧滚筒的两个轴承座应当同时平移，以保证滚筒轴线与皮带纵向方向垂直。具体的皮带跑偏的调整方法与滚筒处的调整类似。

⑤转载点处落料位置对皮带跑偏的影响。转载点处物料的落料位置对皮带的跑偏有非常大的影响，尤其在两条皮带机在水平面的投影成垂直时影响更大。通常应当考虑转载点处上下两条皮带机的相对高度。相对高度越低，物料的水平速度分量越大，对下层皮带的侧向冲击

也越大,同时物料也很难居中,使在皮带横断面上的物料偏斜,最终导致皮带跑偏。如果物料偏到右侧,则皮带向左侧跑偏,反之亦然。

⑥双向运行皮带输送机跑偏的调整。双向运行的皮带输送机皮带跑偏的调整比单向皮带输送机跑偏的调整相对要困难许多,在具体调整时应先调整某一个方向,然后调整另外一个方向。调整时要仔细观察皮带运动方向与跑偏趋势的关系,逐个进行调整。首先应放在驱动滚筒和改向滚筒的调整上,其次是托辊的调整与物料的落料点的调整。同时应注意皮带在硫化接头时应使皮带断面长度方向上的受力均匀,在采用导链牵引时两侧的受力尽可能地相等。

2. 皮带输送机撒料的处理

皮带输送机的撒料是一个共性的问题,原因也是多方面的。但重点还是要加强日常的维护与保养。

①转载点处的撒料。转载点处撒料主要是在落料斗,导料槽等处。如皮带输送机严重过载,皮带输送机的导料槽挡料橡胶裙板损坏,导料槽处钢板设计时距皮带较远橡胶裙板比较长使物料冲出导料槽。上述情况可以在控制运送能力上,加强维护保养上得到解决。

②凹段皮带悬空时的撒料。凹段皮带区间当凹段曲率半径较小时会使皮带产生悬空,此时皮带成槽情况发生变化,因为皮带已经离开了槽形托辊组,一般槽角变小,使部分物料撒出来。因此,在设计阶段应尽可能地采用较大的凹段曲率半径来避免此类情况的发生。如在移动式机械装船机、堆取料机设备上为了缩短尾车而将此处凹段设计成无圆弧过渡区间,当皮带宽度选用余度较小时就比较容易撒料。

③跑偏时的撒料。皮带跑偏时的撒料是因为皮带在运行时两个边缘高度发生了变化,一边高,而另一边低,物料从低的一边撒出,处理的方法是调整皮带的跑偏。

查一查:

带式输送机有哪些技术优势?带式输送机安全规范有哪些?

二、斗式提升机的使用与维护

斗式提升机适用于低处往高处提升,供应物料通过振动台投入料斗后机器自动连续运转向上运送。根据传送量可调节传送速度,并随需选择提升高度;料斗为PP无毒料斗,所有尺寸均按照实际需要设计制造,为配套立式包装机,电脑计量机设计。

斗式提升机是利用均匀固接于无端牵引构件上的一系列料斗,竖向提升物料的连续输送机械。分为环链、板链和皮带三种。

(一)斗式提升机主要特点

①驱动功率小,采用流入式喂料、诱导式卸料、大容量的料斗密集型布置。在物料提升时几乎无回料和挖料现象,因此无效功率少。

②提升范围广,这类提升机对物料的种类、特性要求少,不但能提升一般粉状、小颗粒状物料,而且可提升磨琢性较大的物料。密封性好,环境污染少。

③运行可靠性好,先进的设计原理和加工方法,保证了整机运行的可靠性。

④使用寿命长,提升机的喂料采取流入式,无需用斗挖料,材料之间很少发生挤压和碰撞现象。

(二)斗式提升机的工作原理

斗式提升机的输送工作原理:料斗把物料从下面的储藏中舀起,随着输送带或链提升到顶部,绕过顶轮后向下翻转,斗式提升机将物料倾入接受槽内。带传动的斗式提升机的传动带一般采用橡胶带,装在下面或上面的传动滚筒和上下面的改向滚筒上。链传动的斗式提升机一般装有两条平行的传动链,上面或下面有一对传动链轮,下面或上面是一对改向链轮。斗式提升机一般都装有机壳,以防止斗式提升机中粉尘飞扬。

(三)斗式提升机的使用方法

1. 斗式提升机的安装

①斗式提升机必须牢固地安装在坚固的砼基础上。混凝土基础的表面应平整,并呈水平状态,保证斗式提升机安装后达到垂直要求。

高度较高的斗式提升机在其中部机壳和上部机壳的适当位置应与其相邻的建筑物(如料仓、车间等)连在一起以增加其稳定性。安装时先安装下部部件,固定地脚螺栓,然后安装中部机壳,后安上部机壳。机壳安装成功,校正垂直度。在全高上下用铅直线测量,误差应小于10 mm。上下轴应平行,其轴心线应在同一平面内。

高度较低的斗式提升机安装时,可以在地平面把上、中、下机壳全部连接并较正好,然后整体吊直固定在混凝土基础上。

②机壳安装好后,安装链条及料斗。料斗连接用的U形螺丝,既是链条接头,又是料斗的固定件。U形螺丝的螺母一定要扭紧并可靠防松。

③链条及料斗安装好以后,进行适当张紧。

④给减速机及轴承座分别添加适当数量的机油和黄油。减速机用工业齿轮油润滑。轴承座内用钙基或钠基黄油均可以。

⑤试运转,安装完成后即应进行空车试运转。空运转应注意:不能倒转,不能有磕碰现象。空运转不小于2 h,不应有过热现象,轴承温升不超过25℃,减速机温升不超过30℃。空运转2 h后,一切正常即可进行负荷试车。带负荷试车时喂料应均匀,防止喂料过多,堵塞下部造成"闷车"。

2. 斗式提升机的主要构件

①料斗

a. 圆柱形斗:深斗、斗口呈65°;倾斜,深度大,用于干燥,流动性好,很好地撒落的粒状物料的输送。

浅斗:口呈45°;倾斜,深度小,用于潮湿的和流动性的粒状物料。

b. 尖角形斗:其侧壁延伸到底板外,成为挡边,卸料时,物料可沿一个斗的挡边和底板所形成的槽卸止,适用于黏稠性大和沉重的块状物料运送。

②牵引构件

a. 橡胶带:用螺钉和弹性垫片固接在带子口,带比斗宽35～40 mm。

b. 链条:单链条固接在料斗后壁上;双链与料斗两侧相连。

设计时应尽量采用橡胶带。

3. 斗式提升机使用维护注意事项

①斗式提升机应空负荷开车。所以每次停机前应排尽所有料斗内的物料,然后再停车。

②不能倒转。倒转即可能发生链条脱轨现象，排除脱轨故障很麻烦。

③均匀喂料。禁止突然增大喂料量。喂料量不能超过提升机的输送能力。否则容易造成底部的物料堆积严重时发生"闷车"事故。

④及时适量补充润滑油。

⑤链条和料斗严重磨损或损坏时应及时更换。

4. 提升机安全操作规程

①提升机由指定人员进行维护和管理，电源开关箱的钥匙由指定人员管理。

②提升机必须有卷扬限制器和行程限位器，限制器应使滑轮在提升到距离卷筒或滑轮300 mm以前时能自动停止。

③提升机应有最大负荷标志，在提升、降落时重量不许超负荷(1 t)。

④送电后，检查卷扬限制器、行程限位器、联锁开关等安全装置，动作灵敏可靠，并进行试吊。

⑤起吊、降落前，鸣铃示警后，方可开车。

⑥提升机决对不允许载人上、下。

⑦工作完后，提升机吊盘应落地，然后切断电源，关好上下护栏门。

⑧经常保持提升机周围环境卫生。

(四)斗式提升机常见故障及处理方法

斗式提升机包括皮带斗式提升机，板链斗式提升机，链条斗式提升机等几种，是农产品加工厂和粮食局等广泛使用的一种垂直提升设备，具有提升高度大，提升稳定，占地面积小和良好的密封性等优点，适合提运粉状和小块状物料。以下是该设备在使用过程中的几种常见故障。

1. 料斗带打滑

①斗式提升机是利用料斗带与头轮传动轴间的摩擦力矩来进行升运物料的，巨料斗带张力不够，将导致料斗带打滑。这时，应立即停机，调节张紧装置以拉紧料斗带。若张紧装置不能使料斗带完全张紧，说明张紧装置的行程太短，应重新调节。

正确的解决方法：解开料斗带接头，使底轮上的张紧装置调至最高位置，将料斗带由提升机机头放入，穿过头轮和底轮，并首尾连接好，使料斗带处于将张紧而未张紧的状态，然后使张紧装置完全张紧。此时张紧装置的调节螺杆尚未利用的张紧行程不应小于全行程的50%。

②提升机超载时，阻力矩增大，导致料斗带打滑。此时应减小物料的喂入量，并力求喂料均匀。若减小喂入量后，仍不能改善打滑，则可能是机坐内物料堆积太多或料斗被导入物卡住，应停机检查，排除故障。

③头轮传动轴和料斗带内表面过于光滑头轮传动轴和料斗带内表面过于光滑，使两者间的摩擦力减小，导致料斗带打滑。这时可在传动轴和料斗带内表面涂一层胶，以增大摩擦力。

④头轮和底轮轴承转动不灵头轮，阻力矩增大，引起料斗带打滑。这时可拆洗加油或更换轴承。

2. 料斗带跑偏

①头轮和底轮传动轴安装不正头轮和底轮传动轴安装不正主要体现在以下几个方面：一是头轮和底轮的传动轴在同一垂直平面内且不平行；二是两传动轴都安装在水平位置且不在同一垂直平面内；三是两传动轴平行，在同一垂直平面内且不水平。这时，料斗带跑偏，易引起

料斗与机筒的撞击、料斗带的撕裂。应立即停机，排除故障。做到头轮和底轮的传动轴安装在同一垂直平面内，而且都在水平位置上，整机中心线在1 000 mm高度上垂直偏差不超过2 mm，积累偏差不超过8 mm。

②料斗带接头不正料斗带接头不正是指料斗带结合后，料斗带边缘线不在同一直线上。工作时，料斗带一边紧一边松，使料斗带向紧边侧向移动，产生跑偏，造成料斗盛料不充分，卸料不彻底，回料增多，生产率下降，严重时造成料斗带卡边、撕裂。这时应停机，修正接头并接好。

3. 回料过多

提升机回料是指物料在卸料位置没有完全卸出机外，而有部分物料回到提升机机座内的现象。在提升作业中，若提升机回料太多，势必降低生产效率，增大动力消耗和物料的破碎率。造成回料多的原因有以下两点：

①料斗运行速度过快提升机提升不同的物料，料斗运行的速度有别：一般提升干燥的粉料和粒料时，速度为1～2 m/s；提升块状物料时，速度为0.4～0.6 m/s；提升潮湿的粉料和粒料时，速度为0.6～0.8 m/s。速度过大，卸料提前，造成回料。这时应根据提升的物料，适当降低料斗的速度，避免回料。

②机头出口的卸料舌板安装不合适，舌板距料斗卸料位置太远，会造成回料。应及时的调整舌板位置，避免回料。

4. 料斗脱落

料斗脱落是指在生产中，料斗从料斗带上掉落的现象。料斗掉落时，会产生异常的响声，要及时的停机检查，否则，将导致更多的料斗变形、脱落；在连接料斗的位置，料斗带撕裂。产生料斗脱落的主要原因：

①进料过多，造成物料在机座内的堆积，升运阻力增大，料斗运行不畅，是产生料斗脱落、变形的直接原因。此时应立即停机，抽出机座下插板，排出机座内的积存物，更换新料斗，再开车生产。同时减小喂入量，并力求均匀。

②进料口位置太低一般，提升机在生产时，料斗自行盛取从进料口进来的物料。若进料口位置太低，将导致料斗来不及盛取物料，而物料大部分进入机座，造成料斗舀取物料。而物料为块状，就很容易引起料斗变形、脱落，这时，应将进料口位置调至底轮中心线以上。

③料斗材质不好，强度有限料斗是提升机的承载部件，对它的材料有着较高的要求，安装时应尽量选配强度好的材料。一般料斗用普通钢板或镀锌板材焊合或冲压而成，其边缘采用折边或卷入铅丝以增强料斗的强度。

④开机时没有清除机座内的积存物在生产中，经常会遇到突然停电或其他原因而停机的现象，若再开机时，没有清除机座内的积存物，就易引起料斗受冲击太大而断裂脱落。因此，在停机和开机之间，必须清除机座内的积存物，避免料斗脱落。另外，定期检查料斗与料斗带连接是否牢固，发现螺钉松动、脱落和料斗歪斜、破损等现象时，应及时检修或更换，以防更大的事故发生。

5. 料斗带撕裂

提升机料斗带通常为帆布带，有时也采用胶带和链条。在各种故障的综合作用下，帆布带和胶带容易产生撕裂，这是最严重的故障之一。一般料斗带跑偏和料斗的脱落过程最容易引起料斗的撕裂。应及时全面的查清原因，排除故障。另外，物料中混入带尖棱的异物，也会将料斗带划裂。因此，生产中，应在进料口装钢丝网或吸铁石，严防大块异物落入机座。

查一查：

目前常用的斗式提升机有哪些？它们的工作原理有何区别？

三、螺旋输送机的使用与维护

螺旋输送机借助旋转的螺旋叶片将物料推移而进行输送，使物料不与螺旋输送机叶片一起旋转的力是物料自身重量和螺旋输送机机壳对物料的摩擦阻力。

从输送物料位移方向的角度划分，螺旋输送机分为水平式螺旋输送机和垂直式螺旋输送机两大类型，主要用于对各种粉状、颗粒状和小块状等松散物料的水平输送和垂直提升，该机不适宜输送易变质、黏性大、易结块或高温、怕压、有较大腐蚀性的特殊物料。

(一)螺旋输送机的组成

螺旋输送机通常由螺旋输送机本体、进出装置、驱动装置三大部分组成。螺旋机本体由头节、中间节、尾节三部分组成。

(二)螺旋输送机的使用方法

螺旋输送机结构先进，适应性强，阻力小，寿命长，维修方便，保护装置齐全是螺旋输送机显著的特点。

在螺旋输送机运行前，首先要确认螺旋输送机设备、人员、被输送物品均处于安全完好的状态；其次要检查各运动部位正常无异物，检查所有电气线路是否正常，正常时才能将皮带输送机投入运行。最后要检查供电电压与设备额定电压的差别不超过±5%。在螺旋输送机运行投入，必须进行以下操作：

①合上总电源开关，检查设备电源是否正常送入且电源指示灯是否亮。正常后进行下一步操作。

②合上各回路的电源开关，检查是否正常。正常状态下为设备不动作，皮带输送机运行指示灯不亮，变频器等设备的电源指示灯亮，变频器的显示面板显示正常(无故障代码显示)。

③按照工艺流程依次启动各电气设备，上一个电气设备启动正常后(电机或其他设备已达到正常速度、正常状态)再进行下一个电气设备的启动。

在螺旋输送机运行中，首先，必须遵守被输送物品设计中物品的规定，遵守螺旋输送机的设计能力。其次，要注意各类人员不得触及皮带输送机的运动部分，非专业人员不得随意接触电气元件、控制按钮等。最后，在螺旋输送机运行中不能对变频器后级断路，如确定维修需要，则必须在停止变频运行的情况下才能进行，否则可能损坏变频器。

螺旋输送机运行停止，按下停止按钮待系统全部停止后方能切断总电源。

(三)机器的安装与维护

机器的维护保养是一项极其重要的经常性的工作，它应与机器的操作和检修等密切配合，应有专职人员进行值班检查。

1. 机器的维护

①轴承。轴承担负机器的全部负荷，所以良好的润滑对轴承寿命有很大的关系，它直接影响到机器的使用寿命和运转率，因而要求注入的润滑油必须清洁，密封必须良好，本机器的主

要注油处：转动轴承；轧辊轴承；所有齿轮；活动轴承、滑动平面。

②新安装的轮箍容易发生松动必须经常进行检查。

③注意机器各部位的工作是否正常。

④注意检查易磨损件的磨损程度，随时注意更换被磨损的零件。

⑤放活动装置的底架平面，应出去灰尘等物以免机器遇到不能破碎的物料时活动轴承不能在底架上移动，以致发生严重事故。

⑥轴承油温升高，应立即停车检查原因加以消除。

⑦转动齿轮在运转时若有冲击声应立即停车检查，并消除。

2. 安装试车

①该设备应安装在水平的混凝土基础上，用地脚螺栓固定。

②安装时应注意主机体与水平的垂直。

③安装后检查各部位螺栓有无松动及主机仓门是否紧固，如有请进行紧固。

④按设备的动力配置电源线和控制开关。

⑤检查完毕，进行空负荷试车，试车正常即可进行生产。

查一查：

螺旋输送机旋转轴上焊的螺旋叶片有几种？有何区别？

四、种子加工成套设备和主要作物种子加工工艺

（一）粮食种子加工成套设备和种子加工厂

所谓粮食种子加工成套设备，就是将种子加工的各个环节的专用设备连接起来，组成一个流水线。被加工的种子，从喂入到出成品种子，全过程连续作业，一般称为种子加工线。这种种子加工线的全部设备称为粮食种子加工成套设备。

根据粮食种子加工线的规模和设备运行的需要，建设的种子加工厂厂房，同种子加工设备一起，形成了粮食种子加工厂。为了满足种子收、贮、保管、销售等需要，种子加工厂还要有库房、检验室、地中衡和晒场等设施。这些设施可以构成一座完整的种子加工厂。

1. 种子加工厂规模的选择

种子烘干部分加工能力选择，主要应考虑以下几个因素。

①种子基地的规模，即在一定范围内种子的繁育面积和产量。

②当地的气候条件，即从种子收获到入库这段时间里空气的自然温度(同时要把自然降水因素考虑进去)。我国北方各省(区)种子基地规模一般为 300～400 hm^2，种子收获到入库的时间 40 d 左右。在这段时间内最低气温不低于－10℃。所以，应设计和推广年加工量为 1 000 t 和 2 000 t 型的种子加工厂。

种子精选部分加工能力，一般要与烘干部分的加工能力相匹配，因精选的时间限度不够严格，加工时间可以拖长 2～3 个月，在选择加工效率时也可以考虑烘干能力。但是要有较大的中间贮存能力，即中间贮存仓。精选部分的加工能力一般用 t/h 来表示，目前我国推广应用的种子加工厂，主要有 3 t/h 种子加工线，5 t/h 种子加工线，基本上与烘干部分的 1 000 t/40 d，2 000 t/40 d 相匹配。

2. 设备选型的原则

设备选型对一个种子加工厂的质量好坏、水平高低是至关重要的。应遵循以下几个原则。

①设备本身性能要好。

②每台主机和配套设备加工生产率要相匹配。

③破碎率要低。

④便于清理,防止种子混杂。

3. 烘干热源的选择

目前所采用的热源大体有三种:一是烧油;二是烧煤;三是用电。我国从国外引进的设备都是烧油的。由于我国石油供应紧张,油的来源困难,电的供应不足,再加上用电做热源成本太高,所以国内的烘干设备采用以煤为燃料作热源的较多。

以煤为燃料的种子烘干设备,又分为直接加热和间接加热两种。直接加热就是煤燃烧时,产生的热通过风机直接吹入烘干机(室)内,这种办法的优点是热效率高、设备造价低廉。缺点是不够卫生、作业条件差。间接加热就是煤燃烧后通过热交换器,把清洁空气加热后吹进烘干机(室)内。热交换器的种类较多,大体同归纳为两种,一种是锅炉式的,通过水(或蒸气)为热介质;另一种是完全用空气做交换介质。

间接加热方法,优点是种子没有污染,可烘商品粮,作业条件好;缺点是设备造价较高,热效率较低。目前,我国自行设计的种子烘干机(室)两种加热方法均有,主要原因是从降低设备造价考虑的。

4. 根据种子加工厂的生产规模来确定相适应的配套设施

种子加工是种子加工厂的核心,根据不同种子的加工特点及生产规模,要确定相适应的配套仪器设施。

(二)主要作物种子加工工艺流程

1. 麦类、水稻种子加工工艺

麦类、水稻种子加工工艺流程见图 1-7-1。

要点:

①有芒的水稻、大麦需要除芒。

②燕麦及杂草种子多时,要用长度分选。

2. 玉米种子加工工艺。

玉米种子加工工艺流程见图 1-7-2。

要点:

(1)扒皮　相对旋转的橡胶辊。

(2)选穗　人工。

(3)干燥　果穗干燥室,双向通风,回动系统。

(4)脱粒　要求破损少、吸尘、抛掷玉米芯 3 个功能。

(5)预清　一般都采用单筛箱的风筛选。

(6)分级　圆孔筛用于宽度分级,长孔筛用于厚度分级,窝眼筒用于长度分级。

(7)基本精选　一般都采用双筛箱,双风道风筛式精选机。

3. 大豆种子加工工艺

大豆种子加工工艺流程见图 1-7-3。

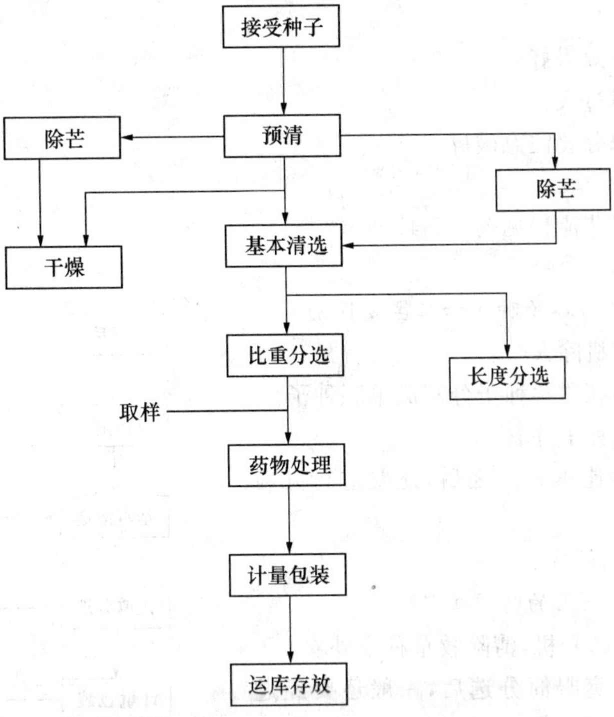

图 1-7-1　麦类、水稻种子加工工艺流程图

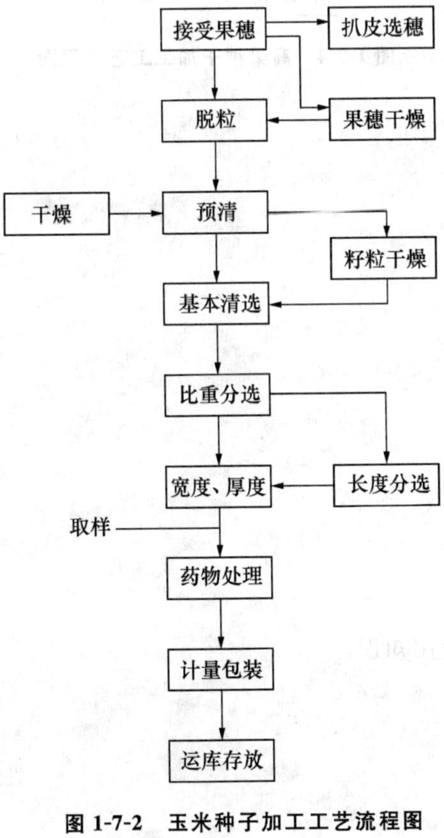

图 1-7-2　玉米种子加工工艺流程图

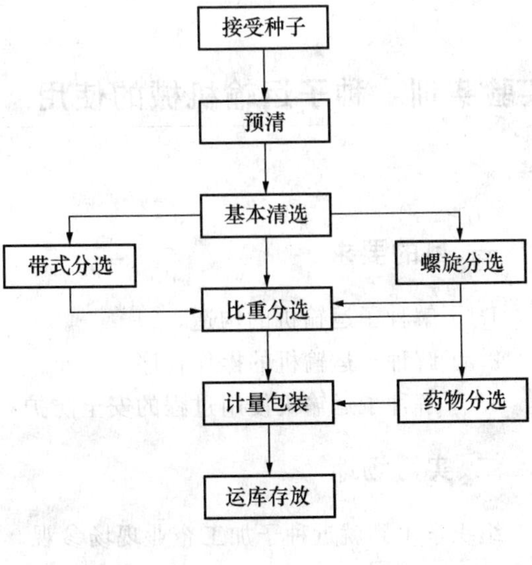

图 1-7-3　大豆种子加工工艺流程图

要点：

①长孔筛对半粒效果好；

②筛面倾角不宜过大；

③提升及流管部分要注意破碎。

4. 高粱种子加工工艺

高粱种子加工工艺流程见图 1-7-4。

要点:必须脱壳。

5. 甜菜种子加工与谷物种子加工主要区别

①采用带式清选机除大杂。

②用切割机将多胚甜菜种子分割成单胚种子。

③用磨光机清除种子外衣。

④在基本清选和比重分选之后,还要进行丸粒化或包衣。

⑤最后进行干燥,筛选。

6. 牧草种子加工采用的特殊工艺

①基本清选前用磨光机,清除牧草种子外衣。

②牧草种子经过窝眼筒分选后,一般还要经过带式分选机分选。

③比重分选也选不出的杂草种子,再使用磁力选分选。

④如果磁力选还选不净,就增加电晕选。

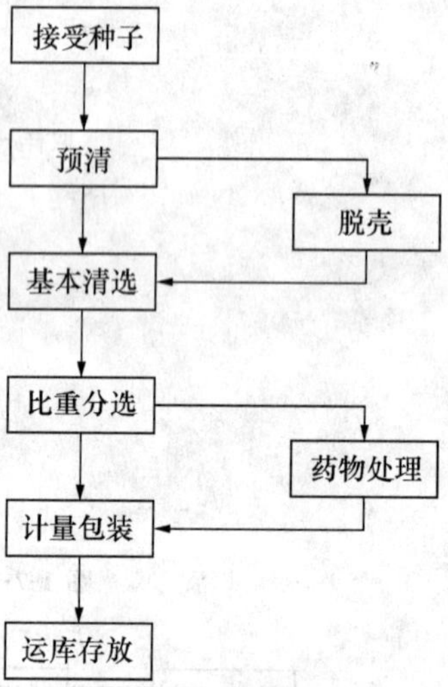

图 1-7-4 高粱种子加工工艺流程图

复习思考题

简述带式输送机、斗士提升机及螺旋输送机的操作方法。

实验实训 种子运输机械的使用

一、目的要求

1. 了解种子运输机的构造。
2. 了解种子运输机的操作程序。
3. 了解种子运输机使用过程的安全防护和安全使用知识。

二、实习场地

组织学生到就近种子加工企业现场参观。

三、实习参观内容

1. 了解当地主要种子运输机械类型、特点及其使用。
2. 参观当地主要种子运输机械、了解使用方法和注意事项。

四、作业

通过现场教学，你认为种子运输机械在使用中应注意哪些事项？

项目二　种子贮藏技术

工作任务一　种子贮藏的生物学基础

知识目标

➢理解作物种子呼吸作用与种子后熟作用概念。

➢理解作物种子呼吸强度与呼吸系数。

➢理解种子后熟期间生理生化变化。

➢掌握影响种子呼吸强度的因素。

➢掌握种子贮藏与种子呼吸和后熟的关系。

技能目标

➢能够进行种子呼吸强度测定方法。

知识资讯导读

在解放战争时期，毛泽东主席说了北方的一句老话："饿死爹娘，不吃种子粮。"为什么毛泽东主席要说这句话呢？怎么能眼看着爹娘饿死，也不吃种子粮呢？1947 年 3 月，国民党对我"全面进攻"失败后，又对我解放区实行了"重点进攻"，党中央所在地延安成为敌人首先攻占的目标。毛泽东主席高瞻远瞩，决定中央机关撤出延安，在陕北与敌人周旋。在转战陕北期间，毛泽东主席绝大多数时间住在老百姓的土窑洞里，与当地老百姓同吃同住。在一个雨夜，毛泽东主席来到一个贫穷的小山村，当地粮食匮乏，老百姓大多以野菜充饥。房东大娘认出了毛主席，就把来年的种子磨成面，给毛主席做了一碗面条，毛主席非常感动。在那种情景下毛泽东主席说了上面的那句话。那时，收获以后首先要把那些子粒饱满的果实挑拣出来，作为来年再生的种子。无论生活多么艰苦，种子粮是不能轻易作为口粮吃掉的。留得种子在，不怕没饭吃。只要有种子，来年再种植，可以繁殖、收获更多的果实。

种子从收获到再次播种需经过或长或短的贮藏阶段，种子在贮藏期间发生的生理生化变化，直接影响种子的安全贮藏。实际上种子贮藏(seed storage)的任务就是采用合理的贮藏设备和先进科学的贮藏技术，人为地控制贮藏条件，使种子劣变降低到最低限度，最有效地保持较高的种子发芽力和活力，从而确保种子播种价值。

查一查?

种子呼吸和后熟与种子贮藏有什么关系?

种子贮藏期限的长短,因作物种类、贮藏条件等而不同,呼吸和后熟作用对种子的安全贮藏和贮藏长短有密切关系。

一、种子的呼吸作用

种子是活的有机体。每时每刻都在进行着呼吸作用,即使是非常干燥或处于休眠状态的种子,呼吸作用仍在进行,但强度减弱。种子的呼吸作用与种子的安全贮藏有非常密切的关系,因此,了解种子的呼吸及其各种影响因素,对控制呼吸作用和做好种子贮藏工作有重要的实践意义。

(一)种子呼吸概念

1. 呼吸作用的概念

呼吸作用(respiration)是种子内活的组织在酶和氧的参与下,将本身的贮藏物质进行一系列的氧化还原反应,最后放出二氧化碳和水,同时释放能量的过程。种子的任何生命活动都与呼吸密切相关,呼吸过程是将种子内贮藏物质不断分解的过程,它为种子提供生命活动所需的能量,促使有机体内生化反应和生理活动正常进行。种子呼吸过程中释放的能量一部分以热能形式散发到种子外面。种子的呼吸作用是贮藏期间种子生命活动的集中表现,因为贮藏期间不存在同化过程,而主要进行分解作用和劣变过程。

2. 种子呼吸作用的部位

呼吸作用是活组织特有的生命活动,如禾谷类种子中只有胚部和糊粉层细胞是活组织,所以种子呼吸作用是在胚和糊粉层细胞中进行。种胚虽只占整粒种子的3%～13%,但它是生命活动最活跃的部分,呼吸作用首先是胚部,其次是糊粉层。果种皮和胚乳经干燥后,细胞已经死亡,不存在呼吸作用,但果种皮和通气性有关,也会影响呼吸的性质和强度。

(二)种子呼吸性质

种子呼吸的性质根据是否有外界氧气参与分为有氧呼吸(aerobic respiration)和无氧呼吸(anaerobic respiration)两类。

1. 有氧呼吸

有氧呼吸也即通常所指的呼吸作用,其过程可以简述如下:

$$\underset{\text{葡萄糖}}{C_6H_{12}O_6}+\underset{\text{氧气}}{6O_2}\longrightarrow\underset{\text{二氧化碳}}{6CO_2}+\underset{\text{水}}{6H_2O}+\underset{\text{能量}}{2\,870.224\ \text{kJ}(686\ \text{kcal})}$$

2. 无氧呼吸

无氧呼吸一般指在缺氧条件下,细胞把种子贮存的某些有机物分解成为不彻底的氧化产物,同时释放能量的过程。反应式如下:

$$\underset{\text{葡萄糖}}{C_6H_{12}O_6}\longrightarrow\underset{\text{酒精}}{2C_2H_5OH}+\underset{\text{二氧化碳}}{2CO_2}+\underset{\text{能量}}{100.416\ \text{kJ}(24\ \text{kcal})}$$

一般无氧呼吸产生酒精(乙醇),但马铃薯块茎、甜菜块根、胡萝卜和玉米胚进行无氧呼吸时,则产生乳酸,其反应如下:

$$\underset{\text{葡萄糖}}{C_6H_{12}O_6} \longrightarrow \underset{\text{丙酮酸}}{2CH_3COCOOH} + 4H \longrightarrow \underset{\text{乳酸}}{2CH_3CHOHCOOH} + \underset{\text{能量}}{75.312\ kJ(18\ kcal)}$$

综上所述，有氧呼吸需要外界氧气参加，将物质彻底分解，释放出大量能量，而无氧呼吸不需要外界氧气参加，物质分解不彻底，释放出的能量要远远低于有氧呼吸。

有氧和无氧呼吸在初期阶段是相同的，直到糖酵解形成丙酮酸后，由于氧的有无而形成不同途径。在有氧情况下，丙酮酸经三羧酸（TCA）循环，最后完全分解为 CO_2 和 H_2O；在缺氧情况下，丙酮酸不经 TCA 循环，而直接进行酒精发酵或乳酸发酵等。

过程示意如下：

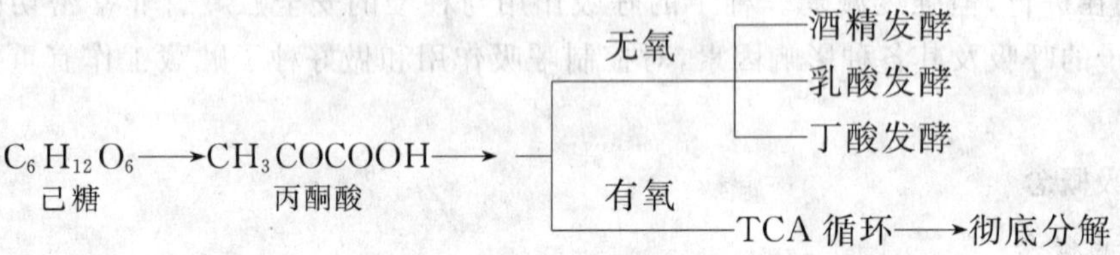

种子呼吸性质随环境条件、作物种类和种子品质不同而不同。干燥的、果种皮紧密的、完整饱满的种子处在干燥低温、密闭缺氧条件下，以无氧呼吸为主，呼吸强度低；反之，则以有氧呼吸为主，呼吸强度高。种子在贮藏过程中，两种呼吸形式往往同时存在，通风透气的种子堆，一般以有氧呼吸为主，但在大堆种子底部仍可能发生缺氧呼吸。若通气不良，氧气供应不足时，则缺氧呼吸占优势。含水量较高的种子堆，由于呼吸旺盛，堆内种温升高，如果通风不良，便会产生乙醇，此类物质在种子堆内积累过多，往往会抑制种子呼吸，甚至使胚中毒死亡。

你知道吗？

为什么近些年来玉米的生产面积在扩大？你知道什么是乙醇汽油吗？

（三）种子的呼吸强度和呼吸系数

呼吸作用可以用两个指标来衡量，即呼吸强度（也叫呼吸速率 respiratory rate）和呼吸系数（也叫呼吸商 respiratory quotient，简称 R. Q.）。

1. 呼吸强度

呼吸强度是指一定时间内，单位重量种子放出的二氧化碳量或吸收的氧气量。它是表示种子呼吸强弱的指标。种子贮藏过程中，呼吸强度增强无论在有氧呼吸和缺氧呼吸条件下都是有害的。

种子长期处在有氧呼吸条件下，放出的水分和热能，会加速贮藏物质的消耗和种子生活力的丧失。对水分较高的种子来说，在贮藏期间若通风不良，种子呼吸放出的一部分水汽就被种子吸收，而释放出来的热能则积聚在种子堆内不易散发出来，因而加剧种子的代谢作用；在密闭缺氧条件下呼吸强度越大，越易缺氧而产生有毒物质，使种子窒息而死。因此，对水分含量高的种子，入仓前应充分通风换气和晒干，然后密闭贮藏，由有氧呼吸转变为缺氧呼吸。干燥种子，由于大部分酶处于钝化状态，自身代谢作用十分微弱，种子内贮藏养料的消耗极少，即使贮藏在缺氧条件下，也不容易丧失发芽率。实践上将干燥种子密闭贮藏能保持生活力许多年，其原因就在于此。

2. 呼吸系数

呼吸系数是指种子在单位时间内，放出二氧化碳的体积和吸收氧气的体积之比：

呼吸系数＝放出 CO_2 的体积/吸收 O_2 的体积

呼吸系数是表示呼吸底物的性质和氧气供应状态的一种指标。

当碳水化合物用作呼吸底物时，若氧化完全，呼吸系数为1。如果呼吸底物是分子中氧/碳值比碳水化合物小的脂肪和蛋白质，则其呼吸系数小于1。如果底物是一些比碳水化合物含氧较多的物质，如有机酸，其呼吸系数大于1。

由此可见，呼吸系数随呼吸底物而异，实际上种子中含有各种呼吸底物，往往不是单纯利用一种物质作为呼吸底物的，所以呼吸系数与底物的关系并非容易确定。一般而言，贮藏种子利用的是存在于胚部的可溶性物质，只有在特殊情况下受潮发芽的种子才有可能利用其他物质。

呼吸系数还与氧的供应是否充足有关。测定呼吸系数的变化，可以了解贮藏种子的生理作用是在什么条件下进行的。当种子进行缺氧呼吸时，其呼吸系数大于1；在有氧呼吸时，呼吸系数等于1或小于1。如果呼吸系数比1小得多，表示种子进行强烈的有氧呼吸。

氧气的供应还与果种皮的结构有关，果种皮致密、透氧性极低的种子，往往存在缺氧呼吸现象。呼吸系数还与温度、微生物活动、中间产物是否移作他用有关系。

（四）影响种子呼吸强度因素

种子呼吸强度的大小，因作物、品种、收获期、成熟度、种子大小、完整度和生理状态而不同，同时还受环境条件的影响，其中水分、温度和通气状况的影响更大。

1．水分

呼吸强度随着种子水分的提高而增强（图2-1-1）。潮湿种子的呼吸作用很旺盛，干燥种子的呼吸作用则非常微弱。因为种子内的酶类随种子水分的增加而活化，把复杂的物质转变为简单的呼吸底物。所以，种子内的水分越多，贮藏物质的水解作用越快，呼吸作用越强烈，氧气的消耗量越大，放出的二氧化碳和热量越多。可见种子中游离水的增多是种子新陈代谢强度急剧增加的决定因素。

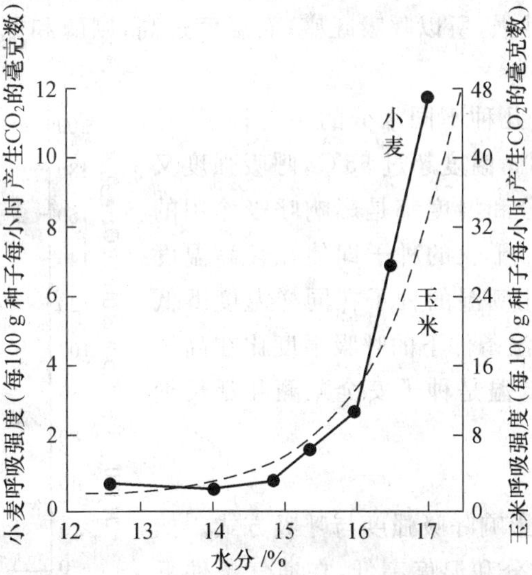

图2-1-1　不同水分的玉米和小麦种子的呼吸强度（潘瑞炽等，1983）

种子内出现游离水时，水解酶和呼吸酶的活动便旺盛起来，增强种子呼吸强度和物质的消耗。当游离水将出现时的种子含水量称为临界水分。一般禾本科作物种子临界水分为

13.5%左右(如水稻13%、小麦14.6%、玉米11%);油料作物种子的临界水分为8%~8.5%(油菜7%)。表2-1-1为不同水分小麦种子的呼吸强度,从表中可以看出,随着种子水分的升高不仅呼吸强度增加,而且呼吸性质也随之变化。

表 2-1-1　水分对小麦种子呼吸强度和呼吸性质的影响

水分	100 g 干物质 24 h 内		呼吸系数	呼吸性质
	消耗 O_2/mg	放出 CO_2/mg		
14.4	0.07	0.27	3.08	缺氧
16.0	0.37	0.42	1.27	
17.0	1.99	2.22	1.11	
17.6	6.21	5.18	0.88	
19.2	8.90	8.76	0.98	
21.2	17.73	13.04	0.73	有氧

临界水分与种子贮藏的安全水分有密切关系,而安全水分随各地区的温度不同而有差异。禾谷类作物种子的安全水分,在温度0~30℃,温度一般以0℃为起点,水分以18%为基点,以后温度每增高5℃,种子的安全水分就相应降低1%。在我国多数地区,水分不超过14%~15%的禾谷类作物种子,可以安全度过冬、春季;水分不超过12%~13%可以安全度过夏、秋季。

2. 温度

在一定温度范围内种子的呼吸作用随着温度的升高而加强。一般种子处在低温条件下,呼吸作用极其微弱,随着温度升高,呼吸强度不断增强,尤其在种子水分增高的情况下,呼吸强度随着温度升高而发生显著变化。但这种增长受一定温度范围的限制。在适宜的温度下,原生质黏滞性较低,酶的活性强,所以呼吸旺盛;而温度过高,则酶和原生质遭受损害,使生理作用减慢或停止。

图2-1-2的曲线表明,几种不同水分的小麦种子,呼吸强度在0~55℃逐渐增强,温度超过55℃,呼吸强度又急剧下降。由此可见,水分和温度都是影响呼吸作用的重要因素,两者互相制约。干燥的种子即使在较高温度的条件下,其呼吸强度要比潮湿的种子在同样温度下低得多;同样,潮湿种子在低温条件下的呼吸强度比在高温下低得多。因此,干燥和低温是种子安全贮藏和延长种子寿命的必要条件。

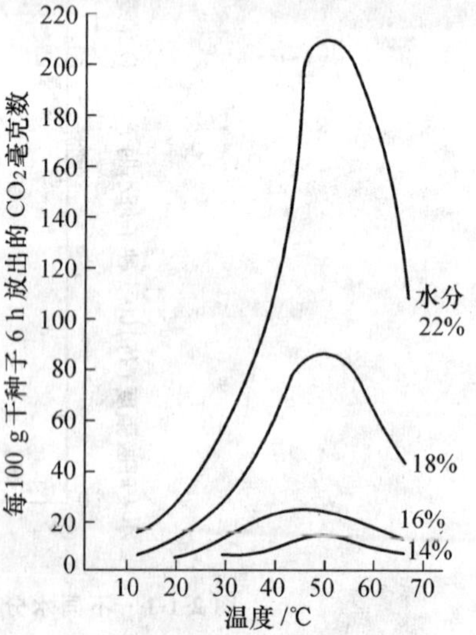

图 2-1-2　温度对不同水分小麦种子呼吸强度的影响(柯兹米娜,1960)

3. 通气

空气流通的程度可以影响呼吸强度与呼吸方式。如表2-1-2所示,不论种子水分和温度高低,在通气条件下的种子呼吸强度均大于密闭贮藏。同时,还表明种子水分和温度越高,则通气对呼吸强度的影响越大。高水分种子,若处于密闭条件下贮藏,由于旺盛的呼吸,很快会把种子堆内部间隙中的氧气耗尽，而被迫转向缺氧呼吸，结果引起大量氧化不完全的物质如醇、醛、酸等积累，对种胚产生毒害，导致种子迅速死亡。因此，高水分种子，尤其是呼吸强度大的油料作物种子不能密闭贮藏，要特别注意通风。含水量不超过临界水分的干燥种子，由于呼吸作用非常微弱，对氧气的消耗很慢，密闭条件下有利于保持种子生活力。在密闭条件下，种子发芽率随着其水分提高而逐渐下降。

表 2-1-2 通风对大豆种子呼吸强度的影响(每 100 g 干物质每周呼出 CO_2 的微克数)

温度/℃	水分/%					
	10.0		12.5		15.0	
	通风	密闭	通风	密闭	通风	密闭
0	100	10	182	14	231	45
2～4	147	16	203	23	279	72
10～12	286	52	603	154	827	293
18～20	608	135	979	289	3 526	1 550
24	1 073	384	1 667	704	5 851	1 863

通气对呼吸的影响还和温度有关。种子处在通风条件下，温度越高，呼吸作用越旺盛，生活力下降越快。生产上为有效地长期保持种子生活力，除干燥、低温外，进行合理的密闭或通风是必要的。

4. 种子本身状态

种子的呼吸强度还受种子本身状态的影响。凡是未充分成熟的、不饱满的、损伤的、冻伤的、发过芽的、小粒的和大胚的种子，呼吸强度高；反之，呼吸强度就低(图 2-1-3)。因为未成熟、冻伤、发过芽的种子含有较多的可溶性物质，酶的活性也较强，损伤、小粒的种子接触氧气面较大，大胚种子则由于胚部活细胞所占比例较大，使得呼吸强度较高。

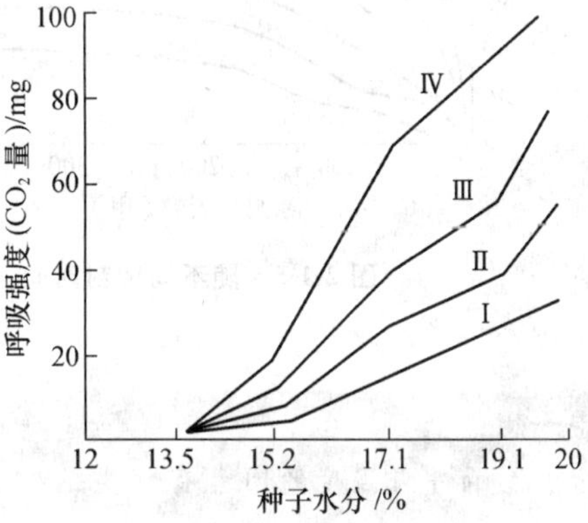

图 2-1-3 种子完整度与呼吸强度的关系

Ⅰ. 饱满完整粒；Ⅱ. 不饱满粒；Ⅲ. 极不饱满粒；Ⅳ. 碎粒(据特里斯维亚特斯基)小麦种子呼吸强度的影响(柯兹米娜，1960)

综上所述，种子入仓前应该进行清选分级，剔除杂质、破碎粒、未成熟粒、不饱满粒与虫蚀粒，把不同状态的种子进行分级，以提高贮藏稳定性。凡受冻、虫蚀过的种子不能作种用，而对大胚种子、呼吸作用强的种子，贮藏期间要特别注意干燥和通气。

5. 化学物质

二氧化碳、氮气、氨气以及农药等气体对种子呼吸作用也有明显影响，浓度高时往往会影响种子的发芽率。例如，种子间隙中二氧化碳浓度积累至 12%时，就会抑制小麦和大豆的呼吸作用；若提高小麦水分，在二氧化碳含量 7%时就有抑制作用。目前，有些粮食部门采用提高二氧化碳浓度等方法保管粮食，一定程度上也抑制了粮食的呼吸作用。这种方法在粮食保管方面已有成效，但在保存农业种子方面，还有待进一步研究。据报道，磺胺类杀菌剂、氮气和氨气、氯化苦等熏蒸剂对种子呼吸作用也有影响，浓度加大时，往往会影响种子发芽率。

6. 仓虫和微生物

如果贮藏种子感染了仓虫和微生物，一旦条件适宜时便大量繁殖，由于仓虫、微生物生命活动的结果放出大量的热能和水汽，间接地促进了种子呼吸强度的增高(图 2-1-4)。同时，三者(种子、仓库害虫、微生物)的呼吸构成种子堆的总呼吸，会消耗大量的氧气，放出大量的二氧化碳，也间接地影响种子呼吸方式。根据试验，昆虫的氧气消耗量为等量谷物的 130 000 倍。栖息密度越高，则其氧气消耗量越大。在有仓虫的场合，氧气随着温度增高而减少越快。随着仓内二氧化碳的积累，仓虫会窒息死亡。可有的仓虫能忍耐 60%浓度的二氧化碳。虽然二氧化碳浓度的提高会影响仓虫的死亡，但仓虫死亡真正原因是氧气的减少。当氧气浓度减少到 2%～2.5%时，就会阻碍仓虫和霉菌的发生。在密封条件下，由于仓虫本身的呼吸，使氧气浓度自动降低，而阻碍仓虫继续发生，即所谓自动驱除，这就是密封贮藏所依据的一个原理(图 2-1-5)。

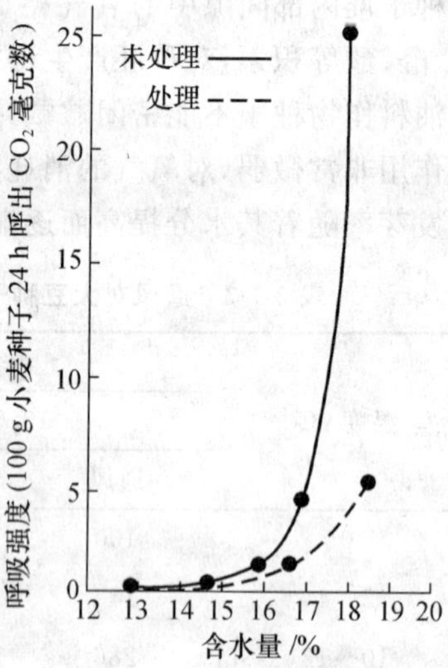

图 2-1-4 正常与有菌繁殖的小麦呼吸强度与含水量的关系

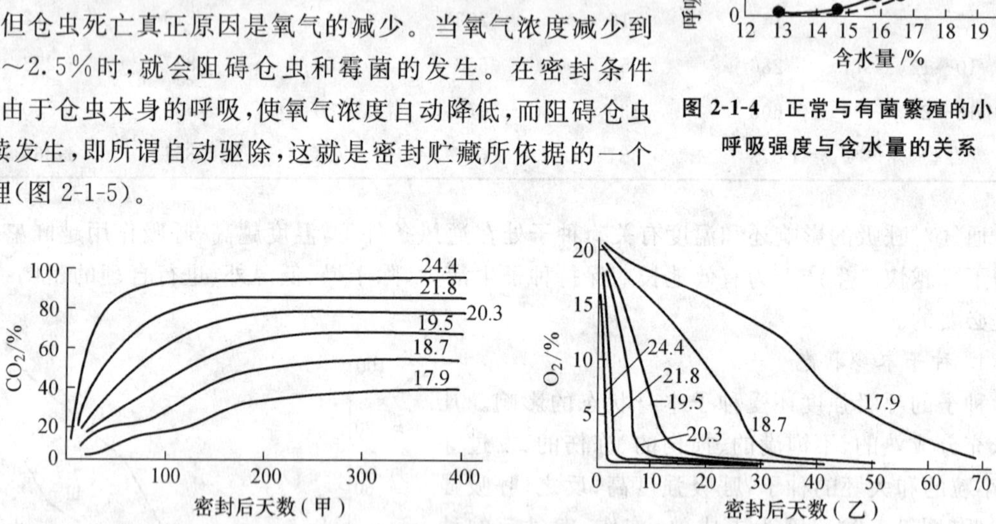

图 2-1-5 随不同密封时间，子粒间空气的 CO_2(甲)和 O_2(乙)浓度的变化

(图中数字为含水量)

想一想：

影响呼吸强度的因素有哪些呢？

(五)呼吸与种子贮藏关系

种子的呼吸是种子贮藏期间生命活动的集中和具体表现，种子的呼吸强度和种子的安全贮藏有密切的联系。呼吸作用对种子贮藏有两方面的影响。有利方面是呼吸可以促进种子的后熟作用，但通过后熟的种子还是要设法降低种子的呼吸强度；利用呼吸自然缺氧，可以达到驱虫的目的。不利方面是，在贮藏期间种子呼吸强度过高会引起许多问题。

1. 旺盛的种子呼吸消耗了大量贮藏干物质

据计算，每放出 1 g 二氧化碳必须消耗 0.68 g 葡萄糖。贮藏物质的损耗会影响种子的重量和种子活力。

2. 种子呼吸作用释放出大量的热量和水分

例如，每克葡萄糖氧化可产生 0.5 g 水分，种子有氧呼吸释放的能量的 44%，微生物分解种子时释放能量的80%转变成热能。种子堆是热的不良导体，这些水分和热量不能散发出去。使种子堆湿度增大，种温增高，湿度与热量重新被种子吸收后，使得种子的呼吸强度提高。如此恶性循环最后造成种子发热霉变，完全丧失生活力。

3. 缺氧呼吸会产生有毒物质，积累后会毒害种胚，降低或使种子丧失生活力

4. 种子呼吸释放的水汽和热量，使仓虫和微生物活动加强，加剧对种子的取食和危害

由于仓虫、微生物生命活动的结果放出大量的热能和水汽，又间接地促进了种子呼吸强度的增高。

因此，必须尽可能地在种子贮藏期间降低种子的呼吸强度，使种子处于极微弱的生命活动状态中。在种子贮藏期间把种子的呼吸作用控制在最低限度，就能有效地保持种子生活力和活力。一切措施（包括收获、脱粒、清选、干燥、仓房、种子品质、环境条件和管理制度等）都必须围绕降低种子呼吸强度和减缓劣变进程来进行。

你知道吗？

你知道种子呼吸与种子贮藏有什么关系吗？

二、种子后熟作用

（一）种子后熟作用概念

1. 种子后熟概念

种子成熟应该包括两方面的意义，即种子形态上的成熟和生理上的成熟，只具备其中一个条件时，都不能称为种子真正的成熟。种子形态成熟后被收获，并与母株脱离，但种子内部的生理生化过程仍然继续进行，直到生理成熟。这段时期的变化实质上是成熟过程的延续，又是在收获后进行的，所以称为后熟。实际上是在种子内发生的准备发芽的变化。种子通过后熟作用，完成其生理成熟阶段，才可认为是真正成熟的种子。种子在后熟期间所发生的变化，主要是在质的方面，而在量的方面只减少而不会增加。从形态成熟到生理成熟变化的过程，称为种子后熟作用。完成后熟作用所需的时间，称为后熟期。

2. 休眠和后熟的关系

这里的休眠指生理休眠（即种子是活的，给以适宜条件也不发芽），休眠是广义的名词，后熟是休眠的一种状态，或是引起休眠的一种原因。

种子未通过后熟作用，不宜作为播种材料，否则发芽率低，出苗不整齐，影响成苗率。小麦子粒未通过后熟，磨成面粉，影响烘烤品质；大麦子粒未通过后熟，制成的麦芽不整齐，不适于酿造啤酒。

3. 种子后熟期的长短

不同作物种子后熟期长短有差异，是由作物品种的遗传特性和环境条件影响而形成的。一般来说，麦类后熟期较长，粳稻、玉米、高粱后熟期较短；油菜、籼稻基本无后熟期或很短，在田间可完成后熟，在母株上就可以发芽，称为“穗发芽”。杂交稻种子也易发生穗发芽的现象。

4. 促进种子后熟的意义

未完成后熟的种子，发芽率低，出苗不整齐，影响成苗率。而且影响子粒的加工和食用品质。提早收获的种子，更是会延长后熟过程。促进种子后熟的顺利完成，对提高种子的质量具

有重要意义。在农业实践上为争取生长季节，往往将前作稍稍提早收获，使后作可以提前播种。针对这一情况，可采用留株后熟的方法，在作物收割后让种子暂时留在母株上，等在母株上完成后熟作用后再进行脱粒，可大大提高种子品质。如果种子已充分成熟，则收获时当即脱粒与留在母株上进行后熟对种子品质无甚影响(表 2-1-3)。

表 2-1-3 不同后熟方法和种子品质的关系(亚麻) %

处理	乳熟期		黄熟初期		黄熟期		完熟期	
	绝对重量	油	绝对重量	油	绝对重量	油	绝对重量	油
对照	1.06	7.3	1.82	2.22	2.86	3.7	4.43	4.03
在果实中进行后熟	1.02	11.8	1.46	2.34	3.28	3.63	4.28	3.90
在茎秆中进行后熟	1.42	22.8	2.40	2.74	3.74	3.68	4.28	3.97

根据化学分析，证实禾谷类作物在蜡熟期进行收获后，茎秆中的营养物质仍能够继续输送到子粒中去而使千粒重有所增加，其增加数量约相当于子粒本身重量的 10%。在有些连作稻地区，当早稻成熟期间，为了合理安排劳动力，适当提早晚季稻移植期，往往将早稻稍提前收割，收割时不立即脱粒而把稻把倒挂在支架上让其通过后熟期，等到晚季稻移植完毕，再进行脱粒、暴晒、贮藏。这种留株后熟的方法，不仅是调剂劳动力的有效措施，同时对提高早稻种子的播种品质和保证晚稻插秧不误农时也有显著效果。

检查种子是否已经完成其后熟作用，通常应用最简便的方法就是进行标准的发芽试验，即按检验规程中所确定的操作技术和条件测定种子的发芽势和发芽率，而发芽势可作为反映种子后熟作用所达到的程度的最好指标，将测定结果与同品种已经通过后熟作用的种子作对比，如果二者数值很近似，则表明该种子基本上已完成后熟，可以立即供生产上使用。否则必须再贮藏一段时期，等待后熟期完全通过，或采取适当措施(如加温通风)以促进种子的新陈代谢作用，加速其通过。后一情况在生长季节比较短促的地区是值得注意的。

你知道吗?

种子在生产时，为什么有时将玉米的穗上茎秆割去后，还在扒皮晾晒呢?

(二)种子后熟期间生理生化变化

种子的后熟作用是贮藏物质由量变到质变为主的生理活动过程。在后熟期间，种子内部的贮藏物质的总量变化很微小，只减少而不增加。其主要变化是各类物质组成的比例和分子结构的繁简及存在状态等。变化方面和成熟期基本一致，即物质的合成作用占优势。一方面，随着后熟作用逐渐完成，可溶性化合物不断减少，而淀粉、蛋白质和脂肪不断积累，酸度降低；另一方面，种子内酶的活性(其中包括淀粉酶、脂肪酶和脱氢酶)由强变弱。当种子通过了后熟期，其生理状态即进入一个新阶段，而与后熟期的生理状态显然有很大的差异。主要表现在以下几个方面。

①种子内部的低分子和可同化的物质的相对含量下降，而高分子的贮藏物质积累达最高限度，如单糖脱水缩合成为复杂的糖类(淀粉是其中最主要的一种)，可溶性的含氮物质结合成为蛋白质。

②种子水分含量下降，自由水大大减少，成为促进物质合成作用的有利条件。

③由于脂肪酸及氨基酸等有机酸转化为高分子的中性物质，细胞内部的总酸度降低。

④种胚细胞的呼吸强度降低。

⑤酶的主要作用在适宜条件下开始逆转，使水解作用趋向活跃。

⑥发芽力由弱转强，即发芽势和发芽率开始提高，可适于生产上做播种材料。

(三)影响后熟作用因素

种子后熟作用在贮藏期间进行的快慢和环境条件有很大关系，主要的影响因素有温度、湿度、通气等。

1. 温度

通常较高的温度(不超过 45℃)，有利于细胞内生理生化变化的进行，促进种子的后熟。反之，种子长期贮藏在低温条件下，使生理生化进行得非常缓慢，甚至处于停滞状态，这样就会阻碍种子的后熟作用，使发芽率不能提高(表 2-1-4)。例如，小麦在收获后，适当加温(在40～45℃)促使其干燥，同时保持通风条件，则可使细胞内部酶的作用加强，因而很快使种子完成其后熟过程，但林木种子的后熟有时需要较低的温度。

表 2-1-4　小麦种子后熟其间贮藏条件与发芽率(%)变化的关系

贮藏条件	测定发芽日期(月/日)	样品号码				
		1	2	3	4	5
冷藏	11/21	38	85	14	23	26
冷藏	1/9	35	89	32	30	31
室温	1/9	99	99	93	93	87

2. 湿度

湿度对种子的后熟也有较大的影响。空气相对湿度低有利于种子水分向外扩散，促进后熟过程的进行。空气相对湿度大，不利于种子水分的向外扩散，延缓种子的后熟作用。

3. 通气

通气良好，氧气供给充足，有利于种子的后熟作用完成。二氧化碳对后熟过程有阻碍作用。含水量为 15%的小麦种子于 20℃分别在空气、氧气、氮气及二氧化碳中贮藏，以二氧化碳中贮藏的种子通过后熟最迟。

(四)后熟与种子贮藏关系

1. 后熟引起种子贮藏期间的“出汗”现象

新入库的农作物种子由于后熟作用尚在进行中，细胞内部的代谢作用仍然比较旺盛，其结果使种子水分逐渐增多，一部分蒸发成为水汽，充满种子堆的间隙，一旦达到过饱和状态，水汽就凝结成微小水滴，附在种子颗粒表面，这就形成种子的“出汗”现象。当种子收获后，未经充分干燥就进仓，同时通风条件较差，这种现象就更容易发生。

从生理生化的角度进行分析，新种子在贮藏过程中释放出较多的水分是由于下列原因造成的。

①种子刚收获后，尚未完成后熟过程，细胞内部(特别是胚部的细胞)的呼吸作用仍保持相当旺盛，由于呼吸而放出的水分在通风不良的情况下越积越多。

②种子在后熟过程中，继续进行着物质的转化作用，即由可溶性低分子物质合成为高分子

的胶体物质同时放出一定量的水分，例如，由两分子葡萄糖变为较复杂的麦芽糖时，得到一分子的麦芽糖，同时放出一分子的水。

$$\underset{\text{葡萄糖}}{2C_6H_{12}O_6} \longrightarrow \underset{\text{麦芽糖}}{C_{12}H_{22}O_{11}} + H_2O$$

又如，两分子氨基酸缩合成为一分子的二肽时，也同时放出一分子的水。

$$R-\underset{\underset{\displaystyle NH_2}{|}}{C}HCOOH + R-\underset{\underset{\displaystyle NH_2}{|}}{C}HCOOH \longrightarrow \underbrace{R-\underset{\underset{\displaystyle NH_2}{|}}{C}HCO-NH-\underset{\underset{\displaystyle R}{|}}{C}HCOOH}_{\text{二肽}} + H_2O$$

此外，种子中胶体物质束缚水的能力随后熟的通过而减弱，使一部分原来的胶状结合水转变为自由水。

2. 后熟造成仓内不稳定

种子在贮藏期间如果发生“出汗”现象，显然表明种子尚处于后熟过程中，进行着旺盛的生理生化变化，引起种子堆内湿度增大，以致出现游离的液态水吸附在种子表面。这时候可导致种子堆内水分的再分配现象，更进一步加强局部种子的呼吸作用，如果没有及时发现，就会引起种子回潮发热，同时也为微生物造成有利的发育条件，严重时种子就可能霉变结块甚至腐烂。因此，贮藏刚收获的种子，在含水量较高而且未完成后熟的情况下，必须采取有效措施如摊晾、暴晒、通风等以控制种子细胞内部的生理生化变化，防止积聚过多的水分而发生上述各种不正常现象。

这里应该特别指出：种子的“出汗”现象和种子的“结露”现象是很相似的，但它们导致的原因截然不同。“出汗”是由于种子细胞内部生理生化活动的结果释放出大量的水分所造成，产生矛盾的主要方面是内因；而“结露”是由于种子堆周围大气中温、湿度与种子本身的温度及水分存在一定差距所造成，产生矛盾的主要方面是外因(即大气中温、湿度的变化)。

在生产实践中，为防止后熟期不良现象的发生，必须适时收获，避免提早收获使后熟期延长；充分干燥，促进后熟的完成；入库后勤管理，入库后1个月内勤检查，适时通风，降温散湿。

3. 后熟期种子抗逆力强

种子在后熟期间对恶劣环境的抵抗力较强，此时进行高温干燥处理或化学药剂熏蒸杀虫，对生活力的损害较轻。如小麦种子的热进仓，利用未通过后熟种子抗性强的特点，采用高温暴晒种子后进仓，起到杀死仓虫的目的。

你知道吗？

影响种子的后熟作用的因素有哪些吗？

复习思考题

1. 名词解释

种子呼吸作用　有氧呼吸　无氧呼吸　呼吸强度　呼吸系数　种子后熟作用　休眠

2. 作物种子呼吸作用种类？
3. 种子呼吸作用测定方法？
4. 影响种子呼吸作用强度因素有哪些？

5. 呼吸与种子贮藏的关系有哪些?
6. 种子后熟期间有哪些生理生化变化?
7. 影响种子后熟作用因素有哪些?
8. 如何区分种子的“出汗”和种子的“结露”?

实验实训 种子呼吸强度的测定

一、实验目的

学会用小篮子法测定植物的呼吸速率,为今后的生产实践和研究打下良好的基础。

二、实验原理

植物在广口瓶中进行呼吸作用,放出的 CO_2 被瓶内过量的 $Ba(OH)_2$ 溶液吸收,生成不溶性的 $BaCO_3$ 剩余的 $Ba(OH)_2$ 用草酸溶液滴定。呼吸作用放出的 CO_2 越多,则剩余的 $Ba(OH)_2$ 越少,消耗草酸溶液的量也越少。因此,从空白和样品消耗草酸溶液的差,即可求得植物材料呼吸放出的 CO_2 量。

三、仪器、试剂与材料

1. 仪器

500 mL 广口瓶(带 3 孔胶塞)3 套、钠石灰管 1 支、酸式滴定管(25 mL)1 支、滴定架 1 个、药物天平 1 架、纱布 1 块、线、量筒(50 mL)2 支、移液管、透明胶带、温度计 1 支。

2. 试剂

1/22 mol/L 草酸溶液、0.1 mol/L $Ba(OH)_2$ 溶液、酚酞指示剂。

3. 植物材料

发芽的种子。

四、实验内容

1. 呼吸装置的制备

取 500 mL 广口瓶(带 3 孔胶塞)一个,一孔插入钠石灰管,使进入瓶内的空气不含 CO_2,另一孔插入温度计,第三孔用胶带临时封闭,供滴定时用。瓶塞下面装上用纱布包好的植物材料(即小篮子),特别注意小篮子挂在瓶中不能接触溶液。

2. 空白滴定

用移液管准确加入 20 mL $Ba(OH)_2$ 溶液到广口瓶中,封口,轻轻摇动,待瓶中的 CO_2 被全部吸收后,从瓶口加入 3 滴酚酞指示剂,此时溶液变成粉红色,然后从瓶口用草酸滴定至无色。记录草酸的用量 V_1。

3. 样品滴定

用移液管准确加入 20 mL $Ba(OH)_2$ 溶液到广口瓶中封好。称取 10 g 植物材料,用纱布包好，使袋内保持疏松，用线将口扎好。快速挂在瓶塞下，立即盖紧，并开始记时。经常轻摇广口瓶。30 min 后，打开瓶盖取出材料，从瓶口加入 3 滴酚酞指示剂，此时溶液变成粉红色，然后从瓶口用草酸滴定至无色。记录草酸的用量 V_2。

五、实验结果计算和分析

用下列公式计算呼吸速率：

$$100\text{ g 鲜重 }CO_2\text{ 的呼吸速率}=\frac{V_2-V_1}{\text{材料重(g)}\times 60\text{(min)}}$$

六、实训作业

撰写实验报告。

工作任务二　种子仓库与种子入库

知识目标

➢理解建仓的标准及种子入库的条件。

➢建仓前情况调查及建仓的原则。

➢掌握仓库的类型及所需设备。

➢掌握种子入库标准。

➢掌握种子贮藏期间的管理方法。

技能目标

➢能正确进行种子库的改造。

➢会进行种子库的保养。

➢能正确进行种子的分级。

知识资讯导读

种子公司在种子销售季节往往会遇到这样的问题：种子往往不可能全部售完。那么，作物品种中哪些种子可以先出售，哪些可以放到次年出售，或下一季出售呢？这就涉及种子的安全贮藏问题，安全贮藏就要把种子贮藏在标准化的种子库中，并进行种子库的保养与管护。

农作物种子的安全贮藏对保护和延长种子的寿命至关重要，在贮藏过程中，要做到定期检查，做到“三温两湿”，使种子处于良好状态。合理地通风或密闭仓库，保持较低的温湿状态，使种子处于低温、干燥环境下可延长种子寿命，以低温干燥为基本条件，来保持种子的良好发芽率。

查一查：

种子入库有什么条件？对种子库有什么要求？

一、建仓标准及仓库保养

(一)建仓情况的调查

建造种子仓库之前，必须做好调查研究工作，为合理地设计和施工提供科学依据。调查研究的主要内容有如下几点。

1. 地形地貌情况

要了解建仓地区的地形地貌情况，对仓库周围100 m以内的地带进行测绘，并给出等高线的地形图。

2. 水文地质情况

要深入了解地质情况，如土壤的耐压力(有条件的情况下应对原状土样进行物理—力学性质的试验)；建仓地点的原始情况(如塌方、土坑、陷落和断层)等，并了解地上水源和地下水的高低及变化规律。

3. 气候情况

应调查该地区常年气温变化、土壤冻结的深度、相对湿度的变化、降水量的大小与平均风力、常年的风向及变化规律、当地的日照等，这些情况对于仓库的设计与管理都有密切关系。例如，气温和降水量的变化，会影响到仓库结构处理时是否需要设置隔热层；风力大小影响到仓库结构是否需要特殊处理，风向则影响到仓库朝向方位的布置，特别是洞仓，洞口应顺以最佳通风季节的风向等。

4. 水、电、建筑材料情况

调查建仓地点的供水、排水情况；供电电源的位置与距离，允许供电量和供电时间，以及其他热源供给情况；当地的建筑材料，成本需用等。

5. 其他方面

贮藏的主要品种及贮藏大体时间、服务的范围、种子的来源、经济来源，施工队伍等情况。同时，还要考虑到本单位的长远规划。

(二)仓地选择的原则

种子仓库的建立，应在经济调查的基础上确定，只有经过经济调查才能证实该地区是否适于建造种子仓库，然后计划所建仓库的类型和大小。建仓之前不但要考虑到当前生产的特点，同时还要考虑到该地区的生产发展情况，今后远景规划，使仓库布局更为合理。

建立仓库的地方，应符合以下要求。

1. 地形和地势

仓基必须选择坐北朝南，地势高燥的地段，以防仓库地面渗水，特别是地下水位较高，而且雨水较多的地区，必须要根据当地水文资料及群众经验，选择高于洪水水位的地点或加高仓库基础后进行建仓。

2. 地质条件

建仓地段的土质必须坚实稳固，有可能塌陷的地段，不宜建造仓库。一般种子库要求土地坚实度能承受10 t/m^2 以上的压力，如果不能达到这个要求，则应加大仓库四周的基础和砖墩的基础，否则会发生房基下沉或地面断裂而造成不必要的损失。

3. 交通便利

建仓地点尽可能靠近铁路、公路或水路运输线，便于种子运输。

4. 应在服务地区中心建仓

以减少中间的运输距离及调种的费用。

5. 应具备足够的场地

仓库附近应建筑晒场、器材保管室、化验室等建筑物，以适应种子保管业务上的需要。建仓时以不占用耕地或尽可能少的动用耕地为原则。

(三)建仓标准

1. 具备防潮性能

一般来说，种子具有很强的吸湿性，要求仓房应具有防潮性能。通常最易引起贮种受潮的部位是地坪返潮、仓墙和墙根透潮、屋里渗漏。为此，仓库地坪和仓墙(至少在存种线以下的仓墙)要用隔潮性能好的建筑材料建造(表 2-2-1)，作隔潮性材料，种子仓库一般使用沥青，沥青的渗透系数是水泥的 1/12，防潮效果好，成本低，坚固耐用。仓房要建在高燥处，四周排水通畅，仓内地坪应高于仓外 30～40 cm 以上；屋檐要有适当宽度，仓外沿墙脚砌泄水坡，并经常保持外墙及墙基干燥，防止雨水积聚渗入墙内。

表 2-2-1 建筑材料的隔热、隔湿性能

材料名称	容重/(kg/m^2)	导热系数/[kJ/(h·m·℃)]	比热/[kJ/(kg·℃)]	蒸气渗透系数/[g/(h·m·mmHg)]
石棉水泥隔热板	300	0.33	0.84	0.052
沥青混凝土	2 100	3.76	1.67	0.001
碎石或卵石混凝土	2 200	4.60	0.84	0.006
草泥	1 000	1.25	1.05	0.025
土坯墙	1 600	2.51	1.05	0.023
黏土—稻草浆	1 000	1.25	1.05	0.025
用干沙填充	1 600	2.09	0.84	0.022
沙岩与石英岩	2 400	7.32	0.92	0.005
形状不整齐石砌体	2 420	9.24	0.92	0.006
重沙浆黏土砖砌体	1 800	2.93	0.014	—
轻沙浆黏土砖砌体	1 700	2.92	0.88	0.016
油毛毡、油毡纸	600	0.63	1.46	0.000 18
水泥沙浆	1 800	3.34	0.84	0.012
石灰沙浆	1 600	2.93	0.84	0.016
石灰沙浆内表面粉刷	1 600	2.51	0.84	0.018
稻壳	250	0.75	1.84	0.060
稻草	320	0.33	1.63	0.060
砻糠	155	0.29	1.84	—
空心砖	1 500	2.30	0.92	6.90
自然干燥土壤	1 800	4.18	0.84	—
沥青	1 800	2.72	1.67	0.001

注：1 mmHg=133.3 Pa。

2. 具备隔热性能

外界温度能影响仓温和种温，在高温的季节和地区，仓库的建造需要具有良好的隔热性能，以减少外温的影响，使种子较长期地保持在低温状态。一般来说，大气热量传入仓内的主要途径，一方面是屋顶受热后，大量的热量通过屋面材料向仓内传递；另一方面是从门窗传入。一般 365 mm 厚的砖墙，防热性能较好。据测定，房式仓墙传入热量为 41.13 kJ/(h·m^2)，而屋面传入的热量为 667.55 kJ/(h·m^2)，可见房式仓屋面传热要比砖墙传热大得多。但当太阳照射墙面后，仓墙外表面温度上升，热气沿着墙面上升，容易从门窗进入仓内，使温度升高。为此，对屋顶的隔热，可设顶棚，建隔热层；对仓墙的隔热，可在墙表面粉刷白色或浅色。

3. 具备密闭与通风的性能

密闭的目的是隔绝潮湿或消除高温等不良气候条件对种子的影响，并使药剂熏蒸杀虫达到预期的效果；通风的目的是散去仓内的水汽和热量，以防种子长期处在高温、高湿条件下影响其生活力。

目前，很多地方机械通风设备尚未普及，有的地方还采用自然通风。自然通风是根据空气对流原理来进行的。因此，仓库的门、窗以对称设置为宜；窗户以翻窗形式为最好，并且关闭时能做到密闭可靠。窗户位置高低应适当，过高则屋檐阻碍空气对流，不利于通风；过低则影响仓库利用率。

4. 具备防虫、防杂、防鼠、防雀的性能

仓内房顶应设天花板，内壁四周需平整，并用石灰刷白以便于查清虫迹。仓内不留空隙，即可杜绝害虫栖息场所，又便于处理种子，防止混杂。库门需装防鼠间，窗户应装铁丝网，以防鼠、雀乘虚而入。

5. 仓库附近应设晒场、保管室和检验室等建筑物

晒场用以处理进仓前的种子，其面积大小视仓库而定，一般以相当于仓库面积 2～3 倍为宜。保管室是贮放仓库器材工具的专用房，其大小可根据仓库实际需用和器材多少而定。检验室需设在安静而光线光足的地区。

想一想：

你如何建成一个种子库？

(四)仓库的保养

种子入库前必须对仓库进行全面检查与维修，以确保种子在贮藏期间的安全。

检查仓房首先应从大处着眼，仔细观察仓房是否下陷、倾斜等迹象，如有倒塌的可能，就不能存放种子。其次应从外到里逐步地进行检查，如房顶是否渗漏。仓内地坪应保持平整光滑，如发现地坪有渗水、裂缝、麻点时，必须补修，修补完后，刷一层沥青，使地坪保持原有的平整光滑。同样，内墙壁也应保持光滑洁白，如有缝隙应予嵌补抹平，并用石灰水刷白。仓内不能留小洞，防止老鼠潜入。对于新建仓库应作短期试存，观察其可靠性，试存结束后，即按建仓标准检修，确定其安全可靠后，种子方能长期贮存。

想一想：

如何进行大豆种子的建库？

二、仓库的类型与设备

(一)种子仓库的类型

种子仓库的类型较多,目前主要以房式仓为主,另外还有拱形仓、土圆仓、地下仓、恒温、恒湿库(有的为低温库)和机械化圆筒仓等。它们的主要形式和构造如下。

1. 房式仓

房式仓是我国目前已建仓库中数量最多、容量最大的一种仓库类型。外形如一般住房(图2-2-1),大多为平房。有散装和包装之分,在形式上没有很大区别,只是散装仓的仓壁具有抵抗种子侧压力的能力。房式仓的建筑形式及结构比较简单,造价相对较低,根据我国的实际情况,有一定的使用价值和优点,是我国目前主要的种子仓型。但该仓型机械化程度较低,不能很好地利用种子的自流性,流通费用较高,故不适宜作周转仓使用。

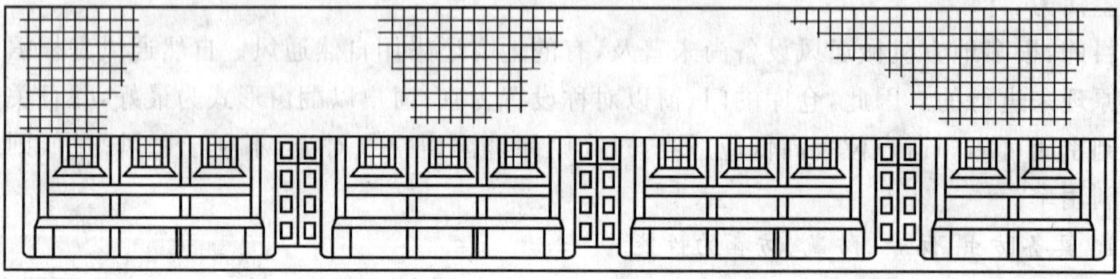

图 2-2-1　房式仓

房式仓平面形状一般呈矩形,这样可最有效地利用仓库的面积,便于种子的直线运行,适应固定式机械的安装和作业,同时也便于移动式种子机械的移动。房式仓的跨度一般为10～20 m,长度可根据需要和实际情况确定。檐口高度根据装种方式、设备情况以及仓壁的强度条件而确定。包装仓的仓壁只作围护之用,其檐口高度相对较高,一般在6 m左右。而散装仓壁要受到种子的侧压力,且其侧压力同堆高的平方成正比,故其檐高一般在4～5 m。

房式仓主要由地坪、墙壁、基础、屋架、屋面及门窗等主要构件组成,各个构件的构造性能,直接影响整个仓房的贮藏性能,因而对一些主要构件有着特殊的要求。

(1)地坪　房式仓地坪性能好坏,对种子贮藏有着极其重要的意义,作为贮种的地坪应满足下列要求:

①能防止潮气、雨水及湿气的渗透。

②能防止鼠类的侵入。

③平整光洁,不会隐藏害虫,并便于熏蒸。

④能承受仓库机械的运转与碾压。

因此,地坪的材料,必须有足够的坚固性,良好的防湿性,并且还要求造价便宜,修理方便。目前,多采用沥青地坪,这种地坪既能较好地防止地下水的渗入,又适合于机械的移动。但必须指出,作为种子仓的地坪沥青只能使用石油沥青,而不能用煤的沥青,因其含有毒物质。但也有的采用混凝土或青砖地坪,虽然这种地坪的强度和刚度较好,但不能有效防止地下潮气的渗入,故在堆置种包时必须用垫仓板将其与地面隔离。用木板作地坪成本较高,并且易造成种子混杂和隐藏害虫。

目前,一些常规地坪的做法见表2-2-2。

表 2-2-2 常规地坪的做法与要求

名称	常用材料	要求
面层	水泥沙浆、沥青沙浆、混凝土砖、砖浸沥青等	①材料和构造要有足够的强度，以免承重时产生裂缝，破坏防潮功能。②表面要求光洁，便于清扫。③地基必须夯实，以免长期承受种子压力而产生深陷。
间层	沙、沥青沙浆	
平层	水泥沙浆、混合沙浆、防水沙浆	
防潮层	沥青沙浆、油毡	
垫层	非钢性垫层——沙碎砖 半非钢性垫层——各种白灰、三合土 钢性垫层——混凝土	

(2)仓壁　仓壁是种仓的重要组成部分，应满足以下要求。

①应坚固、价格便宜、防火和防雨性能好。

②隔热性、吸湿性良好，表面平滑无孔。

砖石墙比较符合经久耐用、防雨、防火等方面的要求。砖制和天然石料的仓墙必须要用灰浆涂抹在仓壁的内壁面和外壁面，尤其是内壁面。借以改善仓壁的表面平滑度和消除害虫的潜藏。为加强仓壁的抗渗、防潮性能，可在内仓壁上刷石油沥青(10%～30%三号石油沥青和70%～90%五号石油沥青)。也可以采用其他办法刷沥青墙。例如，先在平整清洁的墙上刷一层底子泊(沥青与柴油或汽油的混合物)，干燥后，再刷 1～2 mm 的沥青。这样能使沥青与墙胶结良好。为了避免种子与沥青接触，改善墙面的吸湿性，减少出汗现象，可在沥青墙面上再刷一层 1～2 cm 厚的 1∶2.5 的石灰沙浆。仓壁用作抵抗种子的墙，因此，仓壁的厚薄，应该视仓壁的性质计算其所承受的压力。

(3)墙基　墙基一般用混凝土、砖、石料做成。砖、石的价格便宜，应尽可能采用。墙基均深埋在地下，墙基的深度和宽度应根据土壤的耐压力计算决定，墙基顶部即应有防湿层，以切断地下水浸入墙身和进入仓内。

(4)屋面　屋面承重结构的形式及种类较多，20 世纪五六十年代主要采用木制屋架，尽管木屋架的构造简单，施工制作简单，但需消耗大量木材，且其耐久性、防腐、防蛀性能差，近年来很少采用。目前主要采用的是钢筋混凝土组合屋架(图 2-2-2)，这种屋架节约木材，便于预制，施工简便，结构强度、刚性及稳定性好，并且跨度较大，可不设置中柱，便于移动式机械作业。

图 2-2-2 钢筋混凝土屋架仓

(5)屋顶　我国广泛采用的是中瓦和平瓦做成的屋面。平瓦的屋面是在人字木架上布置椽条，椽条的中心距为 75 cm，在椽条上铺有厚为 1.5 cm 的毛板，然后在毛板上紧贴二号油毛毡一层，在油毛毡上布置 2.5 cm×2.5 cm 的挂瓦条(即隔椽)，在挂瓦条上铺置平瓦。中瓦的屋面也如上类似的布置，不过中瓦屋面比平瓦要重。因此，目前在可能的范围内均采用平瓦。瓦屋面具有较好的隔热性，价格便宜，所以，在目前的房式仓中得到广泛的应用。但其结构比较复杂，施工较繁琐，并且重量大，必须有较强的屋架结构。

2. 拱形仓

拱形仓是因仓顶成拱形而定名，整个仓库用青砖砌成。拱形仓与房式仓的主要区别是屋顶构造不同，其余部分与房式仓无多大区别。拱形仓又分单向拱顶仓和双曲拱顶仓两种。单项拱顶仓(图 2-2-3)的跨度，一般为 4～8 m，拱高为跨度的 1/5～1/3。双曲拱顶仓(图 2-2-4)就是在拱的纵向截面(拱的全长)由原来的长条形改变成并列相连的曲线形。其跨度一般为 12～18 m，拱波为 1.7～3 m。拱跨的矢高为拱跨的 1/2～1/7，拱波的矢高为拱波的 1/5～1/3。支承拱顶墙身顶部一般设有钢筋混凝土圈梁和钢拉杆以承担拱的水平压力。

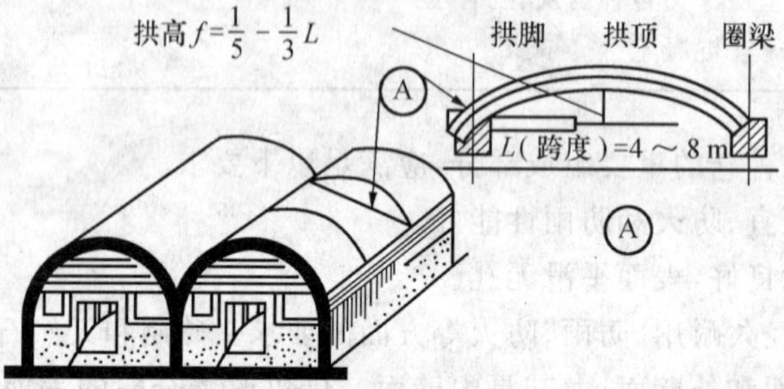

图 2-2-3　单向拱顶仓

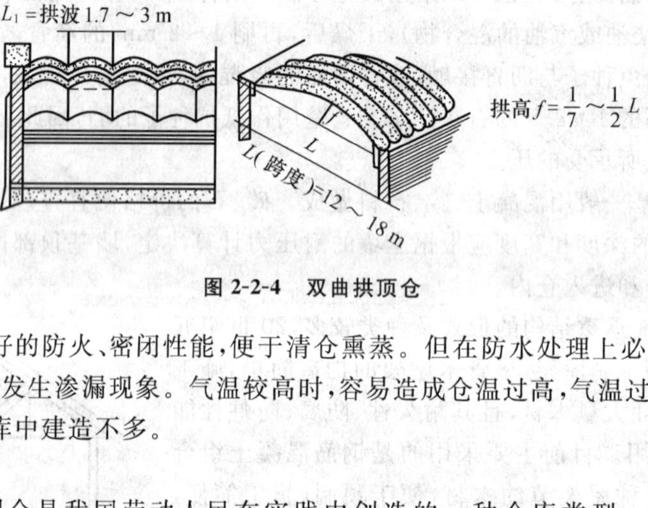

图 2-2-4　双曲拱顶仓

拱形仓具有良好的防火、密闭性能，便于清仓熏蒸。但在防水处理上必须做好，否则容易在拱脚、拱波曲线处发生渗漏现象。气温较高时，容易造成仓温过高，气温过低时，易发生冻裂现象。因而种子仓库中建造不多。

3. 土圆仓

(1)特点　土圆仓是我国劳动人民在实践中创造的一种仓库类型。它的特点有如下几点。

①结构简单，坚固耐用，建造技术容易掌握。

②因地制宜，就地取材，是以黏土、稻草、麦秆或竹等为主要材料叠筑起来的，仅门窗及支架、屋顶需要少量木材，其他材料，如钢材、水泥和砖瓦都不用，故建造低廉，施工方便。

③密闭条件好，能防潮、防热、防火、防雀和防鼠；由于它的物理性能强，故具有防台风、防地震和防核武器的良好性能。土圆仓的外形，如图 2-2-5 所示。

(2)建造　土圆仓一般高 3～4 m，容量视直径(以内径为标准)大小而定。目前农村建造的类型，可分为：小型，直径为 3～4 m，可存放种子 1.5 万 kg 左右；中型，直径为 5～6 m，可存放种子 5 万 kg 左右；大型，直径为 8～9 m，可存放种子 10 万 kg 左右。

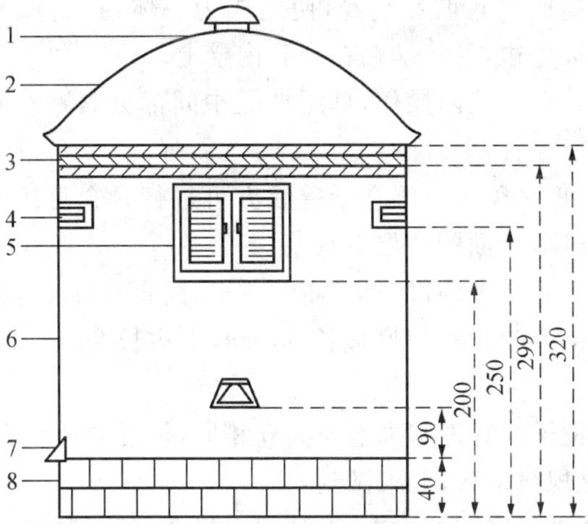

图 2-2-5 土圆仓下面(单位:cm)

1—通风孔;2—仓顶;3—三层檐;4—通风面;

5—进口;6—仓壁;7—出口;8—仓库基

土圆仓由仓基、仓身、仓檐和仓顶四个部分构成。

①仓基。仓基的坚固性直接影响到土圆仓的牢固性和种子的安全性。因此,仓基建造应予以充分重视。仓基包括地基、墙基、墙脚和地坪四个部分。地基应选择在地势高燥、土质坚实、排水畅通和通风良好的场所。墙基指地平线以下部分。墙脚也叫墙根,指地平线以上部分。地坪,为了预防仓基内的水分向上渗透,必须高出墙脚防潮层,一般应铺垫沥青或油毛毡防潮。

②仓身。土圆仓墙身用材可以因地制宜,就地取材,酌情选用。根据各地经验,仓身用材有草泥、黄泥、石块或砖等。仓身要求做到一圆、二宜、三实。

具体操作:一是先把黏土晒干,用水泡 1 h 左右,搅拌均匀呈粥状。然后喷水把稻草润湿,将一把稻草均分为二,根梢颠倒后再并成一把,使两端稻草根间的距离大约等于整个草把总长的 1/2。再放入稀泥中,均匀抹上稀泥,取出后将泥捋出,根据不同需要编成草泥辫或直接使用。

二是首先在距仓底外边 1.5～2 cm 处,用草泥辫围上一圈,宽度 14 cm 左右,其目的是为了增加仓身与仓底的接触面积和加固仓身。等待草泥辫干到 5～6 成时,在它的外部边缘,内缩 2 cm 处起仓身,宽度 10 cm 左右。在起仓身的整个过程中,用草泥把即可。

③仓檐。当仓身建到需要的高度(2.8 m 左右),并干到 7～8 成时,开始挑檐。将草泥把像拧绳子一样拧紧并对折放在仓腔上,对折的部分伸出仓壁 9 cm 左右,将草泥把的梢部压平,贴在内壁上。再用第二个草泥把,将其对折部分压在第一个草泥把的对折部分上边,使两个草泥把的其他部分(除对折部分相压外)紧紧平靠。这样依次操作,做成挑檐的第一层。第二层比第一层再外伸 7 cm 左右,操作方向应与第一层相反,第三层比第二层再外伸 9 cm 左右,共挑檐 3 层。挑檐的目的是为了防止雨水冲刷仓壁。

④仓顶。仓顶是土圆仓的关键部位。待挑檐干到 8～9 成时,便可建造仓顶。仓顶呈倒放的“锅底”形,下厚上薄。顶部的垂直高度一般是仓身直径的 45%。仓顶分以下 3 步建造:

第一步起坡:距檐外部边缘内缩 10 cm 的地方,用草泥把堆起一层内高外低的斜坡。草泥把的梢部平贴在檐上。操作者要不断用手修整起坡的形状,使其成为内高外低的斜坡形。

第二步勾坡：为了加高挑檐起坡和仓身，使之成为一体，在斜坡上面，再斜起上一层草泥把，草泥把的一端贴在斜坡外边，另一端贴在仓腔内壁上。

第三步封顶：操作者站在仓腔内操作，草泥把的中间部分紧贴在斜坡上，其梢部平贴在斜坡的外边。

⑤表面处理。表面处理必须等土圆仓干透后方可进行。仓身用渣灰泥抹 1～1.5 cm 厚。仓顶用麻灰抹 1.5～2 cm 厚，上面刷一层青灰浆。

⑥其他。建造仓身时，要留进种口一个，高 80 cm，宽 60 cm，留高、低出种口各一个，上边出种口长 20 cm，宽 25 cm，下边出种口底边长 35 cm，上边长 26 cm，高 20 cm，留通风窗 3 个，每个高 25 cm，宽 35 cm。

(3)管理　土圆仓内种子的管理基本上与大仓相同，但要求比大仓更仔细。根据种子易受外界气候条件影响的变化规律来看，要求做到：

①入仓前应对土圆仓进行周密的检查，做到门窗俱全，顶不漏水，地不返潮等，尽可能地减少外界温、湿度对仓内的影响，切勿草率从事。

②种子入仓后必须勤管理、勤检查。不仅要定期检查，遇到风雨前后还要进行突击性检查。发现异常情况，要及时采取措施，不能粗枝大叶，以免造成严重损失。

③在气温变化剧烈和阴雨较多的季节里，除加强检查外，应在种子堆表面覆盖防温防潮物，以减少种子因温、湿度变化而降低生活力。

④由于种温的升降较大仓提早 1 个月左右，有可能引起仓虫提早活动而危害种子，因此要早做好防虫工作。

4. 机械化圆筒仓

在较大的种子公司或种子库，可建成机械化圆筒仓。其全部设备包括进种装置、工作塔和筒仓体。进种装置是将种子输送进工作塔；工作塔是用来升运和清理种子用的，工作塔后面设有筒仓用以贮藏种子，并由几个到十几个筒仓构成筒仓群。工作塔是固定的或可以移动的，筒仓一般用钢筋水泥制成。一般筒仓高 15 m，半径为 3～4 m，每筒仓可贮存种子 20 万～25 万 kg。筒仓内设有通风装置和除尘装置。此种仓的特点：

①一切操作均为机械化作业，易于实现种子安全保证措施。

②高度密闭，可防除鼠害、鸟害、虫害。仓库消毒方便，贮藏种子效果好。

③仓内温湿度可以通过通风装置调节，亦可安装自动控制仪器。

④仓容大，占地面积小，比一般仓库少占地 6～8 倍。

但是这种仓库建造成本高，技术性强，目前一般在大的种子加工厂有此类型仓库。

5. 地下种子仓库

在地下建的仓称为地下仓。地下仓库在我国有悠久的历史，远在五六千年前就有地下存粮的方法，近十多年来又有新的发展。

(1)特点

①投资少。地下仓库不需要钢材、木材，在气候、土质条件好的地方，建造容易，投资少。

②温度稳定。有利于低温贮藏。地下仓的仓壁、仓底和仓顶都包在不同厚度的土石层中，土层本身是一种隔热材料，导热系数较小，据测定覆土 2.5 m 厚的仓库，常年的种温可控制在 20℃以下。在土层 10 m 以下的仓库受外温的影响很小，如仓库管理得好，可使种温常年保持在 17℃以下，东北地区还可以更低些。由于温度低而稳，种子的生理代谢比较缓慢，同时可抑

制仓虫和微生物的生长繁殖，使种子贮藏比较安全。

③密闭性好，便于熏蒸杀虫，而且不占耕地。但是地下仓库一个重要的问题是如何防潮，在地下水位较高的平原地区和低洼地区不宜采用，另外，在选点设计不当时，运输有一定的困难。

(2)类型 目前，国内建造的地下仓库类型主要有窖式仓，立式仓、立筒式或喇叭式窖仓和山洞仓等几种。

①平窖式仓。该仓多建造在崖畔或坑的周围，有的用石块和砖加固。窖壁和种堆之间用篙秆隔离，地面用砖铺或用灰沙、煤渣和胶土压实墁平。一面仓壁开门窗，窖顶开通气孔和进种口，窖长一般 5～13 m，窖内宽 3～4 m，容高 3～4 m，窖顶离地面 4～7 m。种堆高度约为窖高的 2/3，贮量 5 万～30 万 kg。也有的窖式仓直接挖在晒场的一角或室内地窖底铺干草，干草下垫草灰，四周用草绳或谷草编束围。种堆上面盖草，上面再覆土或用木条搭棚。这种仓型在西北黄土高原较多。

②立筒式或喇叭式窖仓。立筒式或喇叭式窖仓是近十几年来创建的仓型，特别是球壳顶喇叭式窖仓(即地下土圆仓)，已被国家列为定型仓库(图 2-2-6)。

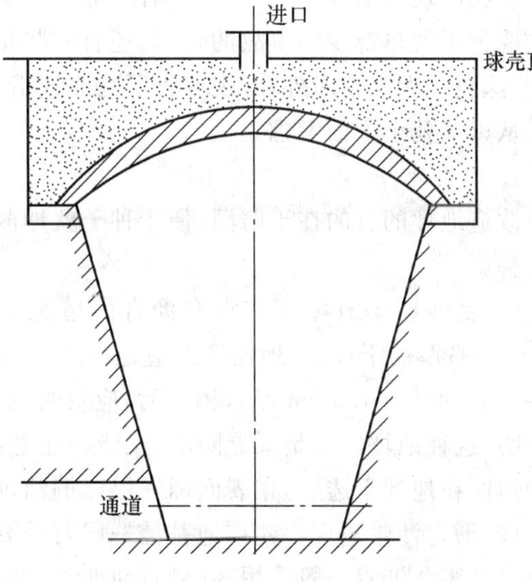

图 2-2-6 地下土圆仓示意图

该仓仓顶为圆球壳顶，流水坡度为 1/10，土质差时适当加大坡度。球壳模架用竹、木制成，根据仓容计算矢高和曲率半径，如满仓容量为 25 万 kg 时，则球壳直径为 10 m，曲率半径为 7 250 mm，矢高为 2 000 mm。并在壳顶加设一毡二油的防水层。壳顶用砖砌成强壳式，再用沙浆或块石，分层填土夯实。仓壁坡度采用 4∶1，故可不做衬砌结构，只用三毡三油作防潮层，内做干砖贴面的护壁，仓壁底部设出口通道，在靠近顶壳的仓壁处，设进种口，平时作通气用。

这样按 10 m 直径建成的斜底喇叭仓，其上口径为 10 m，下口径为 7.25 m，高 7.5 m，容积 330 m^3，散装种子高度 5.5 m，容量可达 5 万 kg。

③山洞仓。它一般是利用山洞改造而成，也有新开挖的。山洞仓一般将山洞打通，即两端均可进出，便于通风和运输。洞仓宽度一般为 5～8 m，长度不等，有的达 500 m 以上。仓顶为拱形。两端都是 2～3 层门，各层门之间相隔 6～8 m，门上有隔热隔潮层，密闭性能要好。由于山洞的覆盖层深，山水的压力大，仓顶和仓壁都要建成双层离壁被复式，其两层之间有一定的空隙，并用沥青进行严密的两油一毡处理，使库内不渗不漏。

6. 恒温恒湿库

恒温恒湿库是要利用人为或自动控制的制冷设备及装置保持和控制种子仓库内的温、湿度稳定，使种子长期贮藏在低温干燥的条件下，延长种子的寿命，保持种子活力的一种贮种库型。近些年来，随着科学的进步和种子事业的发展，许多发达国家除建立高标准的国家品种资源库外，一般都建有恒温恒湿库，如日本地区性的种子库因用途不同可分为品种资源库、原种贮藏库和种子中心库。品种资源库要求贮存时间在 10 年左右，贮藏的温度控制在 0～5℃，相对湿度为30%；原种贮藏库是为大田生产服务的，贮藏期一般为3年，其温度控制在15℃以下，湿度仍保持在30%；种子中心库是直接供应生产用种的，要求与一般仓库相同，不控制温、湿度。但在仓内里也设有一个小贮藏库，温度为5℃、相对湿度为65%，以存放当年剩余的种子。我国自1978年以来，在中国农业科学院和广西等地也建立了高标准的品种资源库，常年温度为-10℃，相对湿度为45%。近几年来许多省、地、市种子部门也相继建立了恒温恒湿库，一般标准是温度不超过15℃，相对湿度在65%以下，用于贮存原种、自交系、杂交种等价值较高的种子，并已收到明显的经济效益。

查一查?

现代种子库有哪些类型?

(二)种子仓库的改造

在我国现有的种子仓库中，还有一部分质量差，每年都有因地面返潮，仓壁渗水，屋顶漏雨而造成种子发热霉变的事故的仓库，还有一些是因裂缝多，影响熏蒸杀虫效果的。为保证存种安全，除新建标准仓库外，对现有种子仓库改造和维修也是一个重要问题。在仓库的改造过程中需从以下几个方面考虑。

1. 改造地坪

改造地坪的目的在于防潮，便于种子就地散装。目前，各地采用比较简便有效的方法有以下几种。

(1)铺沙垫坯地坪　在没有沥青的情况下可用这种做法。先将地坪清扫干净夯实，铺20 cm左右厚的干沙(如地面潮湿应适当加厚)，平整压实后，再铺一层土坯，用1∶2.5石灰沙浆嵌缝、抹面(约1.5 cm厚)，稍干后，应及时用泥石反复按摩收浆，直至不发生裂缝为止。实践证明，这种地坪优点是既能防潮，又能防止老鼠打洞。其缺点就是较易破损，必须及时修补。有的地区在地坪干透后，在表面铺一层熟桐油，则能经久耐用。

(2)沥青沙浆地坪　先在地基铺一层石子夯实，再铺2～3 cm厚的干沙作基础。然后做两层沥青沙浆。沥青一般采用30号石油沥青，细沙要洁净，含泥量不超过3%，底层的河沙要用30孔/时的筛子过筛。每100 kg沙对30号沥青8～10 kg，并捞去沥青中的渣滓和细沙分别用锅加热(加热温度，沥青180℃，沙子150℃以上)，用重的热烙铁压实，底层做好后再做表层。表层的河沙要用50孔/时的筛子过筛，每100 kg对30号沥青16～18 kg。铺设方法与底层相同，但必须用热烙铁尽量压实，使之平坦光滑。整平后随即在表面撒一层滑石粉即成。在铺设中应注意基脚要夯紧，材料配比要适当，接头要紧实，墙的四周要适当加厚。这种地坪底层厚2～3 cm，表层厚1.5～2 cm，每米^{3}约需河沙0.02 m^3，沥青7 kg。

(3)一油一毡干沙垫砖地坪　先将仓底整平夯实，刷一层石油沥青，铺油毛毡一层，然后用细沙稳定，上铺一层干砖，用沥青嵌缝即成。

2. 改造仓墙

仓墙单薄，不能承受种子的侧压力，通常在仓内加一道附墙，增强其抗压能力。防止仓墙透潮脱落，一般可因地制宜采用以下方法。

(1)粉刷石灰沙浆层　在仓房内墙粉刷石灰沙浆层，总厚2 cm，分两层施工。底层用1∶3石灰沙浆粉1 cm厚，待其干燥后再在底层上刷一层沥青(刷沥青层的高度根据具体情况而定)，然后用1∶2.5石灰沙浆粉刷1 cm厚的表层，最后在面层上刷一道石灰乳(用石灰膏调制)。施工时应注意石灰膏的质量,滤去渣和未化透的小石灰块。否则受湖发胀易"出痘子";底层灰浆在墙上要压紧,嵌入砖缝,刷沥青时稠度要适宜,太稠,不易刷开,太稀,易于流淌,沥青凝固后,才能进行面层粉刷。

(2)柏油沥青防潮层 过去做仓墙防潮层,往往先刷沥青,由于溶化后的沥青温度高,仓墙潮湿,刷墙时产生大量水汽,沥青很难与场面黏合,易脱落。故可先刷一层水柏油,使之透入砖墙内部空隙,再刷沥青,然后用喷灯吹热沥青,使之自然溶化平整,趁热在沥青面上撒一点沙,再粉刷一层 1∶2.5 的石灰沙浆,然后刷一道石灰乳即成。

(3)砌隔沙附墙 在仓内墙壁四周用干土坯砌一道 80～100 cm 高的附墙。附墙离老墙 20～30 cm。等墙干后,在两墙中间夹缝里灌满干沙。附堵顶面与老墙应用于土坯砌成斜坡形,使之衔接密合。然后在墙面糊一层 1 cm 左右的 1∶2.5 石灰沙浆。这一办法同上面铺沙垫坯地坪一样,既能防潮,又可防止老鼠沿墙打洞。

3. 改造屋面

改造屋面的目的在于防止雨雪渗漏,防虫防鼠,并便于密闭和药剂熏蒸。要使仓房达到无缝化,改造屋面是重要的一个方面。

(1)泥摺法 适用于民房改建仓房。先将芦苇或黄荆条等编成褶子,用铅丝将摺子钉压在屋面檩子上,再在摺下糊一层黄泥、石灰、草筋(按 4∶3∶2 配合),厚度以填平摺子缝隙为宜。等到半干发裂,再粉 0.5 cm 厚的 1∶3 石灰浆(酌加一部分纸筋),最后刷一层石灰乳。

(2)拱顶法 适用于小型民房。先用竹子(或黄荆条捆成约 3 cm 粗的小把),在两根一字梁中间向上弯成弓形,两端固定在一字架上,弓距 75 cm,顺次扎完,每间竹弓上用 3～5 根较细的竹片或小束芦苇连接捆紧,使之固定,再用铅丝将竹弓吊在脊梁上,然后用竹子或芦苇编成的摺子紧紧捆在竹弓上,使成半圆形,随后用泥、石灰、草筋打底,再粉一层石灰沙浆,刷一层石灰乳即成。

4. 嵌缝

为了做到仓内面面光,彻底消灭害虫的潜伏场所,仓内木柱、梁架和屋面板的缝隙一般都要进行嵌缝。根据多年的经验,嵌缝材料以桐油石灰为较好。其作法为先将石灰粉用 100 孔/寸筛子过筛,再加熟桐油调制,并按石灰用量加 5%的水和 8%的细沙(用每 100 孔/寸的筛子过筛)。因加水干得快,加沙可以增加硬度,而且不易裂缝。嵌缝时要把所有缝隙先掏刮干净,大缝隙用麻筋填塞。并须横缝直嵌,直缝横嵌,务使紧实。一般要做到两刮一清(即刮两次,再用湿布抹一次),不使缝外部分沾染桐油石灰。等干燥后用沙纸打一次,使之平整光滑,再糊一层熟桐油,则可经久不裂。

对于水泥地面裂缝的修补,可先刷一道水泥浆,再用高标号水泥沙浆或水泥混凝土修补。修补沥青防潮层的裂缝,可用环氧树脂黏合剂涂抹。

(三)种子仓库设备

1. 检验设备

为正确掌握种子在贮藏期间的变化动态和种子进出仓时的品质,必须对种子进行检验。检验设备应按所需测定项目设置,如测温仪、水分测定仪、恒温箱、发芽箱、容重器、分析天平、粉碎机、放大镜、显微镜和手筛等。

2. 输送设备

机械化运输种子,可成倍提高工作效率,不仅可减轻劳动强度同时也可提高种子贮藏效率。目前常用的种子运输机械有如下几种。

(1)平板型电动输送机　输送机具有金属架,上层架上设有运输带,一般带宽 30～50 cm,运送带由电动机引带转动。运送机下设地轮两个,可以移动到需要的地点去运输种子。输送机的大小,生产能力根据带的宽度和移动速度来决定。一般环带宽度为 30 cm,每小时可输送种子 16.6 t;40 cm 宽度可输送种子 38 t;50 cm 的输送量可达 100 t。目前,在各省所采用的输送机型号较多,可根据需要具体选用。

(2)电动气流输送机　该机件设备由风机、电动机、料斗、入料管、运输管、机架及行走轮等部件组成。工作效率:当扬角为 30°时,可输送水稻 6 t/h,距离为 35 m。使用时注意事项是:启动前将进风门关闭,启动后进风门打开。轴承每周注黄油一次,经常检查风机是否运动自如。

(3)平式提运器　设有螺旋式沉降器。其工作原理与斗式水车相似,设有许多盛种斗。用链条连接,由电机带动链条转动,将种子向上提运。此机一般在种子清选或入库时向入料斗输入种子时或向仓库内运种子时采用。

(4)人力输送机　除转动装置为铁制外,其余部分如机架、鼓轮、上下托滚等都是木料制成。机身长 7 m,输送高度为 3 m。结构由机架、转动和升降三部分构成。每天输送量为 4 万～6 万 kg。其优点:结构简单,使用轻巧灵便,可随意移动,一人脚踏输送种子,如同骑自行车,亦可由小电机带动(图 2-2-7)。

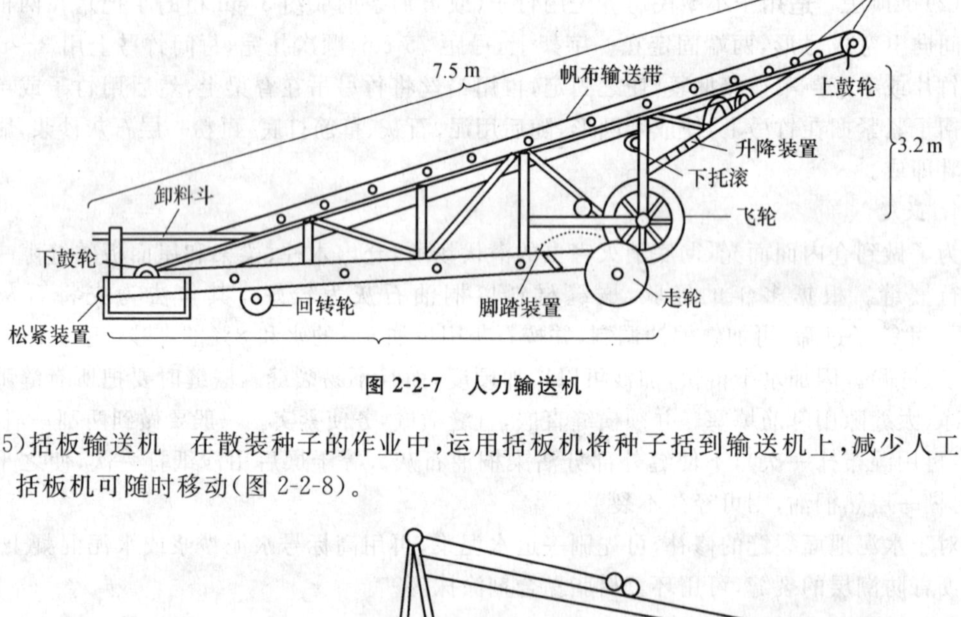

图 2-2-7　人力输送机

(5)括板输送机　在散装种子的作业中,运用括板机将种子括到输送机上,减少人工上料程序。括板机可随时移动(图 2-2-8)。

图 2-2-8　括板输送机

(6)平板升运机　在种子包装运输作业中,运用平板升运机可减少人工扛袋或抬袋工作,减少劳动强度,解放劳动力,而且加速运输过程(图 2-2-9)。

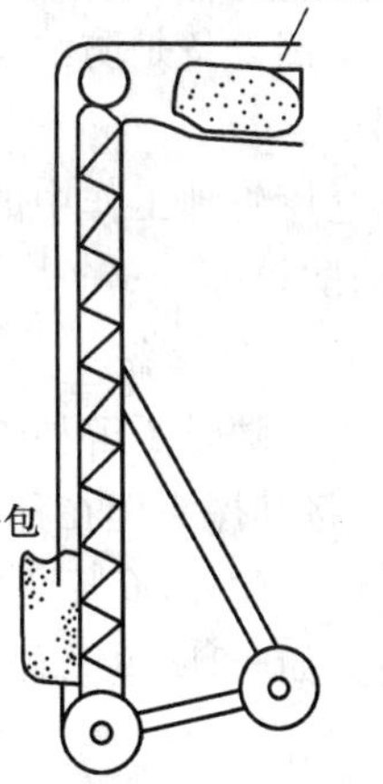

图 2-2-9　平板升运机

上述几种运输机械,可以配成套连续工作。如散装种子作业中,先由括板机将种子扒入输送机,输送机将种子输送到选种机。或者用气流输送机直接将种子吸入选种装置中进行选种。在包装运输中,由平板升运机将种子包运送到输送机,再由输送机运至火车或汽车上运走。

3. 机械通风设备

当自然风不能降低仓内温湿度时,应迅速采用机械通风。通风机械主要包括风机(鼓风、吸气)及管道(地下、地上两种)(图 2-2-10、图 2-2-11)。一般情况下的通风方法以吸风比鼓风为好。

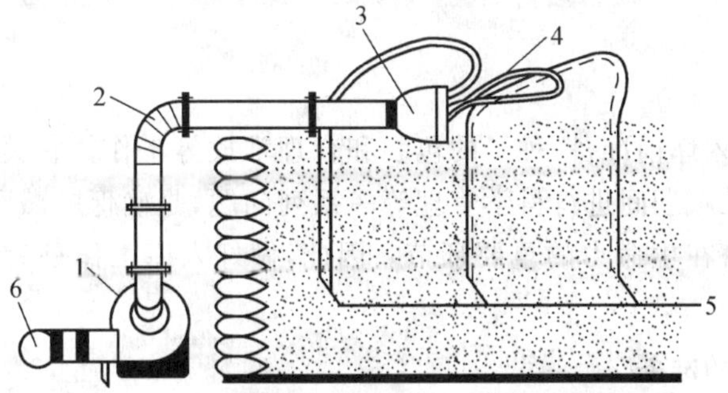

图 2-2-10　多管吸风机装置

1—吸风机;2—风管弯头;3—空气分配头;4—软管;5—支风管;6—废气出口

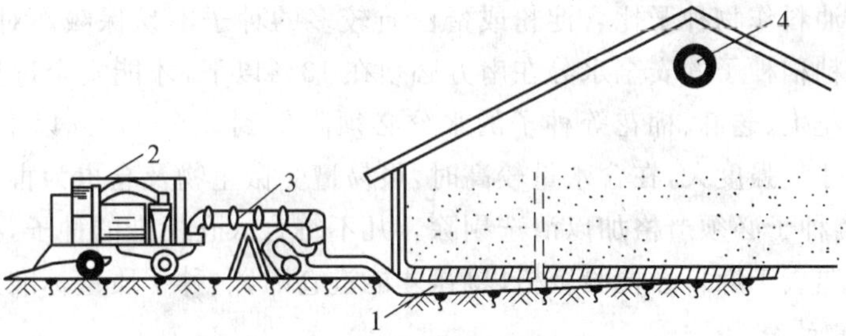

图 2-2-11　种子地下通风装置

1—分气管;2—通风管;3—空气推动装置;4—排风器

4. 种子加工设备

加工设备包括清选、干燥和药剂处理三大部分。精选机械又分粗选和精选两种。干燥设备除晒场外,还应备有人工干燥机。药剂处理机械如包衣机、消毒机、药物拌种机等,对种子进行消毒灭菌,以防止种子病害蔓延(图 2-2-12)。

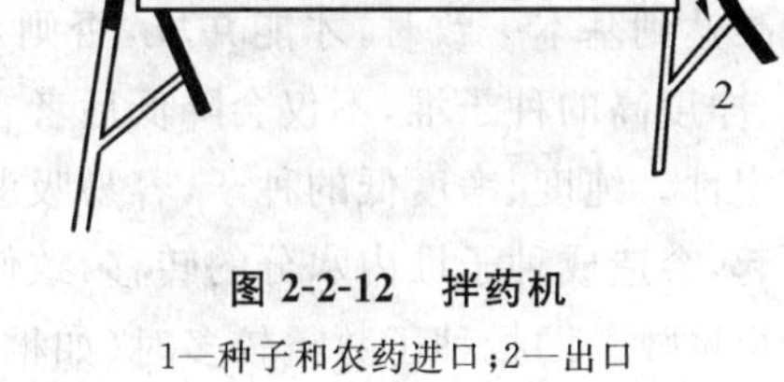

图 2-2-12　拌药机

1—种子和农药进口;2—出口

5. 熏蒸设备与消防设备

熏蒸设备是防治仓库内害虫必不可少的,有各种型号的防毒面具、防毒口罩、投药器及熏蒸剂等。

仓库管理工作中的重要内容之一就是防火,因此,仓库应有消防设备,包括各种灭火器、干沙、消防栓等。

6. 其他设备

为了随时了解种子堆各部位和袋装种子堆垛不同部位的温湿度,现在通常采用遥测温湿度仪,将其探头埋在种子堆不同部位,就可及时观察到种子堆里温湿度变化,了解种子贮藏的稳定性。此外,仓库内还需要包装器材如打包机、封口机,各种规格麻袋、复合袋,晒场用具,计量用具如磅秤、电子秤等。

想一想:

种子仓库设备还有哪些?

三、种子入库

种子的入库包括入库前准备、种子的包装和合理堆放等工作。它关系到对入库种子的质量要求、贮藏条件和贮藏期间进行科学管理等一系列问题,是确保贮藏种子不受意外损耗、不变质,并能保持种子潜在生命力的重要环节。因此,做好入库工作是为种子安全贮藏奠定基础,不能轻视。

(一)种子入库前的准备

1. 种子入库的标准

种子贮藏期间的稳定性因作物的种类、成熟度及收获季节等有显著差异。例如,在相同的水分条件下,一般油料作物种子比含淀粉或蛋白质较多的种子不易保藏。对贮藏种子水分的要求也不相同,如籼稻种子的安全水分在南方必须在13%以下,才能安全过夏季;而含油分较多的种子如油菜、花生、芝麻、棉花等种子的水分必须降低到8%~10%以下。破损粒或成熟度差的种子,由于呼吸强度大,在含水量较高时,很易遭受微生物及仓虫为害,种子生活力也极易丧失,因此,这类种子必须严格加以清选剔除。凡不符合入仓标准的种子,都不应急于进仓,必须重新处理(清选或干燥),经检验合格以后,才能进仓贮藏(种子质量标准见附件1)。

2. 种子入库前的分批

农作物种子在进仓以前,不但要按不同品种严格分开,还应根据产地、收获季节、水分及纯度、净度等情况分别堆放和处理。每批(囤)种子不论数量多少,都应具备均匀性。要求从不同部位所取得的样品都能反映出每批(囤)种子所具有的特点。

通常不同的种子都存在着一些差异,如差异显著,就应分别堆放,或者进行重新整理,使其标准达到基本一致时,才能并堆,否则就会影响种子的品质。如纯度、净度低的种子,混入纯度、净度高的种子堆,不仅会降低后者在生产上的使用价值,而且还会影响种子在贮藏期间的稳定性。纯度、净度低的种子,容易吸湿回潮。同样,把水分悬殊太大的不同批的种子,混放在一起,会造成种子堆内水分的转移,致使种子发霉变质。又如种子感病状况、成熟不一时,均宜分批堆放。同批种子数量较多时(如稻麦种子超过 2.5×10^4 kg)也以分开为宜。种子入库前的分批，对保证种子播种品质和长期安全贮藏十分重要，不能草率从事。入库时注意，做到“五分开”存放，以提高贮藏的稳定性。

(1)级别不同的种子要分开　在符合入库标准的前提下，不同等级的种子要分别存，否则不仅会降低了好种子的等级，而且影响到贮藏的安全。

(2)干湿种子要分开　入库种子应按种子含水量高低分开贮藏，一个仓囤或种子堆其水分差异不应过大，一般不应超过1%，否则会产生水分转移现象，影响贮藏的安全性。

(3)受潮和不受潮的种子要分开　受潮受湿膨胀过的种子，即便是再降到安全水分，其内部酶的活性加强，呼吸强度增加，贮藏也比较困难，为此要分开存放。

(4)新陈种子要分开　新种子大多有后熟作用，陈种子品质多变劣，新陈混存，必然会降低品质。

(5)有虫有病和无虫无病的种子要分开　对发现有病有虫的种子要分别堆放，以防蔓延扩张。

3. 仓容计算

合理确定仓容是正确使用与保养仓房的关键。通常计算仓容方法，是在不损坏仓房、不损坏种子、不影响操作的前提下，合理地测定仓房的可用面积、可堆高度、堆种容积、贮存品种，以正确地确定仓房容量。

(1)可用面积　仓房的可用面积是指仓内总面积减去仓内走道、种堆与墙壁、障碍物之间的必要距离，以及种堆之间的间隔以后，实际可堆种子的面积。可用面积与仓内总面积的比例，反映出仓内面积的利用程度，既要注意操作方便、安全，又要注意节约面积和提高仓容。在计算可用面积时，先要根据仓房条件，确定堆放方式，以便根据不同的堆放方式，计算应留的墙距、间隔和走道面积，然后得出实际可堆种子的面积。

散装仓房一般是采取全仓散装贮存，可以整个仓房面积减去柱子和门距和间隔。其宽度运输道一般可按2～3 m，视搬运工具与机械操作的需要机动掌握；种堆与墙壁之间的距离，种堆与种堆之间的距离，一般不超过0.6 m，以单人可以通过即可。仓内有固定建筑物或设备的，可视实际的需要，参照以上标准留出必要的走道、距离和周转余地。在减去走道、墙距、障碍物之后，即为实际可用于堆种的面积。

(2)可堆高度　全仓散装、围包散装、围囤散装，具堆积高度一般在2.5～3.0 m。袋装高度7～8麻袋，其中黄、红麻种子的高度不超过6～7袋，堆垛之间留有通道。

(3)仓容计算

散装仓容 $=V\times S\times H$

袋装仓容 $=W\times S\div 1.1\times N$

囤贮仓容 $=V\times S\times H$

式中，V 为种子的容重(kg/m^3)；S 为仓库有效利用面积(m^2)；H 为堆放高度(m)；W 为每袋的种子重量(kg)；N 为堆放袋数；1.1为每麻袋所占据的面积。

例如：

(1)某仓库实用面积为335 m^2，每包稻谷重75 kg堆高8包，则总容量为 $75\times 335+1.1\times 8=182\ 727$(kg)。

(2)某囤其囤底面积为20 m^2，所盛玉米容重为725 kg/m^3，囤高3 m，则总容量 $=725\times 20\times 3=43\ 500$(kg)。

4. 清仓

清仓工作包含清理仓库和仓内外清洁工作等内容，清理仓库要求将仓内的异品种种子、杂质和垃圾等物全部清除掉。方法上要做到出一仓清一仓，从上到下、由内到外按步骤进行。除此之外，仓内还要做好清理仓具、剔刮虫窝、修补墙面、嵌缝粉刷等工作。仓外应做好清洁卫生工作，并经常保持仓库周围 3 m 以内无杂草、无垃圾、无污水。具体要求如下：

(1)清理仓具　仓内经常使用的竹席、篾垫、箩筐、麻袋等器材，最容易潜藏仓虫和嵌入种子，使用前须采取剔、刮、敲、打、洗、刷、暴晒或开水煮烫等方法进行清理和消毒，以利于清除残留种子和隐匿的害虫。

(2)剔刮虫窝　仓内的孔洞和缝隙不但容易嵌藏种子，也是仓虫栖息和繁殖的良好场所。为此，必须对仓内墙壁、地板和柱子的所有孔洞和缝隙全面进行剔刮，这项工作不能忽视。剔刮出来的种子应及时清理掉，剔刮出来的害虫、虫窝应予以杀灭，以防传播蔓延。

(3)嵌缝粉刷　经过剔刮之后的孔洞和缝隙，不论其大小都应该用纸筋石灰嵌合，以防种子和害虫再次进入。对于墙面上有灰壁脱落的部分也应及时补修，之后进行全面粉刷。粉刷的目的不仅能起整洁美观的作用，还有利于在洁白的壁面上发现虫迹。

5. 空仓消毒

仓内消毒可采用药物喷洒和熏蒸等方法进行，但必须注意消毒工作应在嵌缝补洞及修补墙面之前，特别要在全面粉刷之前做好。因为新粉刷的石灰碱性极强，很容易使一些药物分解失效。消毒药剂有以下几种。

(1)敌百虫($C_4H_8Cl_3O_4P$)　用 0.5%～1%的水溶液可用于空仓喷洒消毒，用药量为 0.1 kg/m^3。1%的水溶液浸渍木屑制成烟剂，可进行烟熏杀虫。

(2)敌敌畏($C_4H_7Cl_2O_4P$)　药量为 80%的敌敌畏乳油 100～200 mg/m^3。施药方法有两种：一种是喷洒法：将 80%的乳油 1～2 g，加清水 1 kg 稀释成浓度为 0.1%～0.2%药液即可喷洒；另一种是挂条法：将 5 cm 宽的布条或纸条浸没在 80%的乳油中，浸透后取出悬挂在仓房空中，行距约 2 m，条距为 2～3 m，任其自行挥发可起到杀虫作用。

以上消毒法在施药后必须密闭门窗 72 h 才有良好效果。达到消毒目的后，需通风 24 h，经过消除后才能进仓工作，以保人体安全。

(3)马拉硫磷($C_{10}H_{10}O_6PS_2$)　又叫马拉松。可用喷洒法消毒，将含量为 50%的马拉松乳剂 1 kg，加水 200～300 kg 稀释，稀释液可喷布 35～50 kg/m^2。

6. 种子准备

新收获的种子水分含量高，瘦瘪粒也多；而且带有各种杂质以及病菌和虫体，它是一个十分复杂的群体。这个群体必须经过干燥和清选之后，才能使种子达到干燥、清洁、整齐、健壮而饱满的要求，才能提高在贮藏期间的稳定性。干燥方法一般可分为自然干燥和人工机械干燥两类，前者是利用日光暴晒、通风和摊晾等手段降低种子水分；后者是采用动力机械鼓风或通过热空气的作用以降低种子水分。

(1)日光暴晒法　方法简易，既经济又安全，一般不会影响种子生活力。但必须备有足够的晒场面积，有时会受到气候条件的限制。为使种子干燥达到预期效果，必须做到以下几点。

第一，清场预晒，选择晴朗天气，清理晒场，扫除杂物以及异品种种子，然后让晒场进行预晒增温，一般应在露水消失，场温升高后再摊晒种子为好，大家叫做“晒种先晒场”。

第二，薄摊勤翻，其目的是增加种子与阳光和干燥空气的接触面积，以提高干燥效果。如把种子耙成波浪形，也可以增加种子的暴晒面，这叫"薄摊勤翻，波浪起垄"。摊晒厚度，小粒种子如稻、麦不宜超过 5 cm，中、大粒种子如玉米、大豆、蚕豆等宜在 10 cm 左右。翻动次数与干燥效果有密切关系，次数越多效果越好，一般掌握在每 1～2 h 翻动 1 次，中午高温期间，增加翻动次数干燥效果更明显。

第三，冷却入仓，除需要热进仓处理的种子外，暴晒后的种子均应冷却后才能入仓。散装堆放的种子尤其应注意这一点，以免种子入仓接触冷地面后在底层发生结露现象，或种子堆内余热不散，造成其他不良后果。

(2)人工机械干燥法　此法干燥速度快，工作效率高，不受气候条件的限制。但必须有配套设备，操作技术要求严格，掌握不当会影响种子发芽率。尤其采用热空气干燥种子，种温太高容易杀死种胚，因此，采用热空气干燥时，要严格控制种温，种子水分越高，种温应该越低。一般认为种温控制在 40.6～43.3℃较为适宜。

①自然风干燥法。这种干燥方法较为简便，只要有一个鼓风机就能进行工作(图 2-2-13)。但干燥性能有一定限度。因为种子的水分与某一个空气相对湿度有平衡作用的关系，当相对湿度低于它的种子平衡水分时，种子便向空气释放水分而变得干燥；相对湿度高于它的种子平衡水分时，不但不能起干燥作用，种子反而会从空中吸取水分，使干种子变潮。大部分种子的安全水分于 45%左右的相对湿度达到平衡。自然风干燥法在相对温度较低的时间或地区，应用效果较好，而在相对湿度较高的时间或地区，只能干燥到一定程度却不能达到充分干燥的目的。

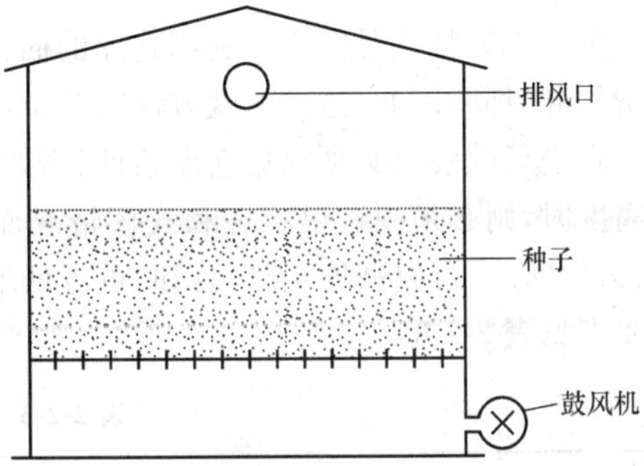

图 2-2-13　自然干燥法

②热空气干燥法。在一定的湿度条件下，提高温度可以增加空气的饱和含水量，使相对湿度变低。相对湿度是随着温度的升高而降低，在低温高湿的情况下，温度每升高 11℃，相对湿度大约降低 50%。当温度升高时，种子体内的水蒸气压增大，使液态水转化为气态水不断向外扩散，所以温度越高，干燥效果越好。但种子是一个活体，忍受高温有一定限度，在采用热空气干燥时，必须在保证不影响种子生活力的前提下，适当地提高温度。通常在干燥机内的热空气温度要高于种温，操作时以调节种子在机内的时间来控制种温。热空气温度愈高，则种子在机内停留的时间应愈短。但是对干燥高水分种子的热空气温度不能太高，只有当水分降到一定程度之后才能升高温度。

用热空气干燥种子应注意以下事项：

第一，应严格控制种温，高水分种子温度应低一些，低水分种子则可高一些。如水稻种子的出机种温应掌控在 42～43℃；小麦种子的出机种温不宜超过 46℃。

第二，种子在干燥时，一次降水不宜太多，对于水分很高的种子应采用二次间隙法或多次间隙法干燥。这样不致于因种子受热时间过长、受热过高和失水过快而发生种皮皱缩、破裂或子粒爆裂等现象。

第三，种子在受热期间应保持运动状态，这样才能使种子受热均匀，干燥效果也好。要绝对避免种子与加热器直接接触，以免烫伤种子。

第四，经烘干后的种子，需冷却到常温时才能入仓。

想一想：

我国各地大豆种子标准一样吗？为什么？

（二）种子入库

种子入库是在清选和干燥的基础上进行的。入库前还需做好标签和卡片。标签上注明作物、品种、等级及经营单位全称，将它拴牢在袋外。卡片应在包装封口前填写好装入种子袋内，或放在种子囤、堆内。填写内容有作物、品种、纯度、发芽率、水分、生产年月和经营单位。入库时，必须随即过磅登记，按种子类别和级别分别堆放，防止混杂。有条件的单位，应按种子类别不同分仓堆放。堆放的形式可分为散装贮藏和袋装贮藏两种。

1. 散装堆放

散装堆放特点是能充分利用仓库的面积和容积，便于机械操作和运转，管理方便，节省包装费用和时间，因此，这种贮藏方法既符合经济原则，又符合技术条件的要求。

在进行散装时必须根据仓库条件、当地气候特点，以及贮粮状况进行合理散装。在考虑散装高度时，则必须视贮粮状态和气候情况而定。贮粮水分高，可以低堆，贮粮水分低，可以高堆；天气寒冷，可以高堆，天气暖和，可以低堆；长期贮藏，可以低堆，短期贮藏，可以高堆。其具体要求见表 2-2-3。

表 2-2-3 种子堆放的高度

作物名称	冷季		暖季	
	包堆高度(包数)	散装高度/m	包堆高度(包数)	散装高度/m
水稻	6	2.0	4	1.5
小麦	8	2.5	6	2.0
玉米粒	4	2.0	4	1.5
玉米穗	10	3.0	6	2.0
豆类	8	2.5	6	2.0

散装的方法很多，目前广泛应用的有隔仓板散装（图 2-2-14、图 2-2-15）、围囤散装、围包散装、粮柜散装以及土圆仓散装等。

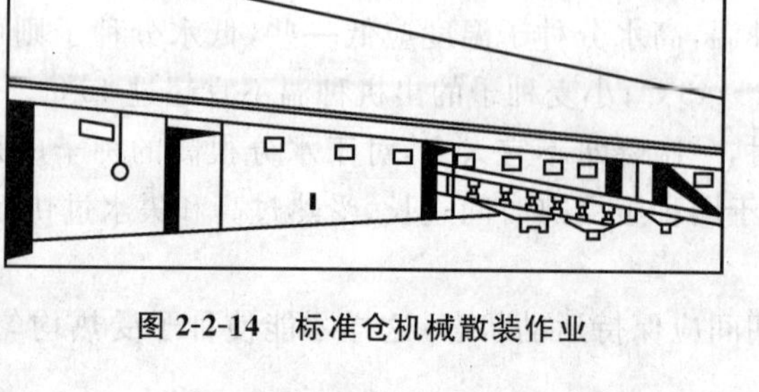

图 2-2-14 标准仓机械散装作业

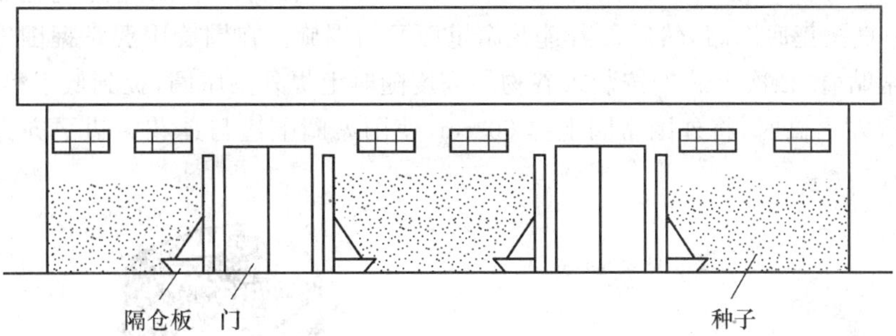

图 2-2-15　标准仓散装堆放形式

隔仓板散装，只有在标准仓的条件下使用较为适宜。但在散装时，地面最好铺垫草席，以免返潮或沥青融化而损坏种质。

围包散装(图 2-2-16)就是利用麻袋包代替隔仓板的另一种散装方式，其优点是可以节省器材费用，解决仓容不足的问题。

粮柜散装，它适合贮藏不同作物种类的种子，有利于防止种子混杂，节省麻袋费用，因而常被采用。此外，目前正广泛使用"土圆仓"散装谷物。

至于机械圆仓散装，目前，在我国大型仓库基地正逐渐运用。

围囤散装，在解决仓容不足的情况下，也在各地普遍使用。有关围囤散装的操作技术，现叙述如下：

(1)铺囤底　要选高燥、排水良好的地方铺囤底。铺垫的物料视具体情况而定，一般用石头、石条和枕木合用，也有的用砖砌成。无论用哪一种材料，其铺垫方式不外有下列几种形式(图 2-2-17)。

图 2-2-16　围包散装

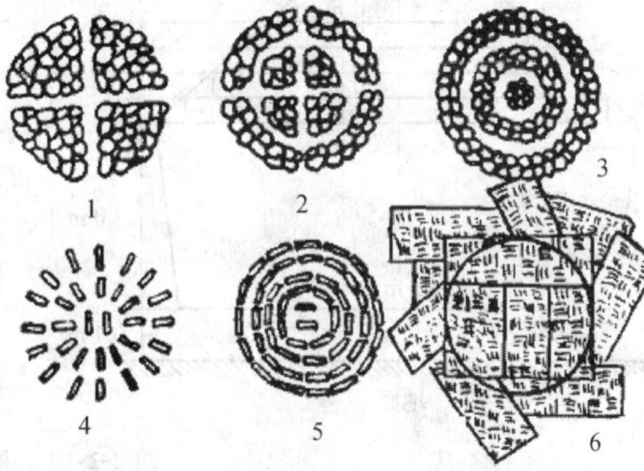

图 2-2-17　围囤铺底形式

1～4—铺石头；5—铺枕木；6—铺席

图中 1、2、3、4 都是囤底的最底层，图中 5、6 是囤底的一层隔垫物。囤底直径为 5～6 m。

(2)围囤　囤底打完后，在囤底上面用 2～4 层的围席圈成一个圆形大圈(图 2-2-18)，圈的外边要离囤基的边缘 15～25 cm 宽，大围席圈要隔 60 cm 左右，插上一个签子，然后再铺上8～10 张底席。铺好后，再用另一个围席圈在大围席圈和底席以内，待种子倒入后，就可以边倒边往上围(图 2-2-19)。但在开始倒种时，要先摊放四周，使谷物压着囤底的莲花席，装种 6～7 cm 高时，竖直拉正底围席，然后贴着莲花席里面开始围旋。在围旋中要掌握围席走动一致，并与下环围席贴着，依次上旋。按装入谷物的高度随时上提外围席圈，提到低于粮面 15 cm 左右。装到 1 m 左右高时，将外围席圈上提 60 cm，使围席圈上边与莲花席边平齐为止(要稍露席角和席边)。

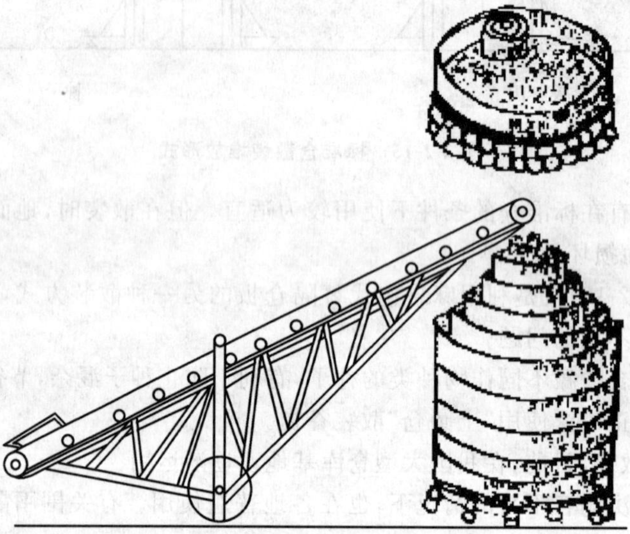

图 2-2-18　移动式皮带输送机围囤

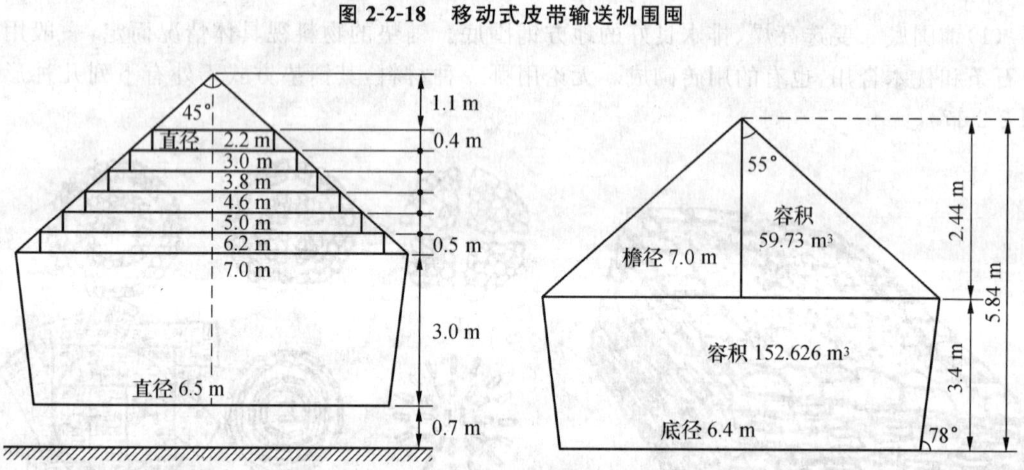

图 2-2-19　围囤规格

从囤底到囤口，共向上围旋 18～30 道围席圈，平均厚 2 层。由 1～5 围席圈，压边 15～20 cm。从第 6～13 围席圈，压边 20～25 cm，平均厚为 2～3 层，压边 12～15 cm。囤高 3～3.5 m。

(3)盖顶　囤顶的盖法很多，有的用席子苫 2～3 层缝死，有的用围席围成囤夹，然后再盖席子。席子外面用苇草帘盖顶，第一层用长 1 m 的苇帘，伸出囤口外 30 cm，并与围席圈连接在一起，第二层用长 1.7～2 m 苇帘，同样连接好。以下用同等苇帘逐渐上盖 4～5 层，按用长 1.3 m 的苇帘盖 3～4 层，每层向上错升 20～25 cm，最后用长 1～1.5 m 的苇帘 2 块包头，用草一把盖囤顶尖，扎成圆锥形，其锥体斜面坡度为45°，以防雨水侵入囤内。盖好后的厚度，檐部4层，小部6层，尖部6～7层。盖后的囤檐不要太大或大小。太大容易兜风而被刮掉，太小雨水容易漏入。

(4)围挂裙席　先贴着囤身竖立高2.5～3.5 m、直径长10 cm的高粱秆把或宽6 cm的竹片24～26块与围席圈连接在一起，然后横挂裙席，先挂下边，后挂上边，共计12块。

2. 包装堆放

包装堆放的特点，就在于便于通风，防止混杂，同时在运输及调拨时也比较方便。

包装堆放的方式很多，如非字形、半非字形，码风垛、工字形垛，以及码实垛等(图2-2-20)。但无论何种堆放方式，都必须做到通风、管理和检查方便。如堆高过密或过大，则通风不良，检查管理也不方便。

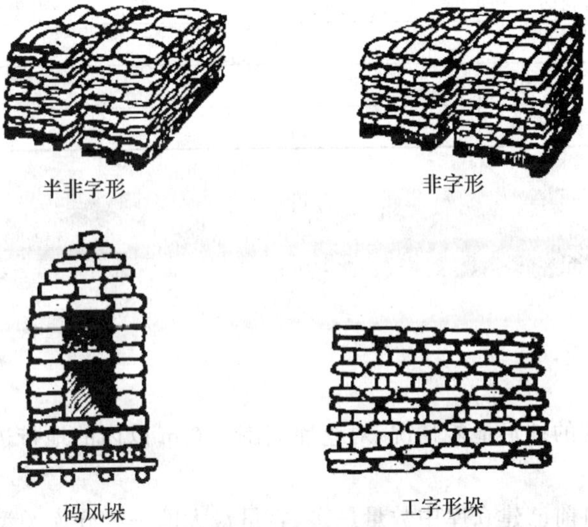

图 2-2-20　包装堆放形式

至于包装堆放高度所要求的条件与散装堆放相同(表2-2-3)。

种子一经堆放完毕，必须普查排队、编号、挂牌，并附记录卡(表2-2-4)和详细记载种温变化情况。在生产上，为了区别贮种状态，特将谷堆按安全水分含量不同，分安全(13%)、半安全(14～15%)及不安全(16%以上)三类，并于堆上插上有色三角旗，以便识别和重点检查。

表 2-2-4　卡片式样

堆、垛、囤号　　　　　　年　月　日

品种名称	
来源	
入仓日期	
数量	
等级	

续表 2-2-4

原始质量	水分%	
	纯度%	
	净度%	
	感染度	
	色泽	
	气味	
出仓日期		
发芽势%	入仓时	
	出仓时	
发芽率%	入仓时	
	出仓时	
保管损耗		
虫害(头数/kg)		
病态和孢子数		

查一查?

如何制作种子标签?

复习思考题

1. 判断

①要了解建仓地区的地形地貌情况,对仓库周围200 m以内的地带进行测绘,并给出等高线的地形图。

②房式仓是我国目前已建仓库中数量最多、容量最大的一种仓库类型。

③地下仓库建仓需要钢材、木材,在气候、土质条件好的地方。

④通风方法以鼓风比吸风为好。

⑤种子贮藏期间的稳定性因作物的种类、成熟度及收获季节等而有显著差异。

2. 填空

①建立仓库的地方,应符合以下要求:(　　)、(　　)、(　　)、(　　)、(　　)。

②种子仓库的类型主要有(　　)、(　　)、(　　)、(　　)、(　　)、(　　)。

③种子仓库设备主要包括(　　)、(　　)、(　　)、(　　)、(　　)、(　　)。

④入库种子要做到"五分开"存放,指的是(　　)、(　　)、(　　)、(　　)、(　　)。

⑤种子加工设备加工设备包括(　　)、(　　)、(　　)三大部分。

3. 简答题

①种子仓库建造前,为什么要做好调查研究工作?

②地下种子库的特点有哪些?

③仓墙的主要作用有哪些?

④不同作物种子入库标准有哪些?

⑤散装堆放种子应注意的事项有哪些?

实验实训 参观标准种子仓库

一、实习目的

通过参观标准种子仓库，了解标准种子仓库的构造特点及建库标准。

二、实习场地

当地较大的种子公司或种子库。

较大的种子公司或种子库，一般使用机械化圆筒仓。其全部设备包括进料装置工作塔和筒仓体，进种装置是将种子输送进工作塔的，工作塔是用来升运和清理种子的，工作塔后面设有筒仓用以贮藏种子，由好几个到几十个筒仓构成筒仓群，工作塔是固定的或可以移动的。筒仓一般用钢筋水源制成，一般筒仓高 15 m，半径为 2～3 m，每筒仓可贮存种子 40～50 kg。筒仓内设有通风装置和除尘装置。

此种仓的特点：

①一切操作均为机械化作业，易于实现种子安全保证措施。

②高度密闭，可防除鼠害、鸟害、虫害、防热作用，仓库消毒方便，贮藏种子效果好。

③温湿度可以通过通风装置调节，亦可安装自动控制仪器。

④仓容大，占地面积小，比一般仓库少占地 6～8 倍。

三、实习作业

撰写参观标准仓库后的实习体会。

工作任务三 常温仓库种子贮藏期间的管理

知识目标

- ➢理解种子贮藏期间的各种变化。
- ➢种子日变化和年变化发生的原因。
- ➢掌握种子结露的原因。
- ➢掌握种子的衰老变化的原因。

技能目标

- ➢正确进行露点预测。
- ➢正确进行种子发热的预防。
- ➢能对种子贮藏期间进行正确管理。

知识资讯导读

无论是种子公司还是种质资源保存，都涉及安全贮藏问题，在延长种子寿命的同时，要保证其发芽率和播种品质。因绝大多数种子都在常温的种子库中进行贮藏，这就要在管理上做到勤检、勤查。一查种温，根据种子含水量等在仓库内的不同高度和不同地点定期定时检查种温，防止种子温度的升高，如有异常要及时进行散热处理；二查水分，水分过高会导致种子发热霉变；三查发芽率，掌握种子在贮藏期间发芽率的变化来确定贮藏水平、确定贮藏方法，同时要及时处理种子贮藏过程中发现的异常现象。

想一想：

种子在贮藏期间都会发生哪些变化？针对这些变化该如何处理？

一、种子贮藏期间的变化

种子进入贮藏期后，环境条件由自然状态转为干燥、低温、密闭状态。尽管如此，种子的生命活动并没有停止，只不过随着条件的改变而进行得更为缓慢。由于种子本身的代谢作用和受环境的影响，致使仓内的温度状况逐渐发生变化，如吸湿回潮、发热和虫霉等异常情况出现。了解种子贮藏期间的各种变化，对于做好种子贮藏期间的管理工作十分重要。

(一)温度的变化

种堆的温度在正常情况下是随着外界温度而变化的，即气温影响仓温，仓温影响种温，其变化的形式主要有两种。

1. 种温的日变化

种温在一昼夜之间的变化叫日变化。种温日变化有一个最低值和最高值，该最低值和最高值的出现一般比气温最低值和最高值的出现时间迟 2～3 h。种温最低一般出现在上午的6～7时，最高值一般出现在下午 5～6 时，上午 10 时左右气温、仓温、表层种温的温度相近。种温的日变化表现并不十分明显，仅在种堆表层 15 cm 左右和沿壁四周表现明显。变化幅度也较小，一般在 0.5～1℃范围内。距种堆表面 30 cm 以下几乎无变化。

2. 种温的年变化

种温在一年之中的变化称为年变化。种温的年变化较大，在正常情况下，随气温的升降而作相应的变化。如在气温上升季节(3～8 月份)，种温也随着上升，但种温低于仓温和气温；在气温下降季节(9 月至翌年 2 月)，种温也随着下降，但高于仓温和气温。种温升降的速度一般要比气温慢半个月至一个月，这种现象往往表现在当气温开始回升，而种温却还在继续下降，当气温开始下降，而种温却还会继续上升。如每年中 1～2 月份气温最低，3 月开始回升，而种温在 3 月份还会继续下降，因此，最低种温的出现却在 3 月份或 3 月份以后；7～8 月份气温最高，9 月份开始下降，而种温在 9 月份还继续上升，因此，最高种温的出现却在 9 月份或 9 月份以后。

种温的年变化在种子堆各层次之间也较明显，各层次之间变化的幅度受种子堆的大小、堆放方式(包装与散装)、仓库结构严密程度以及作物种类不同的影响。小型种子堆、包装堆放、大粒种子及仓库密闭性能差的，种温随气温变化较快，种堆各层次间的温差幅度较小，基本上随气温在同一幅度内升降。与此相反，种温则随气温变化较慢，种温各层次间的温差也较明显。以大型散装仓水稻种子为例：其最高、最低种温出现时间往往比仓温变化延迟1个月左右。种堆各层间的种温升降速度亦有明显差异，上层种温升降较快，每月可升降5～6℃，中层次之，下层最慢，每月可升降3～4℃。因此，种堆各层次间温差变幅差异较为明显，即在一年中1～3月份下层种温最高，中层次之，上层最低；6～10月份为上层最高，中层其次，下层最低；4～5月份与11～12月份的3层种温基本上是平衡的(图2-3-1)。

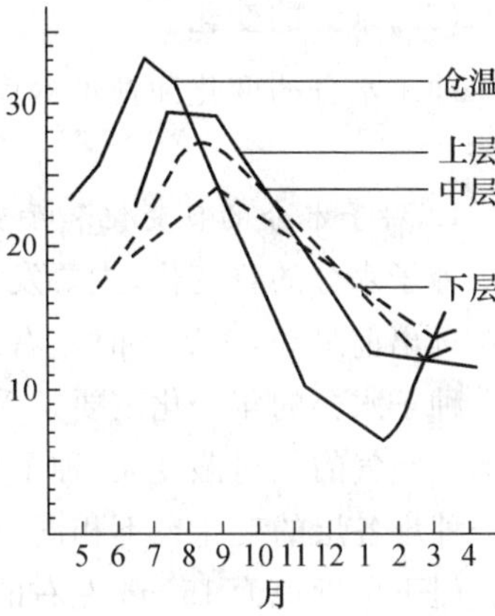

图2-3-1　大型仓库内散装稻谷各层温度的年变化

3. 影响种温变化的因素

种温的变化除受外温的影响外，还与种子的贮藏条件、堆置方式、仓库类型、处理方法等因素有关。总的变化规律：仓库的隔热性能愈好，种温的变化就小，一般砖、石仓要比铁皮仓库变化小得多，高大的仓房比矮小的仓房变化要小；仓内存放的比仓外露天存放的变化要小。散存的比袋装的变化小；大堆的比小堆的变化小；种子的孔隙度小，空气流通差，种温变化小。此外，还与种子的入库季节有关。高温季节入库的一般偏高，低温季节入库的，种温较低。

在生产实践中，应根据种温变化的规律搞好种子的管理，如种温的变化超出了仓温影响的范围，就必须查清原因并及时处理，以免造成不应有的损失。

想一想：

温度与种子贮藏的关系？

(二)湿度的变化

种堆湿度的变化主要来自两个方面，一方面是外界大气湿度(包括仓内空气湿度)的影响；另一方面是受种子本身的影响。

1. 湿度的基本概念

空气中含有水汽的多少，叫作湿度。湿度通常是用绝对湿度、饱和湿度和相对湿度来表示。绝对湿度是指在一定容积中的空气，实际含有水汽量的多少，单位：g/m^3。饱和湿度是指在一定的温度下，一定容积内的空气所能含有的最大限度的水汽量，超过此限度气态的水，就凝结成液态的水，单位：g/m^3。相对湿度是指在一定温度下空气中实际含水量与在同温度下最大含水量(即饱和湿度)之比，单位：%。

相对湿度变化的决定因素有两个。一是大气中实际含有水汽量(绝对湿度)的多少；二是温度的高低。在同一温度条件下，空气实含水汽量越高，相对湿度越大。如果在空气中含水量相同的情况下，温度越高，则相对湿度越低，反之温度愈低，相对湿度就越高。空气中相对湿度日变化的最高值和最低值出现的时间恰与温度相反。温度高时湿度低，温度低时湿度高。

2. 种堆湿度的变化

种堆表层湿度的变化受大气湿度的影响。种堆内部的湿度变化，在静止状态下受平衡水分规律的支配；在空气流动状态下受空气对流作用和扩散作用的影响。种堆内部一般以低温部位和高水分部位湿度最大。

(三)水分的变化

种子水分的变化和种堆湿度变化是一致的。由于种子吸湿性强,所以水分变化比温度变化快。

1. 种子水分的日变化和年变化

种子水分的日变化,主要发生在种堆的表层 15 cm 左右,30 cm 以下变化很小。一般是每日在日出前最高,午后 4 时左右最低。差数随湿度大小而变化。

种子水分的年变化主要是受大气相对湿度的影响,随季节而变化。在正常情况下,低温和雨季时空气的相对湿度大,种子含水量高;在高温和干旱的季节相对湿度小,种子的含水量低。整个种堆各层的变化也不相同,表层的种子水分变化尤为突出,中层和下层的种子水分变化较小。但下层近地面 15 cm 左右的种子易受地面的影响,种子水分上升较快。实践证明,表面层和接触地面的种子往往因水分增多而常发生结露、发热、霉烂现象,因此必须加强管理。

2. 种堆内的水分热扩散

种子堆的水分按照热传递的方向而移动的现象,称为水分的热扩散,也就是种堆内的水汽从温暖部位向冷凉部位移动的现象。种堆内发生的热扩散现象是造成种堆内部水分转移和局部水分增高的一个重要原因。这是因为种温高的部位,空气中实含水量多,水汽压力大,而低温部位的水汽压力小。根据分子运动规律,水汽压力大的高温部位的水汽分子总是向水汽压力小的低温部位扩散移动,结果导致低温部位种子水分增加。

种堆的热扩散造成局部水分增高,经常发生在阴冷的墙边、柱石周围和种堆的底部。种堆中温差越大,时间愈长,湿热扩散就愈严重。

3. 种堆水分的再分配

高水分和低水分的种子堆在一起时,种子的水分能通过水汽的解吸及吸湿作用而转移,这一规律就叫做“水分再分配”。但是经过再分配的种子水分,只会达到相对平衡,而且是暂时的,不会达到绝对平衡,这就是吸附滞后现象的表现。影响种子水分再分配速度的因素很多,其中最主要的是温度。温度越高,再分配的速度愈快,达到平衡的差异也随之缩小。例如,水分 15.97%与 9.6%的小麦混存时,在 4℃下经过 42 d,可达到水分的相对平衡,但尚有 0.76%的差异;在 24℃下经过 28 d 达到相对平衡,水分的差异为 0.63%;而在 32℃以下,只需要 14 d 就可达到相对平衡,两种小麦的水分差异为 0.73%。为此,种子入库时,必须要干湿分开堆放,以免干燥的种子受潮,影响贮藏的安全。

(四)种子的结露

种子结露是种子贮藏过程中的一个常见的现象。种子结露以后,含水量急剧增加,种子生理活动随之增强,导致发芽、发热、虫害、霉变等情况发生。种子结露现象不是不可避免的,只要加强管理,采取措施可消除这种现象的发生。即使已发生结露现象,将种子进行翻晒干燥、除水,不使其进一步发展,也可以避免种子遭受损失或少受损失。因而,预防种子结露,是贮藏期间管理上的一项经常性工作。

1. 种子结露的原因和部位

结露是空气中的水汽量达到饱和状态后,凝结成水的现象,发生在种子上就叫种子结露。开始出现结露的温度,称为露点温度也叫露点。因此,露点的定义是水分含量一定的空气,当它达到饱和状态时(相对湿度 100%)所对应的温度。

由于热空气遇到冷种子后，温度降低，使空气的饱和含水量减小，相对湿度变大。当温度降低到空气饱和含水量等于当时空气的绝对湿度时，相对湿度达到100%，此时在种子表面开始结露。如果温度再下降，相对湿度超过100%，空气中的水汽不能以水汽状态存在，在种子上的结露现象就越明显。种子结露是一物理现象，在一年四季都有可能发生，只要当空气与种子之间存在温差，并达到露点就会发生结露现象；空气湿度越大，也越容易引起结露；种子水分越高，结露的温差变小；反之，种子越干燥，结露的温差变大，种子不易结露。种子水分与结露温差的关系见表2-3-1。

表2-3-1 种子水分与结露温差的关系

种子水分/%	10	11	12	13	14	15	16	17	18
结露温差/℃	12～14	10～12	8～10	7～8	6～7	4～5	3～4	2	1

仓内结露的部位，常见的有以下几种。

(1)表面结露 多半是在开春后，外界气温上升，空气比较潮湿，这种湿热空气进入仓内首先接触种子堆表面，引起种子表面层结露，其深度一般由表面深至3 cm左右。

(2)上层结露 秋、冬转换季节，气温下降，影响上层种子的温度。而中、下层种子温度仍较高，热空气上升，遇到上层冷种子，二者造成温差引起上层结露，其部位距表面20～30 cm处。

(3)地坪结露 这种情况常发生在经过曝晒的种子未经冷却，直接堆放在地坪上，造成地坪湿度增大，引起地坪结露。也有可能发生在距地坪2～4 cm的种子层，所以也叫下层结露。

(4)垂直结露 发生在靠近内墙壁和柱子周围的种子，呈垂直形。前者常见于圆筒仓的南面，因日照强，墙壁传热快，种子传热慢而引起结露；后者常发生在钢筋水泥柱子周围，这种柱子传热快于种子，使柱子或靠近柱子周围种子结露。木质柱子结露的可能性小一点。另外，房式仓的西北面也存在结露的可能性。

(5)种子堆内结露 一种情况是种子堆内通常不会发生结露，如果种子堆内存在发热点，而热点温度又较高，则在发热点的周围就会发生结露。另一种情况是两批不同温度的种子堆放在一起，或同一批经暴晒的种子，入库时间不同，造成二者温差引起种子堆内夹层结露。

(6)冷藏种子结露 经过冷藏的种子温度较低，遇到外界热空气也会发生结露，尤其是夏季高温时，从低温库提出来的种子，更易引起结露。

(7)覆盖薄膜结露 应用塑料薄膜进行密封贮藏，有隔湿作用。在有温差存在的情况下，却易凝结水珠。结露发生在薄膜温度高的一面。

2. 种子结露的预测

种子结露是由于空气与种子之间存在温差而引起的，但并不是任何温差都会引起结露，只有达到露点温度时才会发生结露现象。为了预防种子结露，及时掌握露点温度显得十分重要，预测露点温度就可以预测结露的发生。预测露点温度的方法一般有两种：

(1)应用种堆露点近似值检查表 预测种子的露点温度，一般可采用查露点温度表的方法进行。例如，已知仓内种子水分为13%，种温20℃，查表2-3-2，以种子水分13%向下找，种温20℃向右找，二者的交点就是露点的近似值，即约在温度12℃。说明种子水分13%时，种温由20℃降至12℃时，温差8℃以上时，就有可能发生结露现象。

表 2-3-2 种子堆露点温度近似值(℃)检查表

种温/℃	种子水分/%								
	10	11	12	13	14	15	16	17	18
0	−14	−11	−9	−7	−6	−4	−3	−2	−1
5	−9	−7	−5	−3	−1	0	1	3	4
10	−2	0	1	3	4	5	7	8	9
13	1	3	4	6	7	9	10	11	12
14	2	4	6	7	8	10	11	12	13
15	3	5	6	8	9	10	12	13	14
16	3	5	7	8	10	11	13	14	15
18	4	6	8	10	12	13	15	16	17
20	6	8	10	12	13	15	16	18	19
22	8	10	12	14	15	17	18	20	21
24	10	12	14	16	17	19	20	22	23
26	12	14	16	18	20	21	22	24	25
28	14	16	18	20	22	23	24	26	27
30	16	18	20	22	24	25	26	28	29
32	18	20	22	24	26	27	28	30	31
34	20	22	24	26	28	29	30	32	33

(2)应用空气饱和湿度表　在一定温度下,空气的饱和湿度是个常数,当空气中实有水汽达到饱和时便能发生结露。因此,根据这种关系就可预测露点。

例:种温为 20℃,仓内或种堆的湿度为 74%,求露点。

测算方法:

①查饱和水汽量表(表 2-3-3),得出 20℃时的饱和水汽量为 17.117 g/m^3。

②计算 20℃时的实有水汽量,17.117×74%=12.667(g/m^3)。

③再查查饱和水汽量表,当 12.667 g/m^3 为饱和水汽量时,其相当的温度在 15～14℃,接近 15℃,则取 15℃为所求的露点。

3. 种子结露的预防

防止种子结露的方法,关键在于设法缩小种子与空气、接触物之间的温差,具体措施如下:

(1)保持种子干燥　干燥种子能抑制种子生理活动及虫、霉为害,也能使结露的温差增大,在一般的温差条件下,不至于立即发生结露。

(2)密闭门窗保温　季节转换时期,气温变化大,这时要密闭门窗,对缝隙要糊 2～3 层纸条,尽可能少出入仓库,以利于隔绝外界湿热空气进入仓内,可预防结露。

(3)表面覆盖移湿　春季在种子堆表面覆盖 1～2 层麻袋片,可起到一定的缓和作用。即使结露也是发生在麻袋片上,到天晴时将麻袋移置仓外晒干冷却再使用,可防种子表面结露。

表 2-3-3 空气的饱和水汽量表

温度/℃	饱和水汽量/g/m³	温度/℃	饱和水汽量/g/m³	温度/℃	饱和水汽量/g/m³	温度/℃	饱和水汽量/g/m³
−22	1.078	−3	3.926	14	11.961	31	31.702
−19	1.170	−2	4.211	15	12.712	32	33.446
−18	1.269	−1	4.513	16	13.504	33	35.272
−17	1.375	0	4.835	17	14.338	34	37.183
−16	1.489	1	5.176	18	15.217	35	39.183
−15	1.611	2	5.538	19	16.143	36	41.274
−14	1.882	3	5.922	20	17.117	37	43.461
−13	1.942	4	6.330	21	18.142	38	45.746
−12	2.032	5	6.768	22	19.220	39	48.133
−11	2.192	6	7.217	23	20.353	40	50.625
−10	2.363	7	7.703	24	21.544	41	53.8
−9	2.548	8	8.215	25	22.795	42	56.7
−8	2.741	9	8.858	26	24.108	43	59.3
−7	2.949	10	9.329	27	25.486	44	62.3
−6	3.171	11	9.934	28	26.961	45	65.4
−5	3.407	12	10.574	29	28.448	50	83.2
−4	3.658	13	11.249	30	30.036	100	597.4

(4)翻动面层散热　秋末冬初气温下降，经常耙动种子面层深至 20～30 cm，必要时可扒深沟散热，可防止上层结露。

(5)种子冷却入库　经暴晒或烘干的种子，除热处理之外，都应冷却入库，可防地坪结露。

(6)围包柱子　有柱子的仓库，可将柱子整体用一层麻袋包扎，或用报纸 4～5 层包扎，可防柱子周围的种子结露。

(7)通风降温排湿　气温下降后，如果种子堆内温度过高，可采用机械通风方法降温，使之降至与气温接近，可防止上层结露。对于采用塑料薄膜覆盖贮藏的种子堆，在 10 月中下旬应揭去薄膜改为通风贮藏。

(8)仓内空间增温　将门窗密封，在仓内用电灯照明，可使仓内增温，提高空气持湿能力，减少温差，可防上层结露。

(9)冷藏种子增温　冷藏种子在高温季节出库，需进行逐步增温或通过过渡间，使之与外界气温相接近，可防结露，但每次增温温差不宜超过 5℃。

4. 种子结露的处理

种子结露预防失误时，应及时采取措施加以补救。补救措施主要是降低种子水分，以防进一步发展。通常的处理方法是倒仓暴晒或烘干，也可以根据结露部位的大小进行处理。如果仅是表面层结露,可将结露部分种子深至 50 cm 的一层揭去暴晒。如结露发生在深层,则可采用机械通风排湿。当暴晒受到气候影响,也无烘干通风设备时,可根据结露部位采用就仓吸湿的办法,也能收到较好的效果。即采用装有生石灰的麻袋,平埋在结露部位,让其吸湿降水,经过 4～5 d 取出。如果种子水分仍达不到安全标准,可更换石灰再埋入,直至达到安全水分为止。

想一想:

不同作物种子的露点温度是一样的吗?

(五)种子发热

1. 种子发热的判断

在正常情况下,种温随着气温、仓温的升降而变化。如果种温不符合这种变化规律,发生异常高温时,这种现象称为发热。

种温究竟达到多高才算发热,不可能规定一个统一的标准,如夏季种温达 35℃不一定是发热,而在气温下降季节则可能就是发热,这必须通过实践加以仔细鉴别。正常情况下,种子是否发热可以从以下方面判断。

(1)种温与记录比较　同一层种温与前几次检查记录对照,是按三温变化规律变化,应不是发热。

(2)各检查点比较　同一批种子比较,各检查点间的温度应一致。

(3)种温与仓温比较　在春天气温上升季节,种温不正常的上升,其幅度超过日平均仓温 3～5℃以上时;在秋、冬气温下降季节,种温长期不降,甚至上升时,均是发热的现象。

(4)检查的温度数据与早几年比较　一般情况下,相近年份同季节的温度变化相接近。在判断种子是否发热时,除对温度对比分析外,还要检查种子的色、味、水分、虫霉发生情况,以作出正确的判断。

2. 种子发热的原因

(1)种子贮藏期间新陈代谢旺盛,释放出大量的热能,积聚在种子堆内　这些热量又进一步促进种子的生理活动,放出更多的热量,如此反复循环,结果就会导致种子发热。这种发热原因往往发生于新收获的种子以及受潮的和高水分种子。

(2)微生物的迅速生长和繁殖引起发热　在相同条件下,微生物释放的热量远比种子高得多。实践证明,种子发热往往伴随着发霉。因此,种子本身呼吸热和微生物放热,两者互为因果,密切相关,是导致种子发热的主要原因。

(3)种子堆堆放不合理　种子堆各层之间和局部与整体之间温差较大,造成水分转移和结露等情况,亦能引起种子发热。

(4)仓房条件不良或管理不善,往往也能引起种子发热

总之,发热是种子本身、环境条件及管理措施等综合因素造成的。

3. 种子发热的种类

根据种子堆发热部位,发热面积的大小可分为以下 5 种发热类型。

(1)上层发热　一般发生在近表层 15～30 cm 厚的种子层。发生时间一般在初春或秋季。秋季气温下降,新收入仓种子后熟呼吸旺盛,放出大量水汽。外界气温逐渐下降影响到仓壁,

使靠仓壁的种温和仓温随之降低，近墙壁的空气形成一股气流向下流动，由于种堆中央受气温影响小，种温仍较高，形成一股向上气流，因此向下的气流，经过底层，由种子堆的中央转而向上，通过种温较高的中心层，再到达顶层中心较冷部分，与四周的下降气流形成回路。在此气流循环回路中，种子堆中水分随气流流动，热水汽向上运动在上层遇冷而凝结，此部位水分增高，使种子和微生物呼吸增强，引起发热（图 2-3-2）。若不及时采取措施，顶部种子层将会发生败坏。初春气温逐渐上升，而经过冬季的种子层温度较低，两者相遇，上表层种子容易造成结露而引起发热。

（2）下层发热　发生在接近地面的一层种子。多半由于晒热的种子未经冷却就入库，遇到冷地面发生结露引起发热或因地面渗水使种子吸湿返潮而引起发热。开春后，热空气沿仓壁上升，冷空气在中心部位下沉，形成回流。在此气流循环中，种子堆中水分随气流流动，遇地面较冷种子层而凝结，使下层种子水分增高，引起发热（图 2-3-3）。

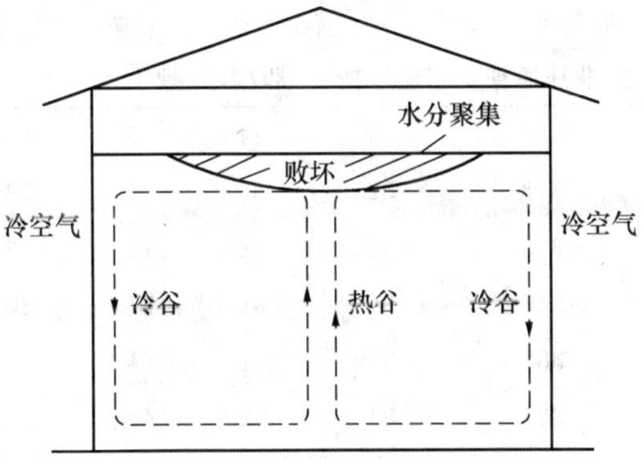

图 2-3-2　外界气温较低时，引起上层种子水分的增加

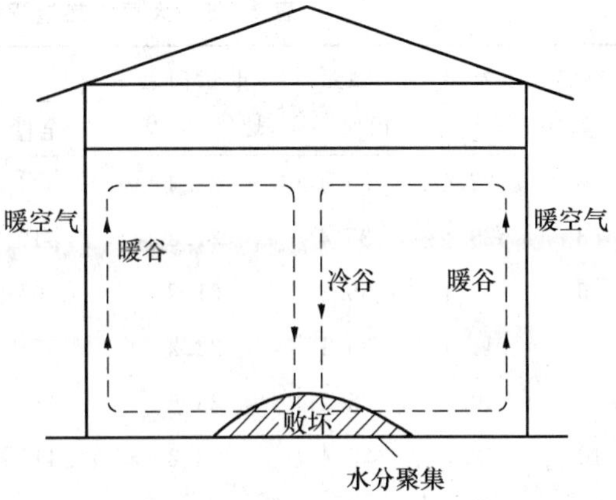

图 2-3-3　外界气温较高时，引起底层种子水分的增加

（3）垂直发热　在靠近仓壁、柱子等部位，当冷种子遇到仓壁或热种子接触到冷仓壁或柱子形成结露，并产生发热现象，称为垂直发热。前者发生在春季朝南的近仓壁部位，后者多发生在秋季朝北的近仓壁部位。

（4）局部发热　这种发热通常呈窝状形，发热的部位不固定，多半由于分批入库的种子品质不一致，如水分相差过大，整齐度差或净度不同等所造成。某些仓虫大量聚集繁殖也可以引起发热。

（5）整仓发热　上述四种发热现象中，无论哪种发热现象发生后，如不能迅速处理或及时制止，都有可能导致整仓种子发热。尤其是下层发热，由于管理上造成的疏忽，最容易发展为全仓发热。

4. 发热种子的品质变化

在种子发热过程中，由于种子本身生理活性和微生物活动的加剧，消耗营养物质并产生有毒代谢物质，使种子品质下降，甚至完全丧失生活力。因此，经过发热的种子，一般不能作种用。

例如，小麦种子，在种子含水量为 19.9%时，经过 9 d，发芽率便从 88%下降为 15%，种子感菌粒迅速增加，脂肪减少，酸值增加（表 2-3-4）。

表 2-3-4 小麦种子发热过程中的品质变化

发热天数/d	发热温度/℃	水分/%	感菌粒数/%	发芽率/%	呼吸强度 (CO_2)/(mg/100 g)	脂肪	脂肪数值
0	—	19.9	80	88	34.6	2.36	45.1
9	<30	19.8	84	15	190.7	2.33	49.4
13	<40	19.5	86	14	104.6	2.30	53.1
99	<45	13.5	100	0	64.4	1.63	65.9

大豆发热的速度更加迅速，温度升高和发芽力的丧失更快。发热到第 7 天温度即上升到和小麦发热 39 d 时的相等。到第 8 天即完全失发芽力(表 2-3-5)。

表 2-3-5 大豆发热过程中品质变化(水分为 22.2%)

发热天数/d	发热温度/℃	粗蛋白质/%	非蛋白态氮/(mg/10 g)	糖/(mg/10 g)			粗脂肪/%	感菌种子/%	发芽率/%
				全糖	非还原糖	还原糖			
0	22.4	35.4	22.4	444	400	44	44	3	93
3	29.4	35.4	21.2	410	378	32	32	11	73
5	37.1	35.8	21.2	405	373	32	32	16	52
7	44.4	35.1	22.2	378	347	31	31	27	30
8	49.3	35.2	23.6	433	382	51	51	64	0
10	53.7	35.4	28.2	417	334	83	83	40	0
12	55.1	35.7	34.7	491	245	246	246	14	0
13	55.2	35.8	32.4	438	251	187	187	13	0
15	59.7	36.1	32.3	443	226	217	217	0	0
17	67.3	36.3	25.7	432	172	260	260	0	0
19	77.0	36.6	35.0	291	27	264	264	0	0

5. 种子发热的预防措施

种子在贮藏期间，其本身进行着生命活动，尽管极其微弱，但仍然会不断地释放出水分和热量，同时环境条件(仓虫、微生物、大气温、湿度等)每时每刻都是种子发热的潜伏因素。但是只要掌握种子发热的规律，加强管理，这种异常现象也是可以避免的。根据发热原因，要做好如下预防措施。

(1)把握种子入仓关　入仓前必须严格进行清理、分级、干燥和冷却入仓(热入仓除外)等处理。这是防止种子发热，确保安全贮藏的基础。

(2)做好清仓消毒工作　要改善仓贮条件，尽可能地减少不良环境条件对种子的影响，或使某些不利条件变为有利条件，让种子长期处在低温密闭干燥的条件下，以保证种子安全贮藏。

(3)加强管理，勤检查　应根据气候变化规律和种子生理状况，制定出具体的管理措施，及时检查，及早发现问题，采取对策，加以制止。种子发热后，应根据种子结露发热的严重情况，采用翻耙、开沟、扒穴等措施排除热量，必要时用倒仓、摊晾和通风等办法降温散湿。发过热的种子必须经过发芽试验，凡已丧失生活力的种子，即应改作它用。

想一想：

大豆种子的"红眼"是怎么回事？

(六)种子的衰老变化

种子同一切生物一样，要经历形成、生长、发育、成熟和死亡的过程。在贮藏期间，种子逐渐衰老，如果不是突发性的原因(例如，骤然高温或低温冻害、机械损伤、化学药品腐蚀、毒物或高渗压物质的损伤等)造成种子的突然死亡，种子生命力的丧失应该看成是种子衰老逐渐加深和积累的结果。在种子完全死亡之前，种子的形态结构及生理生化方面均发生了一系列的劣变，正是这些变化的积累造成种子生命力的最终丧失。

1. 细胞膜变化

细胞膜分质膜和内膜两大类。在成熟、干燥过程中，种子的细胞膜发生深刻的变化。种子干燥时，种子收缩，细胞壁高度扭曲，细胞核和线粒体呈不规则状态，膜遭到不同程度的破坏。这一变化大大减弱种子的生理活动，有利于种子的安全贮藏。当种子吸水后，各种成分(如糖类、氨基酸、蛋白质以及各种离子)都有渗漏，然而，这一过程非常短暂。随着水分进入，膜的水合程度增加，各种膜进行修复，很快恢复到正常状态，渗漏也得到抑制。

当种子发生劣变时，干燥种子膜的渗漏程度较严重。种子劣变使膜端的卵磷脂和磷脂酰乙醇胺分解解体，使膜端失去了亲水基团，因而也就失去了水合和修复功能。由于膜内部脂肪水解和氧化，又使膜内部疏水基团解体。劣变种子再度吸水时，膜的修复很缓慢，甚至无法恢复到正常的双层结构，因此造成了永久性的损伤。

膜的永久性损伤造成大量可溶性营养物质以及生理上的重要物质(如激素、酶蛋白等)的渗漏，导致新陈代谢的正常过程受到严重影响。此外，膜的渗漏造成微生物大量繁殖，死种子和劣质种子最容易长霉就是此原因。膜是许多酶的载体以及生理活动的场所，膜的破坏使酶无法存在，它的功能亦随之丧失。脂肪的水解氧化不仅使膜的结构破坏，而且产生大量自由基离子，这种自由基离子既是电子供体又是电子受体，在生化反应中极为活跃，出于它的存在使物质的氧化分解更加快速，最终导致 DNA 突变和解体。

2. 大分子变化

(1)核酸的变化　大分子主要是指对生物物质合成起关键作用的核酸。种子的劣变表现在核酸方面的反应：一是原有核酸解体；二是新的核酸合成受阻。

核酸的分解是由核酸酶和磷酸二酯酶作用的结果，衰老种子中，这两种酶的活性均比新鲜种子高。

新的核酸合成受阻，首先是由于衰老种子中 ATP 含量减少，能荷降低而能量不足。用^{14}C标记的嘌呤渗入到大豆中的试验表明：新鲜种子 ATP 含量高，新合成的核酸多，衰老种子则相反。ATP 不仅是合成核酸的能源，更是合成 DNA 和 RNA 的基质。此外，核酸合成过程中必须要有 DNA 聚合酶和 RNA 聚合酶的参加，而衰老种子中这两种酶很快失活甚至分解，这也是新的核酸无法合成的原因。

核酸和蛋白质结合而形成核蛋白，它是细胞核和细胞质的主要组分。核酸的降解和合成受阻，其影响面是极其广泛的。经研究证明：衰老种子中胚发生 DNA 损伤以及修复功能降低。基因的损伤必然反映到转录和转译能力的下降以及错录错译可能性的增加，因此，衰老种子萌发过程中常有染色体畸形、断裂、有丝分裂受阻等情况发生；在生产上，由衰老种子长成的幼苗畸形、矮小、早衰、瘦弱苗明显增多，最终导致产量降低。

(2)酶的变化　种子衰老过程中蛋白质的变性首先表现在酶蛋白的变性上，其结果使酶的活性丧失和代谢失调。研究最为广泛和深入的是种子中的过氧化物酶、脱氢酶和谷氨酸脱羧酶，这三类酶的活性和种子的发芽率有极高的相关性。呼吸作用有关的一系列酶类，其活性和种子发芽率也都存在一定的相关性。至于酶的活性如何因种子衰老而丧失，目前尚有多种解释，如某些官能团被氧化分解（如硫氢基被氧化成二硫键），酶的辅基或辅酶失落，酶分子的构象改变，酣和某种物质（如蛋白质等）形成复合体以及酶本身被分解等。

3. 有毒物质的积累

在种子贮藏过程中，随着时间的推移，特别在不良的环境条件下各种生理活动产生的有毒物质逐渐积累，使正常生理活动受到抑制，最终导致死亡。例如，种子无氧呼吸产生的酒精和二氧化碳，蛋白质分解产生的胺类物质对种子有毒害作用。从老化种子浸出液或渗透液中可测得多种脂类氧化产物的羰基化合物，这类物质既是一种有毒物质，又是一种诱发剂，可以诱发多种化学反应。脂类氧化分解过程中产生的丙二醛是普遍性产物，对种子有严重的毒害作用。其他的许多代谢产物，如游离脂肪酸、乳酸、香豆素、肉桂酸、阿魏酸等多种酚、醛类和酸类化合物、植物碱，均对种子有毒害作用，种子中存在过多的 IAA 和 ABA 也成为抑制种子萌发和生长的有毒物质。此外，微生物分泌的毒素对种子的毒害作用也不能低估，尤其在高温高湿条件下更是如此。例如，腐生真菌分泌的黄曲霉素会诱发种子染色体畸变。有毒物质的积累胚比胚乳要多，胚是主要的积累场所。

种子衰老的原因和机理还有多种：亚细胞结构如线粒体、微粒体破坏，无法维持独立结构而丧失其功能；胚部可溶性养分的消耗，在贮藏温度和种子水分较高时微生物和仓虫造成的危害等。总之，种子衰老过程是一个从量变到质变的过程，最终导致种子死亡。

二、种子贮藏期间的管理

(一)种子的检查

种子入库后，由于种子本身的生命活动和受环境条件的影响而不断发生变化，为了掌握种子情，发现问题，防止损失，需要进行及时检查。

1. 检查的内容

贮种仓库检查的内容主要有种子的温度、水分、虫霉、发芽率等项目。

(1)温度的检查　种温变化能反映出种子贮藏的安危状况。检查温度的方法简而易行，所以在生产实践中，普遍采用检查温度的方法指导贮藏工作。

①检查的时间。种温检查的时间最好是在上午 9～10 时进行，因为此时的气温和仓温较接近全日的平均温度。检查种温的同时要测记气温和仓温。

②检查的部位。一般应根据堆装方式，种堆大小及种质情况而确定检查的部位和点数。

一是散装种子。散装仓种堆部位的确定，要求定层定点，以便系统准确地观察种温变化。另外，还要抽查容易出问题的部位，如向阳面、墙角、墙基部及墙基附近，自动分级杂质聚集处，入库时原始水分稍高的部位等。定层定点一般是在 100 m^2 范围内采用 3 层 5 点 15 处的方法，即将种堆分成上、中、下3层，每层设5点，共15处，如果种堆的面积不足100 m^2，可以减少检查的点数，大于100 m^2 可以相应地增加检查的点数。

二是包装仓种子。包装仓检查的原则是定层定包。但应根据堆装形状和大小，种子质量、仓房条件和贮存季节等因素来决定检查的点数。由于包装种堆较易受外界温、湿度的影响，检查的层点应比散装的种堆要多。检变的部位如8袋高的则在第2、5包或3、6包检查，包装堆再高的可分上、中、下3层检查，对于堆桩很大的，除在堆桩四周检查外，各桩中央也应根据堆桩面积，设1～3点，然后由种堆顶部的一包向下数至第5包检查，必要时还应将设点位置各包全部提出，以检查堆内部和底部，这种方式称为“打井”检查。如用测温仪时可将探头埋在检查部位直接检查。

为了使检查全面系统，生产中也常采用曲线检查法。如对9包高种子堆桩的检查(图2-3-4)，第一次检查由第1行的底层第1包开始，以此包作为第一个检查点，然后依次检查第2行的第4包，第3行的第8包，第4行的第4包，第5行的底层第1包，顺序循环下去。第二次检查时从第2行底层第1包开始。第三次检查时则从第3行底层第1包开始，如此周而复始，经过一段时间，可以起全面检查的作用。如检查中发现某一包有问题，应将围绕此包周围的数包加以检查，并将有问题的种包抽出处理。

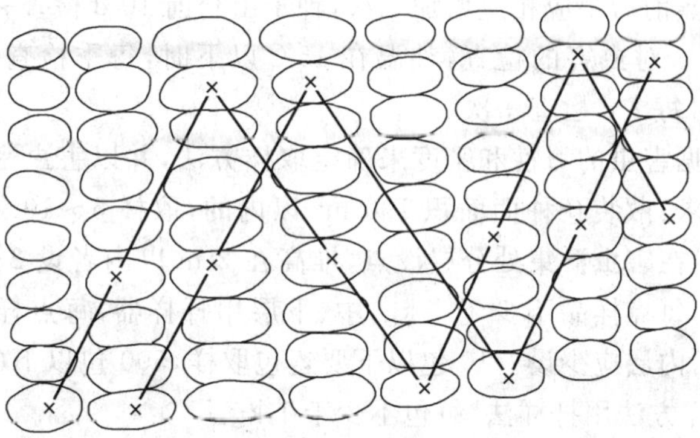

图2-3-4　曲线查温法示意图

×—检查点

三是围装种子。囤装检查的原则分层定点，分层的方法与散装仓相同，定点的方法分内、中、外三部，内部为圆囤的中心，设一点；外部为距囤边缘30 cm处设两点；中部为囤半径的中心，设两点，共设五点，囤的直径超过7 m以上，必须再增设检查点。

③检查的期限。检查种温的期限在原则上应根据种子质量(干、湿)、生理强度及气候条件等而决定。一般要求是种子收购期间每天测温观察，入库完的最初15 d，每3 d检查1次，以后每7 d检查一次，在10℃以下时可适当减少检查的次数。在遇大雨、大雪或仓库条件较差、地坪返潮等情况时，应随时进行检查。

④测温的方式。种温测定可采用仪器检查与感官鉴定相结合的方式进行，目前检查种温的仪器，有种温计和电阻测温仪。电阻测温仪是根据电桥电路的原理设计的，测温仪的探头埋在要测的部位，随时可以测定，适用于大型种子仓库应用。具有省工、省力和及时掌握种温度变化的情况的优点。但温度计和测温电阻对温度的感应范围较小，所以在仪器检查的同时，还要辅以感官鉴定。

常用的感官方法:用赤脚在种面走动,通过脚的感觉,可以发现种子发热部位和霉变情况;从种堆拔出温度计时,使铁杆沿着手心抽出,通过手的感觉、也可判断有无发热情况。

(2)湿度的检查　种子仓库湿度检查的内容主要包括种堆的湿度和仓湿。

种堆内湿度检查,在目前条件下可用特制的毛发湿度计,其构造是将毛发部分装入铁筒内,并在筒上钻有很多小孔,顶端做成圆锥形以便插入种堆,另一端装有刻度盘露在堆外,刻度盘的指针所指的示度,即为种堆的相对湿度。但此种仪器不够准确,必须校正以后才能应用。仓温的检查主要利用干、湿球温度计(有条件的地方,也可在仓内安放自记温、湿度计)。

使用干、湿球温度计时要注意悬挂的高度要适中,使水银球和人的视线相平,以便于观察,水中的纱布和水要经常保持清洁。在观察时首先查出干、湿球的差数和温度球的示度,在直栏和横栏相交的方格中,即可查出相对湿度和绝对湿度的数值。

(3)水分检查　种子水分检查是以 25 m^2 作为一个检验区,采用 3 层 5 点 15 处的方法,把每处所取得的样品混匀后,再取得试样进行测定。但是取样一定要有代表性,对于有怀疑的部位所取得的样品,要单独测定。水分检查的时间原则上是一四季度每季度检查一次,二三季度是每月检查一次。仓库条件较差的潮湿季节应增加检查的次数,每次整理种子之后,也应检查一次。

(4)发芽率检查　种子发芽率应 4 个月检查一次,同时根据气温的变化,在高温之后或低温之后以及在药剂熏蒸前后都应相应增加一次,种子出仓前 10 d 检查一次。

(5)虫、霉的检查　对虫害的检查,种温在 15℃以下时,每季检查一次,在 15～20℃时,15 d 一次,20℃以上时每 7 d 检查一次。

检查害虫时要根据害虫的习性和密度来确定取样方法,并以害虫密度最大的部位代表全仓。取样点的具体要求:散装仓种面面积 100 m^2 以内的,取样 5～10 处;101～500 m^2 的,取样 10～13 处。取样时在害虫群集处分层设点,堆高在 2 m 以内者设 2 层,超过 2 m 以上设 3 层。上层用手或铲取,每点样品不少于 1 kg,中、下层用扦样器,每点样品不少于 0.5 kg。对于包装的外层多设点,内层应少设。10 包以下要逐包取样,500 包以下的取样 10 包,500 包以上的按 2%取样。取样方法用扦样法,每包不少于 1 kg。

检查方法:一般对子粒外的害虫用筛选法,即将每个样点上的样品,筛动,把虫子筛下来,并结合手拣法进行检查,分析其活虫头数及虫种,再决定防治措施。在缺少筛子情况下,可把检查的样品平摊在白纸上,找出虫子,并分析虫种和计算每千克在种子感染率(头数/kg)。在气温下降季节,要正确观察仓虫的死活状况,可将检查出来的虫子放在手掌上或呵一口热气,虫子受热后就会醒,并爬动起来。检查蛾类害虫,一般不用筛检法,因蛾善飞,可用撒谷看蛾飞目测法,观察虫口的密度,决定防治措施。对于子粒内部的害虫可用刮粒法和饱和食盐比重法。有条件的地方可用 X 射线,可以直接看到种子内部的害虫。

霉菌方面检查时期的长短主要根据季节、仓房防湿防热性能和种子水分温度情况决定检查的期限。检查霉变部位,一般应注意底层、墙角、柱基等阴暗潮湿部位以及容易结露和杂质集中的部位。露天囤应注意检查囤顶和囤边部分。

(6)鼠雀的检查　主要是看鼠雀的足迹和粪便,及有无鼠洞。

2. 查仓的步骤

查仓是一项较细致的工作,操作时应有计划有步骤进行,以便能及时发现问题,全面掌握种情。一般经验是检查前制订好计划,备齐工具;检查时要全面细致,运用流水操作方法,详细记录,做好标记,检查后整理清洁,及时汇报。其具体步骤如下。

①打开仓门后，先闻一下有无异常的气味，然后再看门口、种子表面等部位有无鼠雀的足迹及墙壁等部位是否有虫子。

②划区设点，安放测温测湿仪器。

③扦取样品，以便进行水分、发芽率、虫害、霉变及净度等项目的检查。

④观看温度、湿度结果。

⑤观看仓库内外有无倾斜、缝隙和鼠洞。

⑥根据以上的检查情况，进行分析，提出意见，如有问题应及时处理。

查一查：

种子检验查时所需的仪器？

(二)通风

由于空气具有一定的传热和载温能力。在通风时用干冷的空气将种堆内的湿热空气带走，排出仓外，以降低种子的温度和水分，并改变种堆内的空气成分，降低二氧化碳浓度，保持种子的生活力，通风的方式一般有自然通风和机械通风两种。

1. 自然通风

根据仓内外温、湿度状况，选择有利于降温、降湿的时机，打开门窗让空气进行自然交流的一种方法。自然通风的效果与温差、风速和种子堆装方式有关。当仓外温度比仓内低时，空气比重大于仓内，便产生了仓内、外空气的压力差，空气就会自然交流。冷空气进入仓内，热空气排出仓外。温差越大，内外空气交换量越多，通风效果越好；风速越大则风压越大，空气流量也多，通风效果好，仓内包装堆放的通风效果比散装堆放为好，而包装小堆和通风柱又比大堆和实垛的通风效果为好。

自然通风在实际应用中原则上应掌握：在气温上升季节3～8月份，气温高于种温通常不宜通风，以密闭仓房为主，这样可以延长仓内低温时间。在气温下降季节的9月至第二年的3月份，气温低于种温则以通风为主。只要不是阴雨天和有雾天气，可以多开门窗以利于降温，但这也不是绝对的，当贮藏种子需要通风时应根据以下具体情况灵活掌握。

①如果仓内的温、湿度均高于仓外，可以通风；但要注意寒流的侵袭，防止种子堆的温差过大而造成结露。

②仓内外温度比较接近，而仓内相对湿度大于仓外，或者仓内外相对湿度基本相同，而仓内湿度高于仓外，都能通风，前者通风可降湿，后者通风可降温。

③仓外温度高于仓内而相对湿度低于仓内，或者仓外温度低于仓内而相对湿度高于仓内时，能否通风就要看当时的绝对温度。如果仓外绝对湿度低于仓内，可以通风；反之就不能通风。但是前者情况通风时要格外小心，如果二者温差过大，容易引起表面层种子结露，通风时所需要的绝对湿度，可通过查阅不同温度下空气的饱和水汽量(表2-3-6)与相对湿度换算而得，计算方法如下：

$$绝对湿度(g/m^3) = 当时温度的饱和水汽量(g/m^3) \times 当时相对湿度(\%)$$

例如，仓外气温为15℃，空气相对湿度为80%，而仓内温度为20℃，相对湿度为65%的情况下，能否通风？

查饱和水汽量表，温度为15℃时的饱和水汽量为12.712 g/m^3，20℃时的饱和水汽量为

17.117 g/m^3,它们的绝对湿度为:

$$仓外绝对湿度 = 12.712\ g/m^3 \times 80\% = 10.1696\ g/m^3$$

$$仓内绝对湿度 = 17.117\ g/m^3 \times 65\% = 11.1261\ g/m^3$$

二者相比较,仓内绝对湿度大于仓外,因此可以通风。

④如果雨、雾、雷、台风等天气,气温虽然较低,但相对湿度较高、除严重发热的种子外,一般都不宜通风。

⑤一天中可利用早晨或傍晚低温时间通风,下半夜的相对湿度较大不能通风,通风时上午开北面、下午开东面,多开北面、少开南面也能收到一定的效果。

表 2-3-6 不同温度的空气饱和水汽量和水汽压

温度/℃	水汽压/mm	饱和水汽量/(g/m^3)	温度/℃	水汽压/mm	饱和水汽量/(g/m^3)
−20	0.78	1.078	5	6.54	6.761
−19	0.85	1.170	6	7.01	7.219
−18	0.95	1.269	7	7.51	7.703
−17	1.04	1.375	8	8.05	8.215
−16	1.14	1.489	9	8.61	8.837
−15	1.25	1.611	10	9.21	9.329
−14	1.37	1.882	11	9.85	9.934
−13	1.50	1.942	12	10.52	10.574
−12	1.64	2.032	13	11.24	11.249
−11	1.80	2.192	14	11.99	11.961
−10	1.96	2.363	15	12.79	12.712
−9	2.14	2.548	16	13.64	13.504
−8	2.34	2.741	17	14.54	14.338
−7	2.55	2.949	18	15.49	15.217
−6	2.78	3.171	19	16.49	16.143
−5	3.02	3.407	20	17.55	17.117
−4	3.29	3.658	21	18.66	18.142
−3	3.58	3.926	22	19.84	19.220
−2	3.89	4.211	23	21.09	20.353
−1	4.22	4.513	24	22.40	21.544
0	4.58	4.835	25	23.78	22.795
1	4.92	5.176	26	25.24	24.108
2	5.29	5.538	27	26.77	25.486
3	5.68	5.922	28	28.38	26.431
4	6.10	6.330	29	30.08	28.447

续表 2-3-6

温度/℃	水汽压/mm	饱和水汽量/(g/m^3)	温度/℃	水汽压/mm	饱和水汽量/(g/m^3)
30	31.86	30.036	36	44.62	41.274
31	33.74	31.702	37	47.13	43.461
32	35.70	33.446	38	49.76	45.746
33	37.78	35.272	39	52.51	48.133
34	39.95	37.183	40	55.40	50.625
35	42.23	39.183			

2. 机械通风

机械通风是一种用机械通风(或吸风)通过通风管或通风槽进行空气交流,使种子堆达到降温、降湿的方法(图 2-3-5、图 2-3-6)。由于它是采用机械动力,通风效果比自然通风要好,具有通风时间短,降温快、降湿均匀等优点。

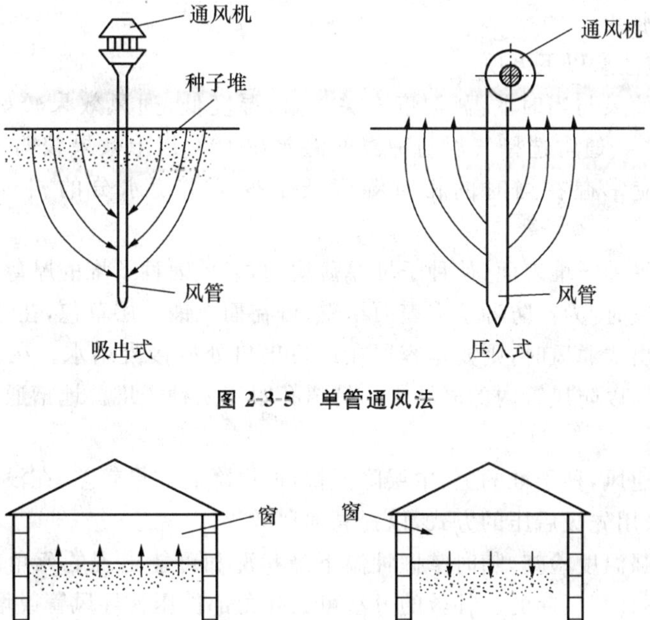

图 2-3-5 单管通风法

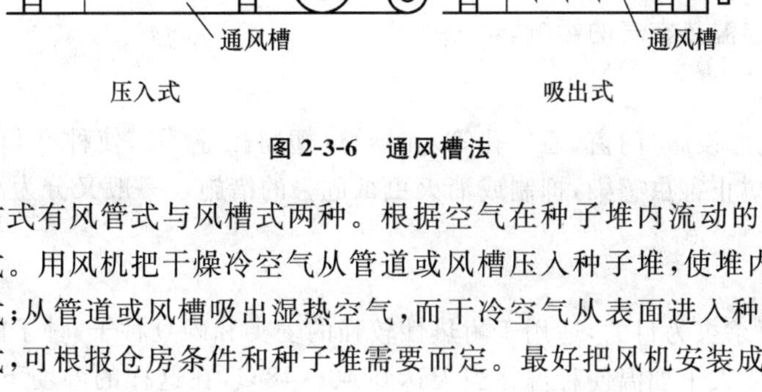

图 2-3-6 通风槽法

机械通风的方式有风管式与风槽式两种。根据空气在种子堆内流动的方式不同,又可分为压入式和吸入式。用风机把干燥冷空气从管道或风槽压入种子堆,使堆内的湿热空气由表面排出的叫压入式;从管道或风槽吸出湿热空气,而干冷空气从表面进入种子堆的叫吸出式。以上几种通风方式,可根报仓房条件和种子堆需要而定。最好把风机安装成能吸能压两用,以便根据通风降温的具体情况，确定采用哪种形式或交替使用。为了便于移动，做到一机多用，一般把风机安装在能移动的小车上，当一仓达到通风降湿目的后，可移到另一仓使用。

(1)风管式机械通风　风管式机械通风是由一个风机带一个通风管或带多个通风管组成的通风系统，这些风管可根据通风部位的需要自由移动。

通风管一般用薄钢板卷制而呈圆形，焊接而呈管道，直径 8 cm 左右。分上、下两段，上段长 1.5～2 m，下段长 2 m，风管末端 50 cm 长度的范围内钻有直径为 2～3 mm 圆孔，使用时将风管排列插入种子堆内，风管间距为 2 m。用管式通风降温，一般采用吸出式为好。吸出式通风对上、中层种子降温效果显著，对下层种子降温效果较差。为了避免发生这种情况，在用吸出式之后得改用压入式，可防止表层种子结露。通风降温后，还需要拔去通风管以防壁周围的种子结露。

(2)风槽式机械通风　由风机和通风槽组成。据报通风槽能否移动，可分为固定式(在地下)和移动式(在地上)两种。固定式又称地槽式，在仓库地坪下面开设地槽。地槽的间距一般不宜超过种子堆的高度。地槽宽度为 30 cm 左右。地槽深度由接通风机的一端到另一端，应逐渐由深变浅形成斜坡，可以通入种子堆的风压相等。槽面可盖铁丝网，但必须与地坪平整，以便清扫防止种子混杂。

(3)机械通风应注意以下事项

①机械通风的效果与当时的温、湿度有关。温、湿度低，通风效果较好；反之，除特殊情况外，一般不能通风。通常选择气温与种温的温差在 10℃以上效果较明显。为防止种子从潮湿空气中吸湿，应掌握在当时的相对湿度低于种子平衡水分的相对湿度条件下进行通风。

②通风前要耙平种子堆表面，使种子堆厚薄均匀，以免因种子堆的厚薄造成通风不均匀。

③采用压入通风时，为预防种子堆表面结露，可在面上铺一层草包，在结露未消失前，不能停止通风。采用吸出式通风时，则要用容器在风机出口处盛接凝结水。在水滴未止前不能停机，更不能中途停机，以防风管内的凝结水经管道孔眼流入种子堆。地槽通风则可在出风口接水或垫糠仓吸湿。

④吸出式风管通风，种子堆的上、中层降温快，低层降温效果较差，在没有达到通风要求时不能停止通风，或采用先吸后压的方式，以提高通风效果。

⑤通风时需加强温度检查，随时掌握种温下降状况和可能出现的死角。出现死角的原因是通风管，槽布置不合理引起的。补救的方法可在死角部位压入导风管或增加单管，以增强这些部位的气流速度。

⑥实施通风作业时，应打开仓门窗，以加快空气流通，不进行通风时，应将进风口严密堵塞，以免种子受外界湿热空气的影响。

(三)密闭

密闭是通过仓库设施(门窗、通气孔等)和器材(塑料帐篷等)，使种堆和外界隔绝，避免外界温、湿的影响。防止害虫感染，抑制或消灭虫霉危害的措施。一般又分为高温密闭和低温密闭两种。

1. 高温密闭

高温密闭是以杀虫为目的，适用于耐热性较强的麦类和豌豆种子，种子的水分在标准水分以内，经太阳暴晒或人工加温使种温在当天达到 46～48℃，在这样的温度下，一般仓库害虫可被杀死而不损坏种子的发芽率。然后趁热入仓，入仓时要一次入满，以免发生温差结露和仓虫的复苏。装满的小仓，围囤或土圆仓后，及时盖压密闭保温，盖压一般用席子、草装或麻袋等复盖种面。再在上面用麦糠、谷壳、灶灰等压盖。也可用囤套囤的办法，即在囤顶及套囤夹层中灌进麦糠、谷糠或干沙等植充物密闭，所有压盖物均应干燥、清洁和消毒，最好同时晒热再用，密闭 7～10 d，如入库的种温较低，可适当延长几天，当达到杀虫效果后，即搬去覆盖物，散发种温翻动种面，以避免高温密闭的时间过长，而影响种子的生活力。对于没有机械通风设备的大型种仓，因种子是一不良导体，降温较慢，因而不宜采用。

2. 低温密闭

低温密闭对于一般干燥的种子来说都可以应用，在低温干燥的情况下，可降低种子的呼吸强度，延长种子的寿命，同时抑制仓虫和微生物繁殖和生长。

低温可用自然冷却和人工冷却，自然冷却可利用仓内冷却，即在冬季严寒干燥的季节，将仓库的门窗打开，种堆摊落，翻动种面，扒洞等办法以冷却种子，或利用转仓时冷却。冷却的效果与温差、运动途径的远近及空气的接触面有关。另外，还可用出仓冷却即用人力或机械将种子搬到仓外充分冷却，冷却的种子在春暖温度回升以前密闭起来，机械冷却不受季节的限制，冷却的种子一般堆成大堆，根据种子是不良导体的特点，利用冬季的低温使之安全度夏。密闭的仓库，将仓房门窗严密糊封，门口挂多层门窗，在早、晚入仓检查时，以防外界温、湿的浸入。如果仓房条件较差，也可采用堆面压盖，压盖时要做到干、紧、密、实，以利于隔热、隔湿，并防结露。

查一查：

不同作物种子仓库的类型有哪些？

(四)保管损耗

种子保管损耗的大小、费用高低，反映了企业的管理水平。应在保证种子安全贮藏的前提下，降低损耗，节省保管费用。

1. 种子保管自然损耗

种子保管自然损耗是指种子在入库到出库的过程中，由于水分的自然蒸发、翻晒、倒垛或倒仓的抛弃及多次抽样检查而发生的自然减量。

(1)水分、杂质减量　它是指种子在保管、整理和晾晒过程中的降低或杂质减少所产生的损耗。

水分损耗的计算公式：

$$\text{水分损耗率} = \frac{\text{入库水分} - \text{出库水分}}{100 - \text{出库从分}} \times 100\%$$

$$\text{水分损耗量} = \text{入库总量} \times \text{水分损耗率}(\%)$$

例如：玉米种子 10 万 kg，入库时水分为 13%，经贮藏期间的晾晒，出库时水分为 12.5%，按公式计算：

$$\text{水分损耗率} = \frac{13 - 12.5}{100 - 12.5} \times 100\% = 0.57\%$$

$$\text{水分损耗量} = 100\,000 \times 0.57\% = 570(\text{kg})$$

杂质损耗的计算公式：

杂质损耗率 = 入库杂质(%) − 出库杂质(%)

杂质损耗量 = 入库总量 × 杂质损耗量

(2)保管中的自然损耗　保管中的自然损耗是指种子在保管过程中，由于检验和计算的合理误差，搬动中的零星散失，轻微的虫鼠雀害，以及种子正常呼吸消耗的干物质等所产生的损耗。

种子的自然损耗与种子贮藏时间的长短有密切关系，贮藏时间愈长，损耗率愈大。一般规定，种子的自然损耗包括水分和杂质的损耗。

保管时间在6个月以内，不得超过0.2%；保管时间在一年以内，不得超过0.25%；保管时间在一年以上，不得超过0.3%。

例如：入库20万kg小麦种子，保管5个月，其定额消耗为

$$200\,000 \times 0.2\% = 400(\text{kg})$$

实际损耗小于400 kg时称为定额内消耗，如超出了400 kg，就称为“超耗”。

超耗＝保管中实际损耗量－定额损耗量

另外，在种子经营中还有种子的销售消耗和零售消耗，目前我国暂定为0.3%。

为了降低消耗，在种子入库时要严格控制种子水分和杂质，准确验重，降低种子的呼吸强度，减少虫、鼠、雀害，以提高经济效益。

2. 保管费用管理

保管费用在种子经营中占有一定比重，因此在确保种子安全贮藏前提下，改善经营管理，降低保管费用，是贮藏工作中的一项主要任务。

(1)保管费用开支范围　种子在贮藏过程中所支付的一切费用，主要包括以下几点。

①防治化验费。防治化验费指保管种子的防治和检验、化验费用。包括防治、检查、化验用的药品，防治仓虫所用的工具器材，以及单价在10元以下的防治和检查化验用品及电费，还包括委托外单位的化验费和按规定付给防化人员的营养费。

②保管用品费。保管用品费指种子保管购置的单价在10元以下的物品如席子、苫子、筛子、扫帚、仓锁等。不包括麻袋等包装物品费用。

③种子整理费。种子整理费指处理高水分种子、高温种子、感虫种子等所采取翻仓、摊晾、冷冻、出晒、烘干、通风等措施的雇用人员工资。

④其他保管费。其他保管费指仓库货场的水电费、铺垫费、委托保管费以及雇用的保管和杂工等。

对新购进的保管、防化用品数量较大的，可按实际用量分期分批摊报，不要一次整批列支保管费用。

(2)加强管理节约保管费用的办法

①认真执行财会制度。种子仓库必须严格执行财会制度，建立并健全各种账目。对各种账目和报表，必须保证数字真实准确，从而正确及时地反映活动情况，保管员要定期与会计核实账目，做到日清月结，账、卡、物相符。

②提高科学保管水平、节约费用。在种子贮存的各个环节中，都要研究采用先进科学技术，这不仅可以保证种子贮藏安全，而且能节约保管费用。例如，近年来采用的低温贮藏，合理

熏蒸，单管或多管通风等方法，都能节约种子的整晒、倒仓的费用，并延长了种子寿命，降低了转商数量，节约了保管费用。

③加强器材管理。仓贮器材是保管好种子的重要物资，也是仓库开支的一个重要项目。因此，仓库的所有设备、机械、工具、装备、器材都必须按规定建立严格的管理制度，责任明确，并要有器材账，做到收有凭，付有据，定期盘点，账物相符。对器材的使用要包干到人，加强保养维修，保持完好。器材使用后要及时清洁整理，分类存放，充分发挥使用效能，延长使用寿命。

④要实行器材定额。在日常工作中注意器材使用和保养，不断提高操作技术和器材使用效能，以达到节约费用的目的。器材定额包括三种指标，即器材使用定额、配备定额和折损率定额。器材使用定额是工作中具体使用器材的标准。器材配备定额是一个仓库或一个单位使用器材的最高指标。器材折损率额是器材在使用一定时期或完成一定任务后的折旧或损耗的指标。为了节约保管费用，对器材的使用情况可以制定一定的奖惩制度，以利于调动广大职工的积极性。

(五)“五无”种子仓库标准

“五无”种子仓库是指贮存的种子无混杂、无病虫、无霉变、无鼠雀、无事故。是否做到“五无”是衡量种子仓贮管理水平的根本标准，也是保证种子安全贮藏的关键。“五无”仓库的标准和做法，国家初步规定为以下几点。

1. 无混杂

品种之间不能混杂。种子在整理时要核对标签和堆垛卡。同一作物的亲本种子不能相邻堆放。散落在地上的种子不得作种子。晒种时清场要彻底，原则上一个场晒一个品种为宜，翻晒两个以上品种时，至少应有 50 cm 间距。对包装用具和物品要清倒彻底，残留种子量每 10 条麻袋、5 领席苫或 5 只箩筐，大粒种子不得超过 3 粒，小粒种子不得超过 30 粒。

2. 无虫

种堆内虫害重点部位，每千克种子发现 2 头活虫，经及时处理达到无虫，也算无虫。

3. 无霉

保管的种子无霉坏、无异味、无变质。

4. 无鼠雀

凡仓房内无鼠迹、鼠洞、雀巢和鼠雀粪的，偶尔窜入鼠雀能及时捕杀的，也视为无鼠雀。

5. 无事故

除人力不可抗拒的自然灾害外，没有发生火灾、水淹、盗窃、混杂、错收、错发和不能说明原因的超耗等仓贮事故，就叫无事故的仓库。

想一想：

一般作物种子仓库贮藏所消耗的种子量与什么有关系？

复习思考题

1. 判断

①种温的年变化在种子堆各层次之间表现不明显。

②种堆内部一般以高温部位和高水分部位湿度最大。

③种子水分的日变化，主要发生在种堆的表层 30 cm 左右。

④种温检查的时间最好是在上午 9～10 时进行。

⑤机械通风效果比自然通风要好。

2. 填空

①高水分和低水分的种子堆在一起时，种子的水分能通过水汽的（　　）及（　）作用而转移。

②热空气遇到冷种子后，温度（　），使空气的饱和含水量（　　），相对湿度（　　）。

③仓内结露的部位，常见的有以下几种：（　　）、（　　）、（　　）、（　　）、（　　）、（　　）。

④贮种仓库检查的内容主要有种子的（　　）、（　　）、（　　）、（　　）等项目。

3. 简答题

①种子结露的原因和部位？

②种子发热的预防措施？

③种子检查的内容？

④如何进行种子仓库的正确通风？

⑤“五无”种子仓库标准？

实验实训　种子库检查与种子贮藏管理

一、种子库的检查

1. 检查的内容

贮种仓库检查的内容主要有种子的温度、水分、虫霉、发芽率等项目。

①温度的检查。种温变化能反映出种子贮藏的安危状况。检查温度的方法简而易行，所以在生产实践中，普遍采用检查温度的方法指导贮藏工作。

②湿度的检查。种子仓库湿度检查的内容主要包括种堆的湿度和仓湿。种堆内湿度检查，在目前条件下可用特制的毛发湿度计，其构造是将毛发部分装入铁筒内，并在筒上钻有很多小孔，顶端作成圆锥形以便插入种堆，另一端装有刻度盘露在堆外，刻度盘的指针所指的示度，即为种堆的相对湿度。

③水分检查。种子水分检查是以 25 m^2 作为一个检验区，采用 3 层 5 点 15 处的方法，把每处所取得的样品混匀后，再取得试样进行测定。但是取样一定要有代表性，对于有怀疑的部位所取得的样品，要单独测定。

④发芽率检查。种子发芽率应 4 个月检查一次，同时根据气温的变化，在高温之后或低温之后以及在药剂熏蒸前后都应相应增加一次，种子出仓前 10 d 检查一次。

⑤虫、霉的检查。对虫害的检查，种温在 15℃以下时，每季检查一次，在 15～20℃时，15 d 一次，20℃以上时每 7 d 检查一次。

⑥鼠雀的检查主要是看鼠雀的足迹和粪便及有无鼠洞。

二、种子贮藏管理

1. 通风

由于空气具有一定的传热和载温能力。在通风时用干冷的空气将种堆内的湿热空气带走,排出仓外,以降低种子的温度和水分,并改变种堆内的空气成分,降低二氧化碳浓度,保持种子的生活力。

2. 密闭

密闭是通过仓库设施(门窗、通气孔等)和器材(塑料帐篷等),使种堆和外界隔绝,避免外界温、温的影响。防止害虫感染,抑制或消灭虫霉危害的措施。

3. 仓虫防治

仓虫防治工作应该贯彻“以防为主,综合防治”的方针,就是说要用各种方法预防和制止仓虫的发生。

4. 种子仓库要做到“五无”

“五无”种子仓库是指贮存的种子无混杂、无病虫、无霉变、无鼠雀、无事故。是否做到“五无”是衡量种子仓贮管理水平的根本标准,也是保证种子安全贮藏的关键。

三、实训作业

制定出一套种子仓库的管理方案。

工作任务四 低温仓库种子贮藏和管理

知识目标

➢明确种子低温仓库的基本要求及其设备。

➢掌握种子低温仓库技术管理要点。

技能目标

➢会种子低温仓库设备操作及技术管理。

知识资讯导读

1 000 多年前结的莲子,到现在如果不腐朽,也已变成化石,早已没有生命,怎能发芽开花?虽然难以置信,然而这是事实!

多年来,我国报刊上曾多次报道,在辽宁省旅顺附近的新金县普兰店东五里处的泥炭土层中发现尚有生命力的古莲子。早在 1923 年,日本学者大贺一郎在我国辽宁新金县普兰店一带进行地质调查时,在当地泥炭层中采到古莲子,并使它发了芽。1953 年,有人将从普兰店莲花泡地层里的泥炭中挖到的 5 粒古莲子送到北京中国科学院植物研究所古植物研究室的徐仁教授手中。这 5 粒古莲子经在实验室内进行了一系列的处理,然后栽入花盆中。使人惊奇的是,这 5 粒古莲子,在潮湿的水土条件下,过了几天便都长出了幼小的荷叶。以后,将此 5 棵幼荷从花盆中转移到池塘里。1 个多月后,它们竟都绽蕾开花,二白,二粉红,一紫红,花瓣与现代的莲荷，几乎无任何区别。到了秋季，花瓣凋谢，都结出了含有莲子的莲蓬。

一般植物的种子在常温条件下的有效寿命为二三年左右。埋在地下上千年的古莲子为什么能活着？据科学家分析，一个重要的环境因素便是温度。地面 1 m 以下泥土中温度比地面空气中的温度低，且较稳定，这些条件都有利于种子长期保存其生命力。普兰店一带气温较低，雨量又不多，湿度低，氧含量在泥炭层里又很多，因此，当地古莲子能保持其生命达 10 个世纪，可以得到解释。

看来适当的低温度、低湿度是保存种子的绝佳条件，我们在种子贮藏过程中，其实早已把这两个重要的条件应用于实践。低温贮藏种子可以有效抑制种子堆内各种生物成分的生命活动，保持贮藏作物的营养成分，新鲜食味和发芽能力，并延缓陈化，从而达到安全贮藏，是今后贮存农作物技术的发展方向。例如，小麦虽能耐高温，但在高温下持续贮藏会降低小麦品质。因此，可将小麦在秋凉以后进行自然通风或机械通风，使其充分散热，并在春暖前进行压盖密闭进行低温贮藏。这种方法不仅可以防虫、防霉，还可以保持小麦有较好的发芽力和工艺品质，降低粮食的呼吸消耗及其他分解作用引起的损失。玉米也是如此，脱粒通风降温后需要入仓低温贮藏，且需要严格控制种子入库时的水分，种子含水量不可以超过 13%，后期还需注意防止种子吸湿回潮。

低温仓库采用机械降温的方法使库内的温度保持在 15℃以下，相对湿度控制在 65%左右。低温仓库配有成套的降温机械，它的造价相应比一般房式仓要高。为什么要高投入地采用低温仓库呢？据调查，原因是试验数值显示此种仓库对于贮藏杂交种子及一些名贵种子，能有效延长其寿命和保持较高的发芽率。

查一查：

作物种子对低温仓库贮藏有什么条件？

一、种子低温仓库的基本要求

低温库是依靠人工制冷降低库内温度的，低温库若要提高低温效能，降低制冷成本，则要尽最大可能隔绝外界气温的影响。通常一个较好的低温库必须具备以下条件。

(一)隔热保冷

隔热保冷是低温库最基本的要求，库内的隔热保冷性能的强弱直接关系到制冷设备的工作时间长短、耗能多少及费用高低等方面。因此，仓库的墙壁、天花板及地坪的建造，都应选用较好的隔热材料。隔热材料的性能与材料的导热系数有关，导热系数越小，导热能力越差，隔热效果相应越好。每种隔热材料的导热系数与材料的容重呈正相关，容重大，导热系数则大。选材时应尽可能选用导热系数小的隔热材料，即选择材料时应选用容重小的作为隔热材料。一般常用的隔热材料导热系数在0.083 6～0.502 0 kJ/(h·m·℃)较好。表 2-4-1 列出了一些常用材料的导热系数。

仓壁、屋顶、地坪的结构均对低温仓库的隔热有较大影响。隔热结构好，耗冷量少，制冷设备工作时间短，耗费也少。反之，耗冷量多，耗费也随之增大。

屋顶受热面积大，时间也长，尤其要做好隔热工作。屋顶要设天花板，在天花板上最好放些隔热材料，如放 30 cm 厚的膨胀珍珠岩粉用以隔热。低温库仓壁分为内外两层，外墙是承重墙，内墙起隔热防潮作用，如图 2-4-1 所示。两墙之间填充导热系数小的材料作为隔热层，隔热层可以是稻壳、膨胀珍珠岩也可以用空心砖软木或泡沫塑料。

表 2-4-1　各种建筑材料的导热系数　kJ/(h·m·℃)

材料名称	导热系数	材料名称	导热系数
毛石砌体	0.8～1.1	水泥砂浆	0.7～0.8
沙子	0.45～0.55	玻璃	0.6～0.7
水泥	1.48	聚苯乙烯泡沫塑料	0.04～0.05
一般混凝土	0.8～1.1	聚苯乙烯硬质泡沫塑料	0.035～0.04
矿渣混凝土	0.4～0.6	矿渣棉	0.06～0.07
钢筋混凝土	1.25～1.35	膨胀珍珠岩	0.04～0.1
木材	0.15～0.2	膨胀蛭石	0.06
普通标准砖	0.5～0.8	软木板	0.04～0.08
砖砌体	0.5～0.8	沥青	0.03～0.04
多孔性砖	0.4～0.5	散稻壳	0.08～0.1
钢梁	45～50		

根据主体墙及保温层选用材料的不同，可分以下几种。

(1)稻壳隔热层　用稻壳做隔热层取材容易又较经济，但是稻壳易生虫且易吸湿，并只有达到相当的厚度才能保冷，如图 2-4-2 所示。在使用过程中要保持干燥，受潮后要反复翻晒或更换以防霉烂。稻壳中要按其重量的一定比例加入杀虫剂用以防虫。

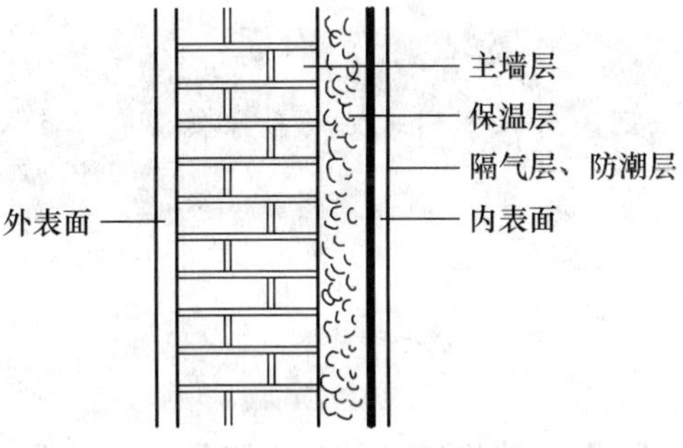

图 2-4-1　保温墙模式

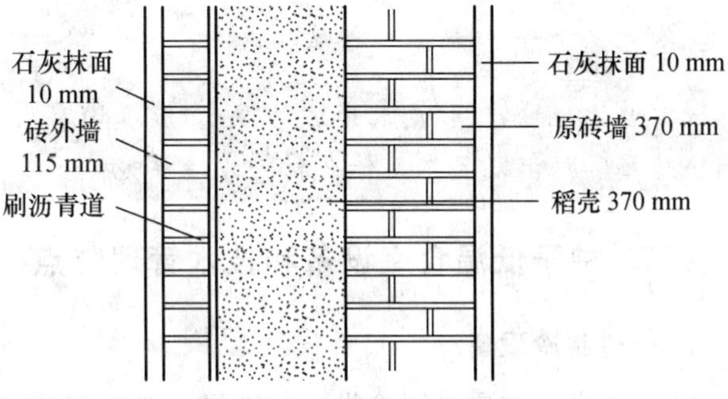

图 2-4-2　稻壳隔热层

(2)膨胀珍珠岩隔热层　通常砖外墙即承重墙厚度为 37 cm，砖内墙即保温墙厚度为12 cm，两墙之间填充膨胀珍珠岩粉 12 cm。膨胀珍珠岩是一种矿物产品，质地较轻，价格便宜，分岩粉和岩块两种，其中岩粉较便宜。膨胀珍珠岩也易吸湿，在使用过程中要防止吸湿，如图 2-4-3 所示。

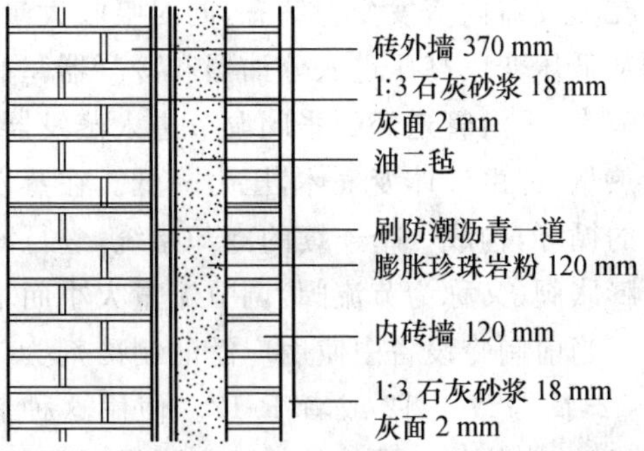

图 2-4-3　膨胀珍珠岩隔热层

(3)空心砖软木隔热层　用空心砖做墙体，既能增加墙的厚度和空间，又可以达到降低传热能力的目的。软木的隔热性能较好，价格较其他材料稍贵些，粘贴时要注意贴得平整牢固，再用塑料面或木板做面层。

(4)泡沫塑料隔热层　泡沫塑料的隔热性能比以上几种隔热材料均好，质地轻，可粘贴在天花板上。用这种材料做隔热层不会霉烂，且不易燃烧，是目前市场上较为理想的隔热材料。

(二)隔湿防潮

仓库的墙壁、屋顶及地坪容易渗透雨水和潮气，隔热层的材料也易受潮。实践证明，隔热层受潮后，它的隔热性能下降一半以上，制冷量相应增加10%～30%，不仅影响隔热保冷的效果，还要增加保管消耗费用。因此，墙壁、屋顶和地坪都需设有防潮层，以提高隔热功能。一般用的防潮材料为沥青和油毛毡及其他防水涂料如负离子氯丁胶等，具体材料可根据实际需要选用。

(三)结构严密

仓库结构的严密程度对防止外界热、湿空气影响，以及提高隔热保冷功能有密切的关系。结构越严密，隔热保冷功能越好。

低温库不能设窗，以免外界温、湿透过玻璃和窗框缝隙传入库内，或因库内外温差过大，会在玻璃上凝结水而滴入种子堆。库门必须能很好地隔热和密封，门上衬以密封橡胶层。低温库最好设二道门，二道门中间设有转角处，以减少热量、水汽的进入。有条件的可以设置缓冲间，防止高温季节种子出库时结露。对开启频繁的大门可以安装风帘，避免外界热空气进入仓内。

库房面积不宜过大，框架也不能过高，若要建造一个单独的大低温库，将其隔成几个小库则更为适宜。由于几个小库可以单独使用，当只有少量种子需要贮藏时，只需要将一两个小库制冷，而不必使整个大仓库降温，这样可显著降低耗能及操作费用。

思考一下：

我国地域广阔，南北地方的温度、湿度均有很大差别。那么不同地方的种子低温仓库的主体墙和保温层具体用什么材料才适宜呢？

二、种子低温仓库设备和技术管理特点

(一)制冷设备

制冷设备主要是制冷机。制冷机主要由四部分组成，即压缩机、冷凝器、膨胀阀和蒸发器。机器启动后，压缩机工作，对蒸发管产生抽吸、降压作用，液态的冷冻剂经由膨胀阀进入蒸发器并在蒸发器内蒸发变为气态，同时吸收大量的热量，然后压缩机把从蒸发器中进入的气态制冷剂从低压变成高压送入分油器和冷凝器。制冷剂在冷凝器中被水或空气冷却后，便由气态变成液态，再沿管道经膨胀阀调节进入蒸发器，制冷剂在蒸发器中再次吸收介质(空气或水)的大量热量，并由液体变气体，压力降低。在蒸发器周围制成的冷气由风机送入贮种仓库。如此不断的循环，构成一个连续的冷却系统，进行不间断的冷却，达到制冷效果。至于制冷的程度，可由膨胀阀(又称为节流阀)调节流量大小而增减。

当前制冷设备中使用广泛的制冷剂为二氯二氟甲烷，分子式为CF_2Cl_2，商品名称为氟利昂12，简写成F-12或者R-12。使用这种制冷剂制成的压缩冷凝机组产品有2F-10、4F-10、4FV-10等各种型号。各低温库可根据面积和制冷量的不同来选用。例如，面积为500 m^2左

右的种子公司其低温库可选用 2F-10 型机组配 KD/1-B 型空调机组，在夏季可将库内温度降到 15℃以下。氟利昂 22，化学名称一氯二氟甲烷，分子式为 CHF_2Cl，制冷功能较高，比 F-12 提高 40%～60%。

(二)种子低温仓库设备管理

库内主机及其附属设备是创造低温、低湿条件的重要设施。因此，设备管理是低温仓库管理的主要内容。通常要做好下列工作。

①制订正确适用的规章制度，加强对机房值班员工的技术培训，使员工熟练掌握机器性能、设备安全操作规程、维修保养和实际操作技术，做到"三好"即管好、用好、修好，"四会"即会使用、会保养、会检查、会排除故障。

②健全机器设备的检查、维修和保养制度。搞好设备的大修理和事故的及时处理，确保设备始终处于良好的技术状态，以延长机器使用寿命。

③做好设备的备品、配件管理。为了满足检修、维修和保养的需要，要经常储备一定数量与品种的备件。

④精心管理作用智能温湿度仪器。探头安放在库内，要充分注意合理性及代表性。

⑤建立机房岗位责任制，及时、准确记录好机房的工作日志。

(三)种子低温仓库技术管理要点

1. 严格建立仓贮管理制度

①种子入库之前，需要彻底清仓，按照操作规程严格进行消毒或熏蒸。种子垛底必须配备透气木质(或塑料)垫架。垛与垛之间、垛与墙体之间应当保留一定间隙。

②入库前一定要确保种子质量。种子入库前搞好翻晒、精选与熏蒸；种子含水量达不到国家规定标准，无质量合格证的种子不准入库；种子进库时间最好安排在清晨或晚间；中午不适宜种子入库，若室外温度或种温较高，宜将种子先存放缓冲室，待后再安排入库。

③科学合理安排种垛的位置，科学利用仓库空间，提高利用率。

④尽量减少库室密封门的开启次数，即使要查库，也要多项事宜统筹进行，减少开门次数。

⑤严格把控库房温湿度。通常库内温度控制在 15℃以下，相对湿度控制在 65%左右，并保持稳定状态。

⑥建立库房安全保卫制度。加强防火工作，配备必要的消防用具，注意用电安全。

⑦种子刚进入低温库不能立刻开机降温，应先通风降低湿度，否则降温过快，达到露点，会造成结露。

2. 收集并贮存主要种子信息

①按照国家颁发的种子检验操作规程，获取每批种子入库时初始的发芽率、发芽势、含水量及主要性状的检验资料。

②种子存贮日期、重量和位置即库室编号及位点编号。

③为寄贮单位存贮种子，双方应共同封存样品资料。

3. 收集并贮存主要监测信息

①种子贮藏时间，本地自然气温、相对湿度、雨量等重要气象资料。

②库内每天定时、定层次、定位点的温度，相对湿度资料。有条件的，应将智能温湿度仪与电脑接口连接，并把相关信息储存在电脑中。

③种了贮藏过程中，种了质量检验的相关监测数据。

(四)技术档案管理

低温低湿库的技术档案，包括装备图纸、工艺规程、机房工作日志、种子入库出库清单、库内温湿度测定记录、种子质量检验资料以及有关试验研究资料等。

这些档案记录了低温库技术成果的材料，是进行生产技术活动的依据。每个保管季节结束后，必须做好工作总结，并将资料分类与编号归档，由专职人员保管，防止损坏或丢失。

思考一下：

请同学们拟定一份水稻种子入低温仓库后的具体管理制度。

复习思考题

1. 种子低温库对温湿度有哪些要求？
2. 种子低温仓库有哪些基本要求？
3. 简述种子低温仓库的技术管理要点。

实验实训　参观种子低温仓库

一、目的要求

了解低温低湿种子库的建筑结构、设备配备、温湿度控制要求、检测技术和种子管理技术等方面与常温库有何不同，明确其特点和管理要求。

二、实训场所

本地区与学校建立校企合作、具有种子低温仓库的种子公司和企业。

三、方法和步骤

1. 听取介绍

认真听取低温库工作人员介绍种子低温低湿仓库的建筑结构、设备配备、温湿度控制要求、检测技术和种子管理等技术特点要求。

2. 参观记录

了解低温仓库的概况后在仓库或公司管理人员的带领下，组织学生集中或分组参观并了解种了低温低湿库的建筑结构、设备及其功能、监测技术、存放种子的标准及存放时间等。

3. 访谈

组织学生集中或分组与仓库管理人员或技术人员进行访谈或交流，在访谈中，学生进一步对种子低温低湿库的基本要求、建仓标准、制冷设备、仓库日常管理、设备的安装调试及运行、种子入库标准、种子存放形式、种子存放期间的监测管理及设备管理、低温仓库技术管理要点等方面的问题作详细了解。

4. 整理总结

参观种子低温仓库后,结合参观时所做的详细记录,对种子低温低湿库的基本要求、建仓标准、制冷设备、仓库日常管理、设备的安装调试及运行、种子入库标准、种子存放形式等做细致整理总结。

四、实训作业

根据介绍、参观、访谈的情况,结合自己的理解和观点,写出实训报告。要求阐明自己对低温低湿种子库的认识及其与常温库有何不同等内容。

工作任务五 种子贮藏期有害生物防治

知识目标

➢了解种子仓库害虫的来源及为害方式。

➢知道种子仓库害虫的为害特性及影响种子仓库害虫发生的因素。

➢了解种子病原微生物的来源及为害特点。

➢掌握种子病原微生物的种类。

➢掌握种子仓库鼠害的种类及生活习性。

技能目标

➢能够识别种子仓库害虫、病原微生物的主要种类。

➢熟练掌握种子仓库害虫、病原微生物及鼠害的控制技术。

知识资讯导读

有一个小和尚从树林里采了许多香菇,他把它们摊开晒干了。当他准备把香菇装进袋子时,老和尚走过来说:"多装几个袋子,分别扎好,不要全放进一个大袋子里。"

小和尚很迷惑,但他还是按老和尚的吩咐装了香菇。过了一段时间,小和尚拿出一包香菇做饭,放了野味的饭菜更加可口,前来吃斋的人纷纷称赞。

第一包很快吃完了,小和尚又拿出第二包。但第二包香菇却长了虫,不能再吃了。小和尚赶紧向老和尚报告,老和尚说:"这一包坏了,还有其他几包,你去打开看看,它们是否也生了虫。"小和尚连忙打开其他几包,一看,笑了:"它们还都是好的。"老和尚说:"你看,这就是我要你分包装的原因。如果把它们装在一起,我们现在连一包都不能吃了。为了防止外面的虫蚀,你用口袋将香菇扎紧了,却不知道香菇内部也能长虫的。"

这则故事,是老和尚凭经验告诉小和尚防止香菇贮藏时生虫的一种方法,其实从贮藏原理上讲,物品贮藏时晒干去掉水分,是防霉防虫的基础,将袋子扎紧是防止外面的害虫进入,分装是防止物品相互传染受损,这些做法都是对的。但且忽略了一点,就是香菇在贮藏时没有进行处理,其实已经有部分香菇上有了虫卵,才导致香菇上生了虫,好在分装没有全部受损。这则故事也告诉人们,物品在贮藏时会受到各种有害生物的侵害,必须经过处理才能使物品安全贮藏,减少损失。

查一查：

种子在贮藏过程中会受到哪些有害生物的为害？

随着种子产业的发展，种子贮藏量越来越大，种子在贮藏期会受到多种有害生物的为害，主要包括仓库害虫、种子微生物、螨类和鼠害等，这些有害生物的存在，不仅会影响种子数量、种子活力和生活力，还会引起种子发热霉变，降低种子的品质，严重时还会使贮藏期的种子完全失去种用价值和商品性。因此，掌握种子贮藏期有害生物的防治技术，保证种子的贮藏安全具有重要的现实意义。

一、种子仓库害虫及其防治

(一)种子仓库害虫的概念及为害特点

种子仓库害虫是指发生在种子仓库及其环境或其相关产品的场所，直接取食或间接危害种子及其产品的一类害虫和害螨。这类害虫大多体小色暗、种类多，且活动隐蔽不易被发现，识别和防治较为困难。

据报道，目前全世界已知的仓库害虫有490多种，分属于10目58科；害螨50余种，分属于蜱螨目的2个亚目18科。我国已知的仓库害虫250余种，分属于7目42科；害螨50余种，分属于蜱螨目的2个亚目15科。这些害虫每年所造成的损失巨大。据估计，全世界每年贮粮因受虫害损失高达5%～10%。我国种子虫害损失平均达8%，有的地区种子损失率高达25%。

仓库害虫对种子的为害特点主要表现在一是由于害虫啃食，造成种子的数量减少，完好率下降；二是降低种子的活力和发芽率；三是导致种子微生物大量繁殖，导致种子发热霉变；四是由于虫丝连缀的种子及虫尸、虫粪等碎屑，使种子的夹杂物增多，降低了种子的加工品质和播种品质。

(二)种子仓库害虫的来源

种子仓库害虫的来源是通过在田间生长、收获和贮运过程中，侵入到种子仓库中的。其传播途径大致可分为自然传播和人为传播两种方式。

1. 自然传播

一些种类的害虫，如麦蛾、绿豆象、豌豆象等害虫，当作物在田间生长时，它们就在稻穗、麦穗、豆荚上产卵，孵化出的幼虫即钻入到粮粒内部为害，当收获后进入仓库时，它们随着粮食也被带到仓库中，继续在仓库中为害；另一些害虫，如谷蠹、皮蠹等可直接从田间飞向仓库，侵入到粮食中为害；有些害虫如螨类，它们会附在老鼠、鸟类，昆虫等动物体上进行传播。

2. 人为传播

在仓库或加工厂的建筑物表面，缝隙等隐蔽处已经感染和隐藏的害虫，在装入粮食后，它们就会进入粮食中繁殖为害；还有在粮食装运过程中，一些装运工具，如麻袋、箩筐、簸箕、耙铲、车船等也会在其中感染和隐藏害虫，在装运过程中，也会侵入粮食中而被带进仓库；此外就是一些害虫爬到人身上，通过人的活动，将它们带到仓库和新的场所。

(三)种子仓库害虫的为害方式

1. 根据为害特性分类

(1)初期性害虫　这些害虫多以完整子粒为食，如麦蛾、大谷盗、拟谷盗、玉米象、绿豆象、谷蠹以及一般蛾类幼虫等。

(2)后期性害虫　这些害虫多以破碎或不完整的子粒及碎屑粉末为食,如锯谷盗、长头谷盗、扁谷盗类等。

(3)中间性害虫　这些害虫既取食完整子粒又取食破碎种子或腐败杂物及虫粪、虫尸等,如黄粉虫、黑粉虫、螨类、皮蠹、赤拟谷盗和杂拟谷盗等。

2. 根据为害方式分类

(1)蛀空式　害虫以蛀食子粒内部的胚乳为特征。此类害虫的卵期、幼虫期和蛹期都在子粒内完成发育,羽化为成虫后才钻出子粒外,所以幼虫、蛹在子粒外不易观察到,是隐蔽性的,如豆象、米象、麦蛾等。

(2)剥皮式　害虫是从子粒外部开始为害,先咬蚀谷粒的胚部,然后随龄期的增加,开始剥食谷粒的果种皮,如印度谷蛾。

(3)破坏式　害虫也是从子粒的外部进行为害,但子粒被害后常在表面造成不规则的缺刻或使完整的子粒受到机械的破坏,使裂开或破碎,例如大谷盗。

(四)种子仓库害虫的特性

仓库害虫由于长期生活在相对干燥、条件比较稳定的生态环境中,形成了与其他害虫不同的生物学特性。

1. 耐干性

保管好种子的一个条件就是要求种子干燥入仓,当种子的水分低于8%时,其他害虫就不容易存活了,而仓库害虫能在种子中存活,如谷斑皮蠹能生活在含水量2%的种子中。

2. 耐冷热性

仓库害虫对环境温度变化的适应范围能力很强,不同种类的仓库害虫对冷和热的耐受性的差别很大,如谷蠹在38～40℃的高温下,仍可以发育繁殖,而锯谷盗、谷斑皮蠹、印度谷螟等能耐－10～－5℃的低温。

3. 耐饥性

仓库害虫中有些种类能耐长期的饥饿,在没有食物的情况下,仍能够存活很久,如大谷盗能耐饥2年,谷斑皮蠹可以耐饥8年。常见的主要仓库害虫,大谷盗、米象、玉米象、谷蠹、锯谷盗等也有这种习性。

4. 繁殖力强

仓库害虫由于在仓库种子中生活,条件比较稳定,它们的繁殖力很强,自然死亡率较少。绝大多数害虫终年都可以繁殖为害,成虫繁殖时间长,有的能达2～3年之久,雌虫产卵量大,卵的孵化率高。据估计,一对玉米象或米象在适宜的条件下,一年内可以繁殖80万头以上的后代。

5. 食性杂

仓库害虫有些种类只为害单一粮种,如绿豆象只危害豌豆类种子。但绝大多数种类的害虫食性很杂,很多种作物种子它们都可以为害,有的甚至也为害其他商品。

这些特性使仓库害虫在短时间内达到较大的种群密度,对仓库种子的贮藏造成极大的损失和为害。

(五)影响种子仓库害虫发生的环境因子

影响种子仓库害虫发生的环境因子很多,主要包括温度、湿度、气体、食物、生物及人为因子，并且错综复杂地影响仓库害虫的生长发育、繁殖及种群动态。

1. 温度

昆虫属变温动物，调节体温的能力弱，体温大约保持同环境相近的水平。一般来说，在一定温度范围内，外界温度上升，昆虫的体温也相应上升；外界温度下降，昆虫体温也相应下降；由此亦表现出不同的新陈代谢强度和生长速率，进而影响害虫的发生数量、行为、生活周期以及分布。

2. 湿度

虫体内营养物质的运输代谢产物的输送、废物的排除和激素的传递等，都只有在溶液状态下实现。水分不足或缺水，会导致正常生理活动中止，甚至死亡。因此，虫体必须保持一定水分，以维持正常生理活动。昆虫为了在体内保持一定的水分，必须不断从环境中获得水分，以调节体内水分平衡。一般在虫体含水量适宜的情况下，低湿会使种子害虫发育延滞，高湿会促进新陈代谢，提高发育速度。温度与湿度对种子害虫发育和繁殖的影响是互相联系的。总的来讲，在一定温度范围内，湿度越高，种子害虫发育越快，繁殖越多，为害越大，损失越重，这是温湿度相互作用影响种子害虫的一般规律，这也是种子储藏需要低温、干燥的主要原因。

3. 气体

仓库种子害虫由于生活在仓库小气候环境中，仓内气体成分的变化直接影响到它的呼吸作用。在种子堆密闭情况下，种子堆生态系统内气体成分随着种子、害虫和微生物等的生命活动而变化。同一种子堆，不同部位的气体成分也不相同。一般氧气浓度在种子堆四周、表层和上层相对较高，因此，害虫一般在种子堆四周、表层和上层较多。种子堆内气体浓度的变化，不仅直接影响害虫种群在粮种子堆内的分布状态，而目直接影响害虫生长发育和繁殖。据实验报道，当种子堆内氧气浓度在15%左右时，蛾类成虫生命活动即受到抑制；氧气浓度在8%左右时各种害虫的生命活动都会受到不同程度的抑制；1%～2%低氧下一定时间内多种害虫都会因缺氧而死亡。因此，在种子仓库中常用充入二氧化碳，结合磷化氢熏蒸处理，达到防虫和杀死仓库害虫的目的。

4. 食物因子

食物不仅是种子仓库害虫生存所必需的能源，也是影响其生长发育繁殖的重要因素。种子仓库害虫的食物一般来说是丰富而稳定的，但种子仓库害虫对食物的选择是有一定范围的，不同虫种对食料都有一定要求，如绿豆象最适合取食绿豆，麦蛾幼虫最适宜取食小麦或稻谷，赤拟谷盗喜食面粉等。种子仓库害虫在缺乏最适食物时，虽然也可取食其他食物，但它的个体发育和生殖力均会受到影响。单食性害虫，如豌豆象和蚕豆象在缺乏它所选择的食物时，就会处于饥饿状态，甚至死亡。当食物不充足或完全缺乏时，那些生态可塑性大的种类可以被迫取食它们不喜欢的食物，逐渐改变其遗传特性适应取食新的食物，但对于遗传保守性较强、生态可塑性较小的种类，当缺乏合适的食物时，就会迁徙或死亡。

5. 天敌因子

种子仓库害虫的捕食性、寄生性天敌很多，据统计，贮藏物害虫自然天敌达250多种，是仓库生态系统中的一个重要类群，在仓库害虫种群数量的消长中，起着非常重要的自然调控作用。国内常见的仓库害虫种类有麦蛾茧蜂、米象金小蜂、窗虻、黄色花蝽、仓双猎蝽、普通肉食螨、蜘蛛、微粒子虫和单孢虫等一些寄生性的原生动物。

6. 人为因子

人类的活动对仓库害虫的生长发育、消长为害及控制都有很大的影响。种子在收购、贮藏、加工及供应环节中，如果疏忽大意，就可能人为地造成害虫传播、蔓延和危害。在生产领域、国际贸易、国内调运、管理及防治各个环节上，严格执行害虫综合治理措施，就能有效地控制仓库害虫的发生发展。

查一查：

种子贮藏过程中易发生哪些种类害虫？你对它们了解多少？

(六)主要仓库害虫的种类及生活习性

仓库害虫的种类繁多，据报道，我国已知仓库害虫 7 目 42 属约 254 种，主要仓库害虫有玉米象、米象、绿豆象、豌豆象、蚕豆象、谷蠹、谷斑皮蠹、大谷盗、锯谷盗、赤拟谷盗、麦蛾、粉斑螟等十余种。

1. 玉米象(*Sitophilus zeamais* Motschulsky)

玉米象属鞘翅目，象甲科。别名米牛儿、铁嘴、象鼻虫等，在我国和世界各国均有分布。

玉米象食性杂，危害稻谷、大米、玉米、麦类、小米、高粱、面粉、花生、薯干和中药材等，其中以小麦、玉米、糙米和高粱为害最为严重。玉米象是一种最主要的初期性仓库害虫，易引起后期性仓库害虫、螨类和霉菌的发生，对贮粮破坏严重，造成严重的损失，是世界上最重要的贮粮害虫之一。

(1)形态识别　成虫体长 3～4.5 mm，赤褐色至黑褐色，头部向前伸长，呈象鼻状，故叫玉米象。触角膝状 8 节，末端节膨大。背部每鞘翅上有两块黄褐色到赤褐色的椭圆形的斑点，相对呈米字形；幼虫和蛹都在粮粒内生活，幼虫体长 2.5～3.0 mm，无足，身体肥大粗短，呈半圆形，乳白色，体多皱纹；蛹长 3.5～4 mm，椭圆形乳色，后渐变褐色。卵乳白色半透明(图 2-5-1)。

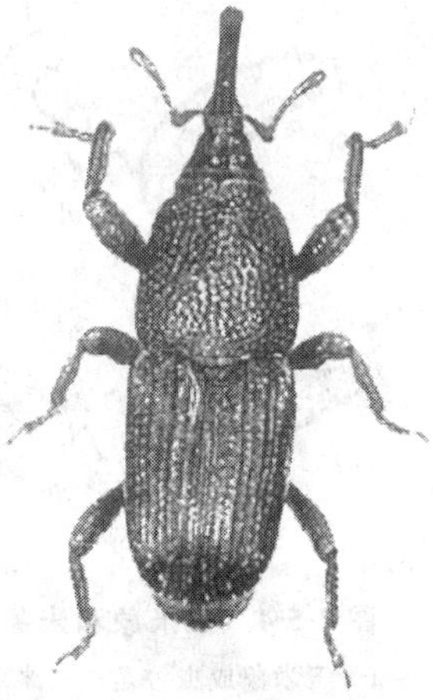

图 2-5-1　玉米象

图 2-5-2　米象

(2)生活习性　玉米象每年发生 1～7 代，在北方每年发生 1～2 代。成虫在粮粒上产卵，产卵前先用象鼻前端的口器在粮粒上蛀开一个小洞叫卵窝，产一粒卵在窝内，然后用口器分泌黏液和粮食粉屑混合将卵窝口封住。一粒粮基本上只产一粒卵，一头雌虫一生产卵约 500 粒。卵孵化后，幼虫在子粒内取食，将子粒吃成空壳并在其中化蛹。成虫羽化后，进行交尾，寿命约 3 个月左右。成虫在被害粮内或爬到仓外越冬，成虫能飞，具假死性，当搅动粮食时，它会很快向粮堆表面的堆高处爬行聚集，或向仓墙容器壁上爬行。成虫有负趋光性，喜阴暗、趋温、趋温。

玉米象生长繁殖的最适宜温度为 24～30℃，适宜的种子含水量为 15%～20%。当种子含水量小于 9.5%时则停止产卵，8.2%时即不能生活。成虫暴露在－5℃条件下经过 4 d 即死亡，暴露在 50℃条件下 1 h 即死亡。

2. 米象(*Sitophilus oryzea* Linnaeus)

米象属鞘翅目，象甲科。在全世界广泛分布，在我国主要分布在南方各省。米象主要为害贮存 2～3 年的陈粮、种子，成虫啃食，幼虫蛀食种粒。

(1)形态识别　成虫体长 2.3～3.4 mm，体卵圆形，红褐至沥青色，背无光泽或略具光泽。头部刻点较明显，额前端扁平。喙基部较粗。触角着生于基部 1/4～1/3 处，顶端圆形。前胸长宽约相等，基部宽，向前缩窄，背面密布圆形刻点。小盾片心形，有宽纵沟。鞘翅肩明显，两侧平行；行纹略宽于行间，行纹刻点上各具 1 根直立鳞毛；每鞘翅基部和翅坡各有 1 椭圆形黄褐至红褐色斑。腿节棒状，胫节刻点与毛排列成纵列，端部有钩。卵长椭圆形，长 0.65～0.7 mm，乳白色，半透明(图 2-5-2)。

米象一般比玉米象小，米象无论体形大小、色泽斑纹、刻点稀密以及触角形状等外部形态特征都与玉米象相似。不同的是米象体瘦小，后翅骨片完全呈三角形，雄阳茎背面无纵沟，雌虫"Y"形骨片两臂钝圆。而玉米象体较胖大，后翅骨化片呈菱角形，个别为长靴形，雄阳茎背面有 2 条纵沟，雌虫"Y"形骨片的两臂端部尖锐。米象触角第 2～7 节等长，玉米象触角第 3 节较长，几乎是第 4 节长度的 2 倍(图 2-5-3，图 2-5-4)。

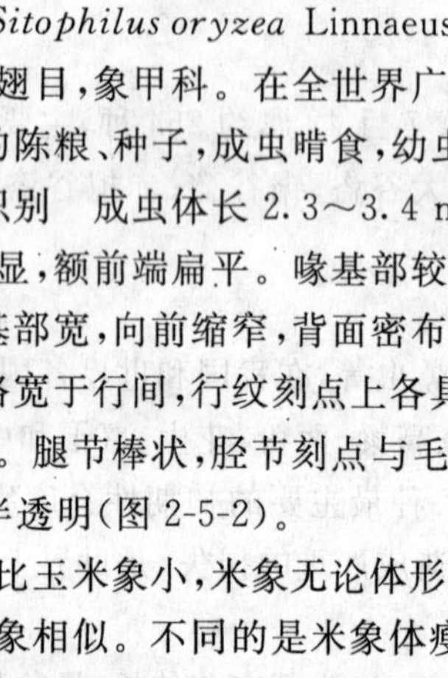

图 2-5-3　玉米象和米象生殖器比较

1～5—玉米象；6～10—米象；1、6—♂阴茎侧面；2、7—♂阴茎背面；3、8—♂阴茎横断面；4、9—♂阴茎端部；5、10—♀"Y"形骨片

(陈耀溪，1985)

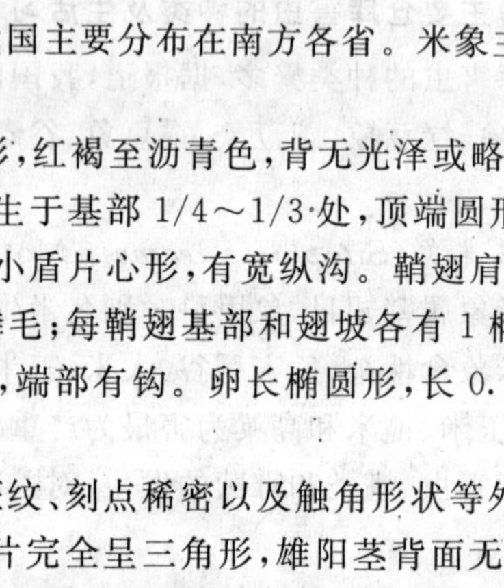

图 2-5-4　玉米象和米象触角比较

1—玉米象成虫触角；2—米象成虫触角

(陈启宗，1985)

(2)生活习性　米象生活习性与玉米象接近。一年可发生 1～10 代。米象在东北地区上

半年可发生1～2代。主要以成虫潜伏在仓内阴暗潮湿的砖石缝中越冬，也可在仓外松土、树皮、田埂边越冬。翌年5月中下旬越冬成虫开始活动，在仓内越冬的成虫就地继续产卵繁殖，仓外越冬的成虫一部分迁入仓内，另一部分飞至大田产卵，雌虫可产卵约500粒，卵期7～16 d，6月中下旬至7月上中旬幼虫孵化，蛀入粒内，幼虫期约30 d，7月中下旬化蛹，蛹期7～10 d，8月上旬成虫羽化，10月上旬气温低于15℃，成虫开始越冬。成虫有假死性，群集、喜光，趋温、趋湿，繁殖力较强，在南方各地米象与玉米象常混合发生。

3. 豌豆象（*Bruchus pisorum* Linnaeus）

豌豆象属鞘翅目，豆象科。在全世界广泛分布，我国大部分省区也有分布。主要为害豌豆、蚕豆和扁豆等。幼虫蛀食豆荚，取食豆粒，受害豆荚气味难闻，不能食用。

（1）形态识别　豌豆象体长4～5 mm，椭圆形，黑色。头具刻点，触角略呈锯齿状，着生在黑色肾形复眼的凹窝内，基部1～3节红褐色，端部各节黑褐色。前胸背板较宽，刻点密，被有黑色与灰白色毛。鞘翅后1/3处，由翅中部到外侧各有一下斜的宽直形白毛带，相对呈八字形。幼虫老熟的体长5.5～6 mm，宽2.6 mm，乳白色，肥胖，蛴螬形。蛹长5～5.5 mm，椭圆形、乳白色（图2-5-5）。

（2）生活习性　豌豆象一年发生1代，成虫不为害豆粒，幼虫为害豌豆。以成虫在仓房和房屋缝隙、豆粒中、树皮下、屋旁杂物中越冬。次年豌豆开花结荚时，越冬成虫开始活动，飞往田间以食花粉花蜜、交配，在豆荚表面产卵，每个豆粒可侵入幼虫数头，但通常只有一头存活；豌豆收获时大部分成虫仍未羽化，随豆粒进入仓内，这时是防治杀虫的最好时机。田间羽化的成虫脱出豆粒后，寻找适当处所越冬。进仓后羽化的成虫在豆粒内越冬，但豆粒受搅动时，则由豆粒中钻出外逃。成虫善飞，具有假死性。

4. 蚕豆象（*Bruchus rufimanus* Boheman）

蚕豆象属鞘翅目，豆象科。别名豆牛、豆乌龟、蚕豆红脚象。广泛分布于我国西北、华北，华中、华南、中南、华东、西南等大部分省区，是国内植物检疫对象之一。蚕豆象主要为害蚕豆，也为害其他豆类。幼虫蛀荚，将蚕豆粒蛀空，并引起霉菌侵入，使豆粒发黑而有苦味，不能食用；如伤及胚部，则影响发芽率，使蚕豆质量大大降低。

（1）形态识别　蚕豆象成虫体长4～5 mm，近椭圆形，身体有灰白及灰褐色短毛。头顶狭而隆起，头密布小刻点。触角锯齿状，向后伸达前胸背板后缘。前胸背板宽，后缘中央有灰白色三角形毛斑，前胸背板前缘较后缘略狭，两侧中间各有一齿状突起。背部两鞘翅后部近1/3处各有一列近弧形的不明显的白毛斑。卵长约0.4 mm，椭圆形，淡橙黄色，半透明。幼虫体长5.5～6 mm，乳白色，肥胖，蛴螬型，胸腹节上通常具明显的红褐色背线。蛹长5～5.5 mm，卵圆形，乳白色至淡黄色，腹部较肥大。前胸背板及其鞘翅密布皱纹。前胸两侧各具一个不明显的齿状突起，中胸背面后缘向后突出，后胸中央有沟。腹节中央及两侧均有隆起线（图2-5-6）。

（2）生活习性　蚕豆象一年发生1代，以成虫在豆粒内、仓库内角落、包装物缝隙以及在田间、晒场、杂草或砖石下越冬。越冬成虫于翌年3月下旬开始活动，飞到田间取食豆叶、花瓣、花粉，然后交配产卵。卵散产于蚕豆幼荚上，每雌虫一生产卵35～40粒。4月中旬孵化后即侵入豆荚蛀入豆粒中，被贮豆粒表面留有1个小黑点，每豆一般有虫1～6个。蚕豆收获后，幼虫在粒内被带到仓内继续为害。成长幼虫约于7月上旬在豆粒内化蛹，7月中旬羽化为成虫，爬出豆粒后在田间、仓库、房屋等缝隙中越冬，或留在豆粒中越冬。成虫飞翔能力强，有假死性。

图 2-5-5 豌豆象

图 2-5-6 蚕豆象

5. 绿豆象(*Callosobruchus chinensis* Linnaeus)

绿豆象属鞘翅目,豆象科。绿豆象是世界性的贮粮害虫,在我国大部分省区都有分布。主要为害绿豆、菜豆、扁豆、豇豆、赤豆等。幼虫蛀荚,食害豆粒,或在仓内蛀食贮藏的豆粒。

(1)形态识别 绿豆象成虫体长 2~3.5 mm,卵圆形,深褐色。头密布刻点,额部具一条纵脊,雄虫触角栉齿状,雌虫锯齿状。前胸背板后端宽,两侧向前部倾斜,前端窄,着生刻点和黄褐、灰白色毛,后缘中叶有 1 对被白色毛的瘤状突起,中部两侧各有一个灰白色毛斑。鞘翅基部宽于前胸背板,小刻点密,灰白色毛与黄褐色毛组成斑纹,中部前后有向外倾斜的 2 条纹。臀板被灰白色毛,近中部与端部两侧有 4 个褐色斑。卵长约 0.6 mm,椭圆形,淡黄色,半透明,略有光泽。幼虫长约 3.6 mm,肥大弯曲,乳白色,多横皱纹。蛹 3.4~3.6 mm,椭圆形,黄色,头部向下弯曲,足和翅痕明显(图 2-5-7)。

(2)生活习性 绿豆象在北方每年发生 4~5 代,南方可发生 9~11 代,成虫与幼虫均可越冬。成虫可在仓内豆粒上或田间豆荚上产卵,每头雌虫可产卵 70~80 粒,经 6~7 d 后孵化,幼虫孵化后即蛀入豆荚豆粒内为害,幼虫可在豆粒内越冬,来年春天化蛹,常温下 5~7 d羽化为成虫,成虫善飞翔,并有假死性。温度 30℃和相对湿度 85%是绿豆象生长繁殖的最适条件。

6. 谷蠹(*Rhizopertha dominica* Fabricius)

谷蠹属鞘翅目,长蠹科。别名谷长蠹、硬壳虫。我国除吉林、宁夏、西藏未见报道外,全国大部分地区及世界各地均有分布。谷蠹食性杂,主要危害稻谷、大米、麦类、玉米、高粱、薯干、豆类、油籽饼及其他谷物和淀粉,它蛀食完整粮粒,为害严重,并能引起种子堆发热,导致后期性仓库害虫及霉菌发生,是仓库内危害最主要的贮粮害虫之一。

(1)形态识别 谷蠹成虫体长 2.0~3.0 mm,细长圆筒形,体色深褐,具光泽。头部下弯,隐蔽在前胸下,背面不能见。眼黑色,触角 10 节,1~2 节近等长,3~7 节细小,末端 3 节内侧膨大,呈三角形片状。前胸背板中部隆起,前半部生 4 排倒生的短齿似鱼鳞。卵长 0.4~0.6 mm左右,长椭圆形,乳白色。末龄幼虫体长 2.5~3.3 mm,蛴螬形,头小略缩入前胸内,初乳白色，后变成浅棕色。触角短小 2 节，胸部各节气门圆形，小不明显，胸足 3 对。蛹长 2.5～3.0 mm，头下弯，前胸背板圆形，复眼、口器、触角、翅均为褐色，其余部位为乳白色。腹部可见 7 节。鞘翅、后翅伸达第 4 腹节(图 2-5-8)。

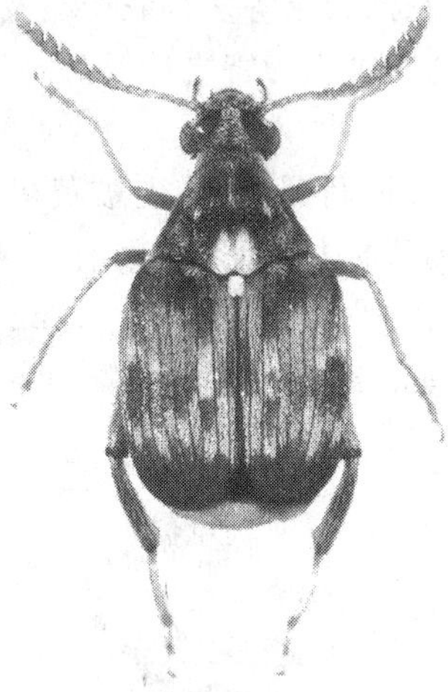

图 2-5-7　绿豆象(♀)

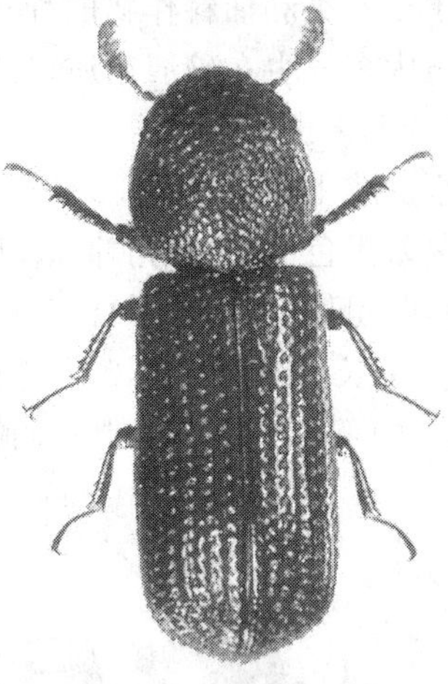

图 2-5-8　谷蠹

(2)生活习性　谷蠹在北方每年发生 1 代，多以成虫在发热的粮谷中或粮粒内越冬，少数以幼虫越冬。气温 28℃，相对湿度 70%，完成 1 代历时 40 d，寒冷地区则需 6 个月。成虫飞翔力强，常钻入粮堆里温度最高的地方或聚集在距粮面 67～100 cm 处为害。气温高于 37℃成虫常钻出在仓库内飞翔。每雌产卵 200～500 粒，把卵产在粮粒蛀孔处或粉屑中，初孵幼虫钻入粮粒中蛀食，直到羽化成虫，该虫抗热抗旱性强，粮食含水 8%时还能发育或繁殖。每年 4 月成虫开始活动交配产卵，7 月中旬第 1 代成虫出现，8 月下旬至 9 月上旬第 2 代成虫为害严重。一直持续到 9 月份，气温下降后，开始进入越冬处，全世代历期 43～91 d，卵期 11～13 d，幼虫期 28～67 d，蛹期 3～4 d，成虫寿命 1 年。谷蠹耐寒性较差，温度在 0.6℃时，仅能存活 7 d，温度在 0.6～2.2℃时，仅能存活 11 d。

7. 赤拟谷盗(*Tribolium castaneum* Herbst)

赤拟谷盗属鞘翅目，拟步甲科。别名拟谷盗。分布遍及全世界，我国各地均有分布。赤拟谷盗食性复杂，能为害禾谷类、豆类和油料作物的种子以及干果、中药材、皮革、烟叶等。喜食种子胚部、碎屑粉末。由于成虫体上有臭腺能分泌臭液，使被害物带有霉腥臭味。

(1)形态识别　成虫体长 3.0～4.5 mm，扁平长椭圆形，全身赤褐色至褐色，体上密布小刻点，背面光滑，具光泽。头扁阔，触角锤状 11 节，锤端 3 节膨大，复眼黑色。前胸背板呈矩形，两侧稍圆，前角钝圆，有刻点；小盾片小，略呈矩形，鞘翅长达腹末，与前胸背板同宽，上具 10 条纵刻点行。幼虫细长圆筒形，长 6～8 mm，有胸足 3 对，头浅褐色，口器黑褐色，触角 3 节，胸腹部共 12 节。臀叉向上翘。腹末具 1 对伪足状突起(图 2-5-9)。

(2)生活习性　赤拟谷盗一年发生 4～5 代，东北寒冷地区每年只发生 1～2 代。以成虫在种子包装物、仓壁、杂物及各种缝隙中越冬。成虫善飞喜黑暗，有假死性和群集性。成虫羽化后 1～3 d 即开始活动交尾，3～8 d 后产卵，卵多产在种子表面或仓库缝隙处，卵粒上附有粉末碎屑一般不易看清，每雌产卵 320～950 粒。赤拟谷盗的最适发育温度 27～30℃，相对湿度为 70%，30℃完成一代需 27 d 左右。如在 44℃高温，相对湿度 77%时，幼虫 10 h、成虫 7 h 即死亡；而卵经 14 h，蛹经 20 h 才死亡。在 0℃以下 1 周，各虫态均可死亡。

8. 锯谷盗(*Oryzaephilus surinamensis* Linnaeus)

锯谷盗属鞘翅目，锯谷盗科。别名扁谷盗。分布遍及全世界，国内各地均有分布。锯谷盗食性杂，主要为害禾谷类和油料作物的种子以及中药材、干果等多种农产品及加工品，成虫、若虫喜食破碎粉末，大多发生在碎屑杂质多或初期性仓库害虫为害之后及长时间贮存的种子中，是主要的后期性仓库害虫之一。

(1)形态识别　成虫体长 2～3.5 mm，体稍扁平，长椭圆形，体上被黄褐色密的细毛。头部呈大三角形，复眼黑色突出，触角棒状 11 节。前胸背板长卵形，中间有 3 条纵隆脊，两侧缘各生 6 个锯齿突，鞘翅长，两侧近平行，后端圆。幼虫扁平细长，体长 3～4 mm，灰白色，触角与头等长，3 节，第 3 节长度为第 2 节 2 倍，胸足 3 对，胸部各节的背面两侧均生 1 暗褐色近方形斑，腹部各节背面中间横列褐色半圆形至椭圆形斑(图 2-5-10)。

图 2-5-9　赤拟谷盗

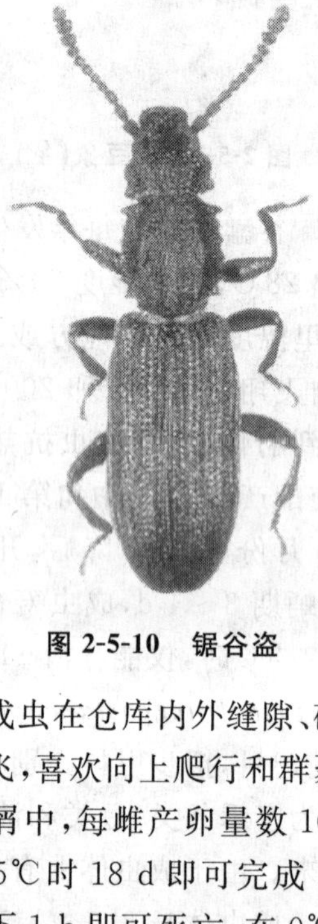

图 2-5-10　锯谷盗

(2)生活习性　锯谷盗一年发生 2～5 代，主要以成虫在仓库内外缝隙、砖石下或树缝中越冬。翌春又返回仓库内，成虫活泼，爬行速度快，不善飞，喜欢向上爬行和群聚在种子堆高处成虫寿命较长，可达 3 年以上。喜把卵产在缝隙处或碎屑中，每雌产卵量数 10～300 粒，发育适温 30～35℃。当仓库内相对湿度 90%左右，温度在 35℃时 18 d 即可完成 1 代。成虫耐寒力较强，一般在－15℃条件下可存活 1 d，在－10℃条件下 1 h 即可死亡，在 0℃可存活 22 d。而锯谷盗抗热能力较弱，在 47℃条件下 1 h 即可死亡。锯谷盗耐药性较强，对许多药剂，特别是熏蒸剂防治效果较差。幼虫活泼，有假死性。

9. 大谷盗(*Tenebrioides mauritanicus* Linnaeus)

大谷盗属鞘翅目，谷盗科。别名米蛀虫、乌壳虫。在世界及国内各地均有分布。大谷盗食性复杂，主要为害大米、稻谷、小麦、玉米等谷物的胚部，失去发芽率，还破坏包装物，造成其他仓库害虫入侵。

(1)形态识别　大谷盗成虫体长 6.5～10.5 mm，扁长椭圆形，深褐色至漆黑色，具光泽。头略呈三角形，前伸，触角 11 节棍棒状，末端 3 节向一侧扩展呈锯齿状。前胸背板宽大于长，前胸、翅脉之间颈状连接，鞘翅长是宽的 2 倍，每 1 鞘翅上具 7 条纵刻点行。卵长 1.5～

2.0 mm，椭圆形细长，一端略膨大，乳白色。幼虫体长 15.0～21.0 mm，头黑褐色，体灰白色，前胸背板黑褐色，中央分开，中后胸背板各具黑褐色圆斑 1 对，腹部后半部粗大，尾端具黑褐色钳状臀叉 1 对，臀板黑褐色。蛹长 8.0～9.0 mm，近纺锤形，扁平，乳白色至淡黄色（图 2-5-11）。

（2）生活习性　大谷盗一年发生 1～2 代，多以成虫，少数以幼虫潜伏在仓库的各种缝隙或粮包褶缝中越冬。翌年 3～4 月间越冬成虫产卵，越冬幼虫化蛹后于 5～6 月间羽化为成虫并交配产卵，卵单产或成块，卵常混入碎屑或缝隙中，幼虫老熟后蛀入木板内或粮粒间或包装物折缝处化蛹。成虫寿命长达 1～2 年，成虫、幼虫禀性凶猛，经常自相残杀或捕食其他仓虫。喜在阴暗处、粮堆底层活动。

10. 麦蛾（*Sitotroga cerealella* Olivier）

麦蛾属鳞翅目，麦蛾科。它是世界性害虫，发生普遍，为害严重。以幼虫蛀食小麦、大米、稻谷、高粱、玉米及禾本科杂草种子，严重影响种子发芽力，是一种初期性贮粮害虫。

（1）形态识别　麦蛾成虫体长 4～7 mm，体黄褐色或淡褐色，翅展 8～16 mm，前翅柳叶形，灰褐色，后翅灰白色，翅尖端突出，菜刀形，其缘毛长度约等于翅面的宽度，前翅中部和近端部常有 2 个小点。触角丝状，32～35 节，与体色相同，头顶无丛毛，下唇须发达向上弯呈镰刀状。卵长 0.5～0.6 mm，扁平椭圆形，初产时乳白色，后变淡红色。幼虫初孵幼虫淡红色，二龄淡黄色，老熟幼虫乳白色，体长 5～8 mm，头部小，淡黄色，胸部较肥大，向后逐渐缩小，腹足退化成肉质突。蛹体细长，为 5.0～6.0 mm，黄褐色（图 2-5-12）。

图 2-5-11　大谷盗

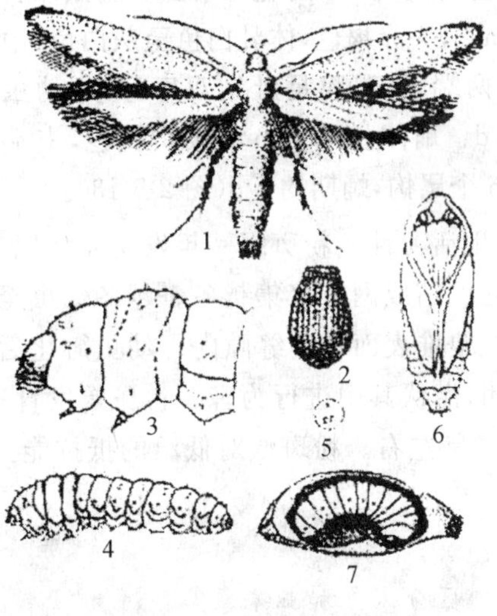

图 2-5-12　麦蛾

1—成虫；2—卵；3—幼虫身体前部；4—幼虫；
5—幼虫第六腹节左腹足的趾钩；
6—蛹的腹面；7—麦被害状
（姚康，1986）

（2）生活习性　麦蛾一年可发生 2～7 代，多以老熟幼虫在粮粒内越冬，极少数以蛹及初龄幼虫在种粒内越冬，但成活率不高。4 月下旬大量羽化出第一代成虫，5 月上旬开始交配产卵，卵期 3～5 d，幼虫期 24～30 d，蛹期约 6 d，成虫期 5～7 d。仓内麦蛾多产卵于麦粒腹沟近胚部或腹沟内，稻谷护颖内部或颖片间的凹缝处和稻谷表面，玉米胚部。贮粮堆不同深度产卵量不同，95%以上的卵在距粮面 45 cm 的贮粮内，以 0.6～20.0 cm 深度内最多。孵化的幼虫蛀入粮粒内为害。麦蛾最适宜发育温度范围是 21～35℃，在 10～12℃发育最慢，在 34℃时卵孵化率为 93%～95%，10℃以下不能孵化。粮食含水量在 8%，或相对湿度 26%以下都不能存活。在相对湿度 70%～80%麦蛾发育最快，为害严重。

11. 粉斑螟（*Ephestia cautella* Walker）

粉斑螟属鳞翅目，卷螟科。别名粉斑螟蛾。遍布世界各地，国内各地均有发生。食性杂，主要以幼虫为害麦类、稻谷、芝麻、花生、各种豆类和干果以及中药材，是重要的贮粮害虫之一。

（1）形态识别　粉斑螟成虫体长 6～7 mm，翅展 14～16 mm，复眼深黑色至黑色，表面有灰白色网纹，具单眼 2 个，下唇须发达，弯向前方几乎伸达头顶。头、胸部灰黑色，腹部灰白色。前翅狭长，灰黑色，近内横线处有一条较直的白色横纹。其外紧接一条较粗的黑色横纹，后翅灰白色，前、后翅缘毛均较短。成虫交配后 1～2 d 就产卵于粮食表面或包装物品的缝隙中。成虫寿命可达 15 d 左右。卵球形，乳白色，表面粗糙，有微小刻点，约经 6 d 孵化为幼虫。幼虫体长 12～14 mm，头赤褐色，体乳白色至灰白色，中部较粗，两端略细，腹足趾钩双序环形，幼虫期约 35 d。蛹体长 7.5 mm，淡黄褐色，末端背面有 6 个尾钩，蛹期约 7 d(图 2-5-13)。

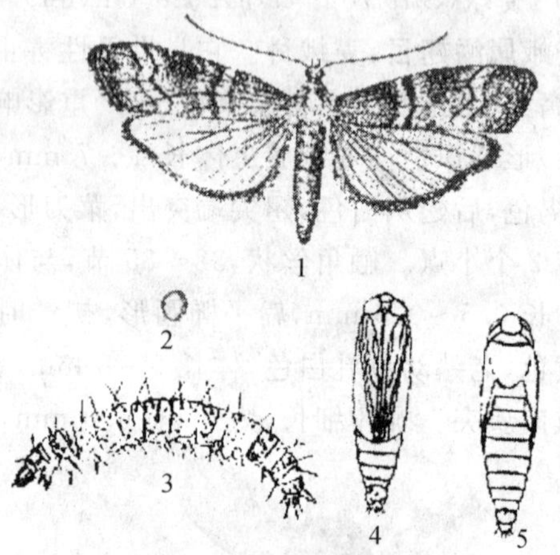

图 2-5-13　粉斑螟

1—成虫；2—卵；3—幼虫；4—雄蛹腹面观；5—雄蛹背面观

（姚康，1986）

（2）生活习性　粉斑螟一年发生 4 代以上，以幼虫在包装用品、粮粒、板壁缝隙、仓内阴暗避风处吐丝结成网茧聚集越冬。越冬幼虫至翌春化蛹羽化为成虫后立即交尾产卵，卵多散产或集产在粮堆表面包装缝隙内。幼虫孵化后即以成虫尸体或粉屑为食，之后则吐丝连缀碎屑、粮粒成团，潜伏其中进行为害。粉斑螟发育适宜温度在 15～36℃，以 30～32℃为最适温度，相对湿度 70%左右。粉斑螟对低温的抵抗能力较弱，在 0℃下经过 1 周各虫期可全部冻死。

想一想：

如何区分米象和玉米象？

（七）种子仓库害虫的防治方法

种子仓库害虫防治是确保种子安全贮藏，保持种子活力和优良品质的重要措施之一。在确保种子安全、经济、有效的基础上，针对各种不同害虫的发生为害特点，认真贯彻“预防为主，综合防治”的方针。采取物理、化学、生物等各种有效的防治方法，确保种子的安全贮藏，并力求避免或减少防治措施本身在经济、生态和社会等方面造成的不良后果。现介绍种子仓库害虫的主要防治方法。

1. 检疫防治

检疫防治是防止国内外危险性仓库害虫传入传出和限制国内危险性仓库害虫蔓延传播的最有效方法。随着对外贸易的不断发展,种子进出口日益增加以及国内各地区间种子调运的日益频繁,检疫防治也就更具有重大的意义。

2. 田间防治

有许多迁飞性产卵的仓库害虫,如玉米象、麦蛾、豌豆象、蚕豆象、粉斑螟等,可在仓库内产卵或迁飞到田间产卵,并随着种子的成熟收获而从田间进入种子仓库内为害。所以,种子在田间收获前采用必要的防治措施是避免和减少害虫传入仓内为害的一种有效方法。在生产上,当害虫产卵盛期至孵化高峰期,或每穗有卵 2 粒以上时,采用药剂防治效果明显。

3. 仓库清洁卫生

种子贮藏期间需要清洁、干燥和低温的环境,清洁卫生可以恶化害虫的环境条件和场所,有利于种子的安全贮藏。对种子仓库和加工车间的垃圾、杂物、包装材料、机械设备等应经常彻底的清理,保持清洁卫生。对仓库内的裂缝、孔隙等残破处,要及时改造修补,来消除害虫潜伏、产卵、繁殖的场所。在清洁的基础上,必须对整个种子仓库和用具进行消毒,以便于弥补清洁工作的不足,直接消灭害虫。因此,种子仓库清洁卫生是种子仓库害虫防治工作的基础。

4. 物理机械防治

物理机械防治就是利用各种物理因子,采用人工或机械方法来消灭和控制仓库害虫的一种方法。种子仓库中常用的物理机械防治方法有以下几种。

一是风选和筛理。风选是根据仓库害虫和种子的比重不同,在一定风力作用下,使害虫与种子分离。筛理除虫是根据种子与害虫的大小、形状和表面状态的不同,通过筛面的相对运动把种子和害虫分离开。在进行风选和筛选时,要注意在仓外进行,并在工作场地周围用农药喷洒成一道防护药带,防止害虫四处逃散,清理处的杂物及时进行消毒或烧毁处理。

二是高温曝晒。对于水分较高的种子,用太阳高温曝晒可以防虫。利用太阳光的高热和紫外线效能,不但可以使种子干燥,而且能将害虫晒死。一般种子曝晒温度达到 45℃,保持 6 h,可杀死种子中麦蛾的卵、幼虫和蛹。一般害虫在温度升高到 50～60℃时,经过 1～2 h 即可将其杀死。种子仓库害虫在高温中致死的时间,因空气湿度、害虫的种类及虫态而有所不同。在应用高温杀虫时,应保证在不影响种子质量的前提下进行。

三是低温冷冻。利用冬季低温或由人工产生的气来降低种子温度,达到抑制害虫的发育、繁殖和为害的目的。一般仓库温度低于 8℃以下时,仓库害虫就会停止发育和繁殖,进入冷休眠状态,而长期处于冷休眠状态的害虫就会发生脱水死亡。采用低温冷冻灭虫时要注意种子贮藏的安全水分条件,否则会使种子发生冻害而影响发芽率。冷冻以后,趁冷密闭贮藏,对提高杀虫效果有显著作用。

四是气调杀虫。通过充氮降氧的气调法,使仓库内氧的浓度降到 0.4%,则可杀死所有害虫。也可充入二氧化碳气体,达到同样的杀虫效果。

五是灯光诱杀。在种子仓库或临近的地方装置诱虫灯,利用仓库害虫成虫的趋光习性,夜间开灯诱杀害虫,具有良好的效果。

5. 化学防治

化学防治就是用化学药剂来防治仓库害虫及其他有害生物的一种方法。它是目前国内外有害生物防治所采用的最广泛的防治手段,在害虫综合防治中占有重要地位。化学防治有使用方法简便，效率高，见效快，防治效果好等优点。但使用不当容易造成工作人员中毒，影响种子的活力，还会造成仓库害虫产生不同程度的抗药性，杀伤天敌，污染环境等缺点。因此，在使用化学药剂时必须注意发挥优点，克服缺点，才能达到化学防治的目的，更应注意与其他方法的配合使用，才能对仓库害虫进行持续有效的控制，达到更好的防治效果。

目前，用于防治种子仓库害虫的化学药剂主要有熏蒸剂和保护剂两大类。熏蒸剂就是利用易于挥发的药剂的蒸气，通过害虫呼吸系统或由体壁的膜质透入虫体，使害虫迅速中毒死亡的化学药剂。而保护剂则是利用液体或固体状态的药剂，通过胃毒作用或触杀作用，使仓库害虫致死的药剂。选用这一类药剂一般要求具有毒性低，药效长、适应性强、使用范围广，对仓库和环境条件无特殊要求、施用安全等特点。种子仓库常用的化学药剂有磷化铝、氯化苦、溴甲烷、防虫磷、辛硫磷、敌百虫、敌敌畏等。

(1)磷化铝(AIP，aluminium phosphide)　纯品为黄色结晶，工业品为浅黄色或灰绿色固体粉末，在干燥条件下很稳定，但易吸潮分解。磷化铝有片剂和粉剂两种，种子仓库熏蒸常用片剂。磷化铝起杀虫作用的是磷化氢气体，是磷化铝吸收空气中水汽而逐渐分解产生的一种无色剧毒气体。它的渗透性和扩散性比较强，在种子堆内的渗透深度可达 3 m 以上，而在空间扩散距离可远达 15 m。其特点是杀虫谱广，操作简便，药效高，有防霉作用。

(2)氯化苦(CCl_3NO_3)　化学名称为三氯硝基甲烷，原药为 98%无色或略带黄色的液体，有强烈气味，几乎不溶于水，剧毒，使用者应戴防护面具。具有杀虫、杀菌、杀线虫、杀鼠作用，对害虫的成虫和幼虫熏杀力强，但对卵和蛹的作用小。温度高时药效较显著，当温度 20℃以上时能逐渐挥发，其气体比空气重，渗透力强，无爆炸燃烧的危险，必须在高处均匀施药，仓库四角应适当增加药量。通常采用喷雾或蒸发法密闭熏蒸 2～3 d，一般粮堆体积用药 35～70 g/m³，空仓库体积用药 20～30 g/m³，将药倒在高处的木制浅盆中即可。种子含水量高时影响发芽率。

(3)溴甲烷(bromide methyl)　纯品在常温条件下为无色气体。工业品液化后无色或略带有淡黄色的液体，性质稳定，易溶于有机溶剂，不易被酸性或碱性物质分解。溴甲烷具有扩散力大，蒸气压高、挥发性强、渗透性大、吸附性小、杀虫谱广等特点，对仓库害虫、螨类及老鼠均有显著防效。但对人畜毒性较强，具有麻醉作用，且无警戒性。溴甲烷因其比空气重，在仓库使用时需在贮藏物上层使药。使用剂量因环境及被熏蒸物体而异，同等剂量温度越高，熏蒸时间越长，效果越好。但熏蒸时间一般不超过 72 h。夏季使用剂量为 20～30 g/m³，密封熏蒸 16～24 h，冬季使用剂量为 30～40 g/m³，熏蒸 24～48 h。熏蒸后散气时间为，一般仓库为 12 h，帐幕为 1～2 h。

在使用溴甲烷进行仓库熏蒸时应注意：在使用时，操作人员必须戴防毒面具，并严防钢瓶中溴甲烷液体喷溅到皮肤上，在熏蒸及散毒期内，在仓库周围设置有效的警戒区和警示牌。在进行仓库熏蒸时，应用测溴灯检查封仓后仓库是否有漏气现象，散毒后检查是否有毒后，方能进入到仓内工作。

(4)防虫磷　即原药纯度达到 90%以上的马拉硫磷(malathion)，是国际上第一个贮粮保护剂。其杀虫谱广，防治效果好，分解慢，保护期长，成本低，操作方便，毒性低，对人畜安全，对种子的加工和食用品质无不良影响。但长期使用，易产生抗药性。防虫磷不能在含水量高的种子上使用，小麦、玉米、高粱大约以 12%和 14%含水量各为其最安全和临界水分。

使用剂量一般为每吨种子用原油 10～20 g，使用方法主要有机械喷雾法、超低容易喷雾法和载体法。使用防虫磷应该在种子入库的同时随即处理为好，并且以原液随用随配为好，不宜加水稀释。防虫磷是一种保护剂，如果与磷化铝配合使用效果更好，在磷化铝熏蒸之后，再以载体法处理上层种子，则可延长防虫期3～6个月。

其他常用仓库杀虫剂还有辛硫磷、敌百虫、敌敌畏等。

6. 生物防治

生物防治是利用生物及其产物来控制害虫种群数量的一种防治技术。从保护生态环境和可持续发展的角度，有些特殊种子的贮备，采用生物防治比其他防治更为理想。生物防治具有对人员安全，对种子贮藏环境影响小，不会引起害虫的再次猖獗和形成抗药性，对害虫种群具有经常性、持久性的抑制作用。但由于作用效果慢，受外界环境的影响较大，使用不如化学农药简便，生物防治专化性较强等局限性，往往与其他防治方法综合运用。

(1)以虫治虫法　寄生和捕食贮藏害虫的天敌很多，主要有姬蜂、米象小蜂、麦蛾茧蜂、拟蝎、黄色花蝽等，它们均能寄生或捕食多种害虫，在一定条件下均能有效地控制害虫的发生为害，但由于天敌本身也存在污染种子的问题，所以目前还不能在生产上大范围推广。

(2)激素防治法　激素防治是利用昆虫体内分离出来的某些激素或用人工合成昆虫激素的类似物来抑制害虫生长繁殖的方法。主要有保幼激素、脱皮激素、滞育激素及性激素等。现在已经提取并人工合成的性外激素，结合诱捕器，可以对谷蠹、谷斑皮蠹、麦蛾、印度谷螟等十几种害虫进行捕杀。目前常用的蒙515(甲氧保幼素)保幼激素，对印度谷螟、谷蠹、锯谷盗、粉斑螟等害虫的生长防治效果良好；利用生长抑制剂除虫脲(也叫敌灭灵)对鳞翅目害虫有特效。

(3)以菌制虫法　利用害虫的病原微生物及其代谢产物对害虫的致病作用，人为散布害虫病原菌，使害虫感染发病而死亡。在防治种子仓库害虫上应用较为广泛的有苏云金杆菌和颗粒体病毒。苏云金杆菌(Bt)乳剂可以防治印度谷螟、粉斑螟和麦蛾等鳞翅目幼虫。颗粒体病毒(GV)用于防治印度谷螟效果明显。

(4)植物驱避法　在小型种子库应用干燥的烟草筋、花椒、鱼腥草、艾蒿等驱避害虫的植物，将这些植物晒干挂于仓库门窗等透气部位，或将有效成分混合碾成药粉，分层拌和于种子内，或制成片剂分散于种子堆垛之间，可有效驱避仓贮害虫。一般每100 kg种子拌和2～3 kg混合药粉，种子表面的药粉量要多一些。

查一查：

检疫一词来源于拉丁文“quarantine”，原意是40 d。早在14世纪时，意大利的威尼斯城曾规定外国船只抵达口岸时，必须离岸停泊40 d，经检查证明船上人员无当时流行的“黑死病”(即鼠疫、霍乱及疟疾等)传染病后，才允许登上岸。以后，不少国家也陆续采用这个规定。

(八)磷化铝熏蒸技术

种子仓库使用的熏蒸剂种类很多，但由于磷化铝熏蒸法操作简便，灭虫谱广，成本低，效果好，一直是各级种子仓库防治各类有害生物最常用的熏蒸剂，在应用过程中要掌握磷化铝的熏蒸技术及注意事项。

1. 磷化铝熏蒸杀虫的前提条件

在使用磷化铝熏蒸时，要注意种子仓库的密闭性，熏蒸处理的种子要达到规定的含水量标准。即要求玉米、大麦、粳稻为13%以内，小麦、大豆、蚕豆、籼稻为12.5%以内，花生9%以内，棉花 11%以内，菜籽 8%以内，否则对种子发芽率有影响。

2. 磷化铝剂型及其杀虫原理

磷化铝的剂型主要有片剂和粉剂两种，粉剂中磷化铝含量为 85%～90%，为浅灰绿色固体粉末；片剂是由磷化铝原粉与氨基甲酸铵、硬脂酸镁和石蜡混合压制而成，磷化铝含 58%～60%。

磷化铝在室温下吸收空气中水分发生化学反应，缓慢分解产生磷化氢气体。磷化氢气体穿透力强，能够杀死种子堆外部及内部各种害虫和鼠类。同时，磷化氢对各种病原菌均有抑制作用，可有效防止霉菌对种子的侵染。但是磷化氢有自然的特性，且对人体有毒害，空气中达到一定浓度，或温度超过 60℃时会立即在空气中自燃，与氧化剂发生强烈反应可引起燃烧或爆炸。为避免在使用中发生危险，在磷化铝片剂中加入一种氨基甲酸铵的阻燃剂，其受热能分解出二氧化碳和氨气。这两种气体都有阻燃的作用，保证磷化铝的安全使用。但必须注意，如果将大量的磷化铝集中投放到一起熏蒸杀虫，仍有自燃着火的可能，尤其在阳光照射、空气流通差、气温较高、湿度较大时容易发生，所以使用时应特别注意。

3. 磷化铝的熏蒸剂量和时间

在使用磷化铝熏蒸时，其施药剂量一般要根据磷化铝熏蒸杀虫方式来确定。常规熏蒸使用剂量高，密闭时间较短，适合于应急熏蒸处理，其用药量一般按每米^3 施用片剂 6～9 g，粉剂 4～6 g，或按每 250～300 kg 种子施用磷化铝一片（约 3.3 g）的剂量计算，根据仓库贮藏的种子数量计算总用药量。低剂量熏蒸使用的剂量较低，对密封要求高，一般密闭的时间较长，适合于长期保管贮藏的种子。间隔熏蒸是每隔 7～10 d，将一次用药量分 2～3 次进行投放，适用于难以杀死或抗药性强的害虫。缓释熏蒸是将磷化铝片剂装在 0.03 mm 厚的聚乙烯袋中，每袋 6～8 片，分散埋在种子堆表层内，密封 2～3 个月或更长。可以较长期地保持种子仓库不生虫。缓释熏蒸必须用帐幕密封种子堆，且要求密封良好。

熏蒸时间应根据种子仓库温度而定，温度对气体扩散力影响较大，温度越高，气体扩散越快，杀虫效果越好。如果温度较低，则适当延长密闭时间，通常是当种温在 20℃以上时，密闭不少于 3 d。种温在 5～10℃时，则要密闭 10 d。如果温度低于 5℃，不宜熏蒸。据报道，磷化铝药剂在气温 28℃左右，仓库温度 25℃，相对湿度 68%～74%的条件下，密封 4 d 杀虫效果可达 100%。在上述温湿度条件下，种子堆用药 6 g/m^3，空间用药 5 g/m^3，器材用药 5 g/m^3，可 100%消灭米象等仓贮害虫，且对种子发芽率都无影响，但对存贮 2～3 年的陈种子，发芽率下降 10%左右。

4. 磷化铝熏蒸作业的技术要求

(1)熏蒸作业前的准备工作　在熏蒸作业前，首先应做好全面的调查，然后根据现场调查情况制定熏蒸方案，确定施药剂量。并对施药人员进行认真组织、明确责任，准备好安全防护用具、干粉灭火器和有关材料，整理种堆和熏蒸物，留好撤离通道，必要时可对操作人员进行培训和演练。

在对种子仓库现场调查时，要对调查的项目做好记录，作为制定熏蒸方案的第一手资料。一般调查的项目：一是种子方面，包括种子的品种、数量、用途、含水量、贮藏时间、种子的堆放形式、种温等；二是有害生物方面，包括有害生物的种类、害虫的虫口密度、种类、活动栖息部位等；三是仓库方面，包括仓库设施的结构、仓库的密闭性、机械设备、仓库内的温湿度、仓库与居民住宅的距离等。

(2)对熏蒸操作人员的要求　磷化铝熏蒸杀虫时,要选用经过培训或熟悉磷化铝熏蒸技术的人员,选择晴好天气进行熏蒸作业。为防止工作人员中毒,应一律戴好防毒面具,并按规定用药量在仓库内由上而下,自里向外顺序作业。工作人员要迅速、准确地把准备好的磷化铝药剂取出,随即把瓶盖封口拧紧,把已取出的药片按作业方法均匀摆放。

(3)熏蒸后的处理　在通常情况下,施药熏蒸后密封 5~7 d 即可通风散气,放风一律从仓库外部开启门窗,先开上层,后开下层,先开下风方向,再开上风方向。在完全放风 72 h 后及时清理熏蒸剂剩余的残渣,在离水源较远的地方挖坑深埋,之后对仓库进行正常管理。

5. 磷化铝熏蒸作业的方法

(1)种子堆外面施药　在算出整个种子仓库的施药总量后,根据总用药量计算出施药点,在种子堆周边均匀设点,在每个施药点上,将药物均匀地薄摊在瓷盘或陶碗中,片剂不准重叠堆积,粉剂厚度不准超过 0.5 cm。施药后密闭仓库,熏蒸结束放气后,及时清除残渣。种子堆高度超过 2 m 的,采用种子堆间隔施药的方法。即分散放置足够数量的瓷盘或陶碗,将磷化铝粉剂或片剂均匀分散在里面,粉剂每点不宜超过 30 g,片剂每点不宜超过 10 片。

(2)布袋深埋　按各点施药量将药剂装入 10 cm×10 cm 小布袋内,每袋装片剂不超过 5 片,粉剂不超过 25 g。如用投药器由里向外把药包埋入种子堆内,要求每袋拴上一条有色的长绳子,并将绳子暴露出来以便于清理。

(3)帐幕熏蒸　帐幕熏蒸用药量比常规施药法少,一般为磷化铝 3~4 g/m^3。帐幕熏蒸时一般用塑料薄膜或 PVC 蓬布材料,但要特别注意帐幕内结露的水滴不能落在药剂上,以防过度反应引起爆燃。

6. 磷化铝熏蒸时的注意事项

一是磷化铝一经暴露在空气中就会分解产生磷化氢,磷化氢气体有剧毒,很容易引起人体中毒,在使用时要特别注意安全,在开罐取药前必须戴好防毒面具,切勿大意。二是药物不能遇水,也不能投放在潮湿的种子或器材上,否则也会自燃。三是为防止自燃,在使用磷化铝片剂时,药物投放不要过于密集,且片剂之间不能重叠。粉剂应薄摊均匀,厚度不宜超过 0.5 cm。否则会产生过多的磷化氢气体,遇易燃物品,容易酿成火灾。四是根据贮藏条件,在使用塑料帐幕熏蒸时,要处理好帐幕内结露问题,不能使水滴落在药剂上。五是根据天气情况,正确选定施药时间。磷化铝在施药后 4~6 h 内不要遇雷雨大风。

7. 磷化铝熏蒸时的应急处理

(1)中毒时的应急处理　磷化铝熏蒸时会产生磷化氢气体,磷化氢对人畜均有高毒,是磷化氢作用于细胞,影响细胞代谢,发生内窒息,其主要损害神经系统、心脏、肾脏及肝脏。轻微中毒时会出现疲劳、耳鸣、恶心、胸部有压力感、腹痛、腹泻和呕吐等症状;中度和严重中毒时,继轻微症状之后,可以出现干咳、气哽发作、强烈口渴、步态摇晃、严重的四肢疼痛、瞳孔扩大和急性昏迷。当仓库内磷化氢气体浓度达到 10 mg/m^3 时接触 6 h 即出现中毒症状,当浓度为 400~850 mg/m^3 时接触 0.5~1 h 即发生死亡。

目前,磷化氢中毒尚无特效解毒药,第一应尽快脱离中毒现场,注意卧床休息和保暖;第二应立即送往就近医院进行治疗,采用氧呼吸装置,进一步投给强心剂或刺激血液循环的药物,某些情况下还要输血,或高渗食盐溶液,或高渗葡萄糖溶液的静脉注射,如呼吸停止立即时行人工呼吸。

此外,如果出现误食,需饮足量温水,催吐、洗胃、并立即就医。如果皮肤接触,立即脱去被污染的衣物，用肥皂水和清水彻底冲洗皮肤。如果眼睛接触，应立即用流动清水或生理盐水冲洗，并即刻就医。

(2)燃烧时的应急处理　在使用磷化铝熏蒸时，如果操作不当，可能会引起燃烧，出现这种情况时，应根据不同的情况采取相应的措施。如果在开启磷化铝包装时发生燃烧，可立即将包装瓶埋入种子中，以隔绝空气封闭瓶口，不可再用。如果因熏蒸不当引发的火灾，必须使用干粉、二氧化碳灭火剂，或使用干燥沙土灭火，禁止用水或泡沫灭火剂灭火，并请专业消防队员处理。

二、种子病原微生物及其控制

种子微生物是寄附于种子上的各种微生物的统称，其种类繁多、主要包括细菌、放线菌和真菌等。和贮藏种子关系最为密切的主要是真菌中的霉菌，是一类个体微小，结构简单、分解代谢能力特别强的真菌，是对种子贮藏安全影响最大的微生物群体，特别是低温干生性霉菌，甚至能在较低的温度和干燥条件下分解种子有机质，引起种子堆发热霉变。种子微生物因作物种类、品种、产区、气候情况和贮藏条件等的不同而有所差异。

(一)种子病原微生物的来源及特点

各种微生物和种子的关系是不同的，大体可以分为附生、腐生和寄生三种。但大部分是以寄附于种子外部为主，且多属于异养，由于它们不能利用无机型碳源，无法利用光能或化学能制造营养物质，必须依靠有机物质才能生存。因此，种子就成了微生物赖以生存的主要有机物质。

1. 种子病原微生物的来源

种子病原微生物从其来源上可以分为原生微生物(田间带菌)和次生微生物(加工贮藏)两类。原生微生物主要指种子收获前在田间所感染和寄附的微生物类群，其中包括腐生、寄生、半寄生和一些腐生微生物；次生微生物主要指种子收获后，以各种不同的方式，在脱粒、运输、贮藏及加工期间传播到种子上来的微生物类群。其中，与种子贮藏关系最为密切的是真菌。

2. 种子病原微生物的特点

原生微生物(田间带菌)一般都是湿生性真菌，其生长最低相对湿度均在90%以上，要求种子的水分在20%以上。它们主要是半寄生菌、其典型代表是交链孢霉，能广泛地寄生在禾谷类、豆科和十字花科等许多种子中，在种皮下寄生，形成皮下菌丝。当种子收获入仓后，其他贮藏霉菌侵害种子时，交链孢霉等便相应的减少和消亡。这种情况下往往表明种子生活力的下降或丧失，所以交链孢霉等真菌的存在和变化，可作为判断种子新鲜程度的参考和基本依据。有些霉菌，虽然是典型的贮藏真菌，却可以在田间危害种子，如黄曲霉可以在田间感染玉米和花生，并产生黄曲霉毒素进行污染。

次生微生物(加工贮藏)大都是种子收获后在运输、加工贮藏过程中感染和侵染种子的腐生真菌，其中主要的是霉菌，这类霉菌种类很多，近30个霉菌属，如根霉、毛霉，但危害最重而且较普遍的是曲霉和青霉，它们所要求的最低生长湿度都在90%以下(相对湿度)，一些干生性的曲霉可在相对湿度65%～75%时生长，如灰绿曲霉和局限曲霉可以在低水分种子上缓慢生长，可损坏胚部使种子变色，进而为破坏性更强的霉菌创造继续危害的条件。白曲霉和黄曲霉的为害，是导致种子堆发热的重要原因。青霉可以杀死种子，使粮食变色，产生霉臭，导致种子早期发热，产生“点翠”生霉和霉烂现象。

3. 种子微生物区系的变化

种子微生物区系是指在一定生态条件下，存在于种子上的微生物种类和成分。种子微生物区系因作物种类、品种、产区气候和贮藏条件的不同而异，各种微生物有不同的生活习性，并且形成错综复杂的生态关系。种子微生物区系的变化，主要取决于种子含水量、种堆的温湿度和通气状况等生态环境以种子微生物的活动能力。新鲜的种子，通常以附生细菌为最多，其次是原生真菌，而霉腐菌类的比重很小。在正常情况下，随着种子贮藏时间的延长，其原生微生物群落逐渐下降，贮藏微生物群落逐步发展，直至会以曲霉、青霉、细球菌为代表的霉腐微生物取而代之。贮藏真菌增加越多，原生真菌则减少或消失越快，种子的品质也就越差。在失去贮藏稳定性的种子中，微生物区系的变化迅速而剧烈，以曲霉、青霉为代表的霉腐菌类，迅速取代正常种子上的微生物类群，旺盛地生长起来，大量地繁殖，同时伴有种子发热、生霉等一系列种子劣变症状的出现。

(二)种子主要病原微生物种类

1. 真菌

调查发现，贮藏种子上的真菌种类较多，大部分寄附在种子外部，部分能够寄生于种子内部的皮层和胚部。许多真菌属于对种子贮藏破坏性极强的腐生菌，但对种子的损害作用不尽相同，如曲霉(*Aspergillus*)、青霉(*Penicillium*)、毛霉(*Mucor*)和根霉(*Rhizopus*)等，其中以曲霉和青霉对种子贮藏安全影响最大，其次是根霉、毛霉等病原真菌。

(1)青霉属(*Penicillium* Link)　该属是自然界分布较广，导致种子贮藏期间发热霉变的一种最普遍的真菌。

该属属于半知菌亚门、曲霉科青霉属，分41个系137个种和4个变种，有些菌系能产生毒素，使贮藏种子带毒。危害贮藏种子的主要种类有橘青霉(*Penicillium citrinum*)、产黄青霉(*P. chrysogenum*)、圆弧青霉(*P. cyclopium*)和草酸青霉(*P. oxalium*)等(图2-5-14)。

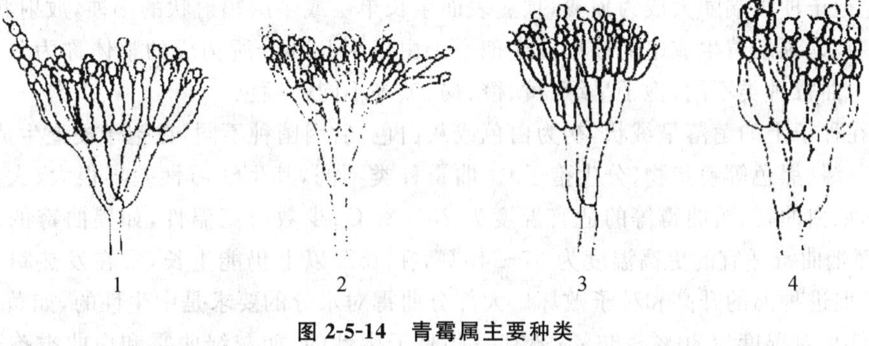

图2-5-14　青霉属主要种类

1—橘青霉；2—产黄青霉；3—圆弧青霉；4—草酸青霉

青霉菌的菌丝无色、淡色或鲜明颜色、具隔膜，整个菌丝体分为吸收营养的基质菌丝和伸向空中的气生菌丝，在密生气生菌丝上产生长而直立的分生孢子梗，顶端呈扫帚状分枝，分枝顶部小梗瓶状，小梗顶端产生的分生孢子呈链状，分生孢子有圆形、椭圆形或卵圆形，其菌落呈绿色、蓝色和黄色等各种特有的颜色。

青霉菌在种子生长时，先从胚部侵入或在种子破损部位开始生长，最初长出白色斑点，逐渐丛生白毛，数日后产生青绿色孢子，因种类不同而逐渐转变青绿、灰绿或黄绿色，并伴有特殊的霉味。青霉分解种子中有机物质的能力很强，能引起种子发热和“点翠”，并有很重的霉味。多数青霉为中生性，孢子萌发的最低相对湿度在80%以上，一般适宜在20～25℃，含水量在15.6%～20.8%的种子上生长；但有些青霉能在较低温度下生长，纯绿青霉(*P. viridicatum*)可在－3℃左右引起高水分玉米的种子“点翠”而霉变，青霉均属于好氧性真菌，是在低温下对种子危害较大的一类霉菌。

(2)曲霉属[*Aspergillus*(Mich)Link] 曲霉广泛存在于各种种子和粮食上，是导致种子发热霉变的主要霉菌。曲霉的腐生性强，除能引起种子霉变外，有的种类还能产生毒素，如黄曲霉毒素对人畜有致癌作用。

曲霉属半知菌，分18个群，132种和18个变种。据调查报道，在主要作物种子上分布较多的是灰绿曲霉(*A. glaucus*)、阿姆斯特丹曲霉(*A. amstelodami*)、烟曲霉(*A. fumigatus*)、黑曲霉(*A. niger*)、黄曲霉(*A. flavus*)、白曲霉(*A. candidus*)和杂色曲霉(*A. versiccolor*)，(图2-5-15)。

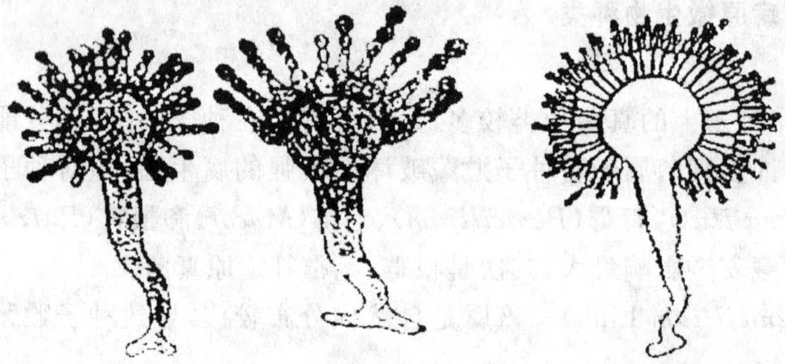

图2-5-15 曲霉属主要种类

1—灰绿曲霉；2—黄曲霉

曲霉的营养体为多细胞的有隔菌丝，无色或淡色，菌丝上的厚壁足细胞生出直立的分生孢子梗，分生孢子梗顶端膨大成为顶囊，顶囊表面生长单层或多层辐射状的小梗，放射状排列，最上层小梗瓶状，顶端着生成串的球形分生孢子。由以上几部分所构成的整体称为分生孢子头或曲霉穗。曲霉种类不同，孢子呈绿、黄、橙、褐、黑等不同的颜色。

曲霉在种子上的菌落呈绒状，初为白色或灰白色，后因菌种不同，在孢子梗上生成乳白、黄绿、烟灰、灰绿、黑色等粉状物(分生孢子)。曲霉种类不同，其生活习性差异很大，大多数曲霉属中温性，如白曲霉、黄曲霉等的适宜温度为25～30℃；少数属高温性，如黑曲霉的适宜温度为37℃，而烟曲霉适宜的更高温度为37～45℃，在45℃以上仍能生长，常在发热霉变中后期大量出现，促进种温的升高和种子败坏。大部分曲霉对水分的要求是中生性的，如黄曲霉孢子萌发的最低相对湿度为80%～86%；还有一些是干生性的，如灰绿曲霉和白曲霉孢子萌发的最低相对湿度分别为62%～71%和72%～76%；而黑曲霉则属于近湿性菌，孢子萌发的最低相对湿度为88%～89%。

种子的水分不同，会导致不同的霉菌进行生长。灰绿曲霉能在低温下危害低水分种子；白曲霉在14%左右的稻谷上生长；黑曲霉易在水分18%以上的种子上为害，它分解种子有机质的能力很强，产生多种有机酸，使子粒脆软，发灰，带有浓厚的霉酸气味；黄曲霉对水分较高的玉米、麦类和花和易于危害，当花生仁水分在9%以上，温度适宜便可在其上发展，它有很强的糖化淀粉能力，使种子变软发灰，常具有褐色斑点和较重的霉酸气味。曲霉多数是好氧菌，但少数能耐低氧。

(3)根霉属(*Rhizopus* Ehrehberg ex Corda) 根霉菌是分布很广的腐生性霉菌，大都有不同程度的弱寄生性，广布于腐败食物、谷物、薯类、果品、蔬菜及贮藏的种子上。

根霉属是接合菌亚门、接合菌纲、毛霉目、毛霉科真菌中的一个大属。其代表菌类有匍枝根霉(*R. stolonifer*，旧称黑根霉)、米根霉(*R. oryzae*)、中华根霉(*R. chinensis*)、少根根霉(*R. arrhizus*)(图2-5-16)。

根霉菌的菌丝无隔、多核、分枝状，有匍匐菌丝和假根，在假根的上方长出一至数根孢囊梗，顶端长球形孢子囊。囊的基部有囊托，中间有球形或近球形囊轴。囊内产大量孢囊孢子，成熟后孢囊壁消解或破裂，释放球形或卵形等孢囊孢子。有时在匍匐菌丝上产生横隔，随即形成厚垣孢子。有性生殖时由不同性别的菌丝或匍匐菌丝上生出配子囊，配子囊双双异宗配合形成厚壁的接合孢子。

在种子上根霉菌落菌丝茂盛呈絮状，生长迅速，由白色逐渐变为灰黑色，表面生有肉眼可见的黑色小点。根霉菌喜高温，孢子萌发最低相对湿度为84%～92%。生长温度为中温性，黑根霉最适生长温度为28℃，超过32℃不再生长；匍枝根霉的生长适温为26～29℃；米根霉和中华根霉的生长适温为36～38℃，41℃不再生长。根霉菌都是好氧菌，但有的能耐低氧。在缺氧条件下不能生长或生长不良，如在缺氧贮藏中，当水分过高或出现种子堆内部结露时则可能出现所谓“白霉”，即只生长白色菌丝而不产生孢子的米根霉等耐低温的霉菌。

(4)毛霉属(*Mucor* Micheli ex Fries) 毛霉又叫黑霉、长毛霉，在土壤、禾草及各种腐败的有机质上广泛分布，在高温、高湿以及通风不良的条件下生长良好，在高水分种子上普遍存在。

毛霉属是接合菌亚门、接合菌纲、毛霉目、毛霉科真菌中的一个大属。为害贮藏种子的代表菌为总状毛霉(*M. racemosus*)(图2-5-17)。

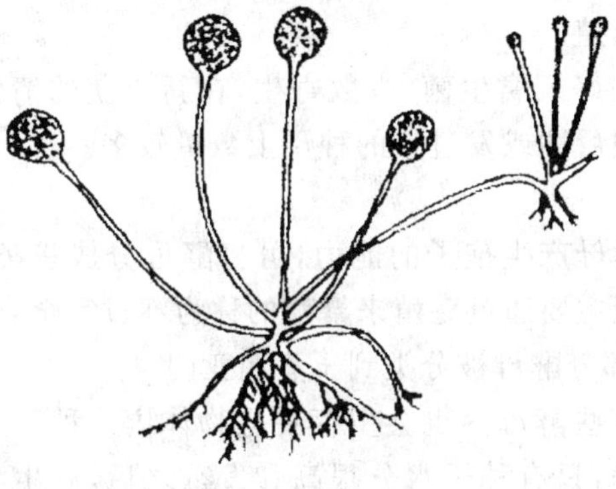

图2-5-16 具假根和匍匐枝的根霉

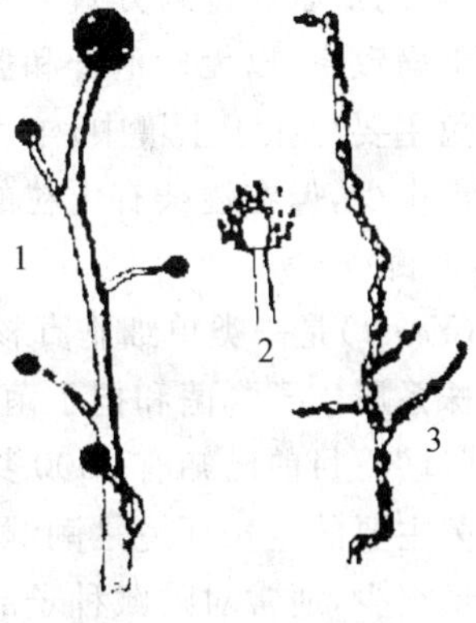

图2-5-17 总状毛霉

1—孢囊梗和孢子梗；2—囊轴和孢囊孢子；3—厚垣孢子

(胡晋，2001)

毛霉菌丝无隔膜、多核，无假根或匍匐菌丝，不产生定形菌落。菌丝体上直接生出单生、总状分枝或假轴状分枝的孢囊梗，各分枝顶端着生球形孢子囊，内有形状各异的囊轴，囊内产生大量球形、椭圆形、壁薄、光滑的孢囊孢子，孢子成熟后孢子囊即破裂并释放孢子。毛霉菌以孢囊孢子和多以异宗配合产生的接合孢子进行繁殖。

种子上的毛霉菌落疏松絮状，菌丝初期白色，后灰白色至黑色，表明孢子囊大量成熟。该菌为中温、高湿性，生长最适的温度为 20～25℃，生长最低相对湿度为 92%。属好氧菌，有些类群能耐低氧，在缺氧条件下可进行酒精发酵具有较强的分解种子中的蛋白质、脂肪、糖类的能力。潮湿种子极易受害，而使种子带有霉味或酒酸气、并有发热结块现象。

2. 细菌

细菌是种子微生物区系中的主要类群之一。其结构简单、自养或异养、通过裂殖进行繁殖，自然界分布最广的一类原核生物。根据形状将细菌分为球菌、杆菌和螺旋菌三类。其重要代表菌类有芽孢杆菌属(*Bacillus* Cohn)、假单孢杆菌属(*Pseudomonas* Migula)和微球菌属(*Micrococcus* Cohn)等类群中的一些种(图 2-5-18)。

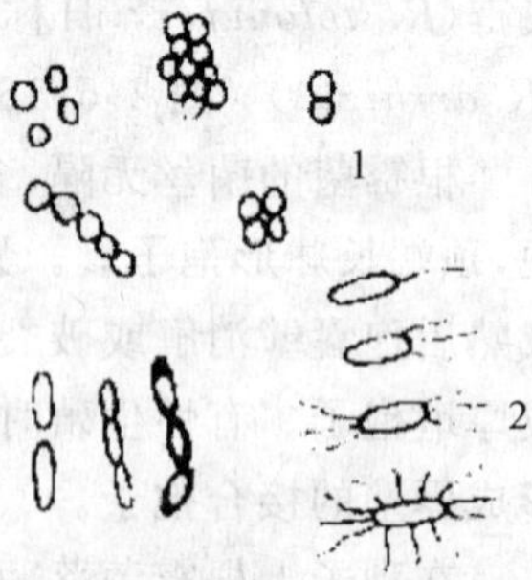

图 2-5-18 细菌

1—球菌；2—杆菌

种子上的细菌，主要是附生细菌中的球菌和杆菌，往往直接以菌体形式黏附于种子表面或潜伏于种子内部。在新鲜种子上的数量占种子微生物总量的 80%～90%，一般对贮藏种子无明显为害，并随着贮藏时间的延长，霉菌数量的增加，其数量逐渐减少。陈旧的种子或发过热的种子上，主要以芽孢杆菌和微球菌等腐生细菌为主。种子上细菌的数量超过霉菌，但由于细菌一般只能从子粒的自然孔口和伤口侵入，限制了它的破坏作用，所以通常情况下对引起贮藏种子发热霉变不如霉菌严重。同时细菌是湿生性的，需要高水分的环境。

3. 放线菌

放线菌(*Actinomycete*)为原核生物的一个类群。在自然界中分布很广，大多数菌体有发达的分枝菌丝，菌丝纤细，可分为营养菌丝和气生菌丝，在气生菌丝上分化出可产生孢子的孢子丝，孢子丝的形状和排列方式因种而异，成熟的孢子丝上产生成串的分生孢子。放线菌的菌落形态多干燥致密，以无性孢子和菌体断裂方式繁殖。

放线菌主要存在于土壤中，绝大多数为异养型好氧腐生菌，少数寄生，在新收获的清洁的种子上数量很少，但在混杂有土粒的种子以及贮藏后期或发过热的种子上数量较多。

4. 酵母菌

酵母(*Yeast*)是一类单细胞真核生物。根据酵母产生孢子的能力，可将酵母分成三类：形成孢子的株系属于子囊菌和担子菌；不形成孢子但主要通过芽殖来繁殖的称为不过完全真菌，或叫“假酵母”。目前已知有1 000多种酵母，但大部分酵母被分类到子囊菌亚门。

酵母菌主要的生长环境是潮湿或液态环境，有些酵母菌也会生存在生物体内。种子上酵母菌的数量很少，通常对贮藏种子品质无重大影响，只有种子水分很高和发霉之后，腐生型酵母才能使种子进一步腐败变质，影响种子质量。

(三)种子病原微生物的为害与控制

1. 种子病原微生物对种子的为害

种子在良好的贮藏保管条件下，一般在几年内都能保持较高的生活力，而在低温、干燥、密闭等特殊贮藏条件下，能在更长的时间内，甚至几十年内仍保持较高的生活力。然而在保管不善时，就会使种子的生活力很快丧失，其中一个重要的原因就是受到微生物的侵害。

微生物侵入种子往往是从胚部开始，因为种子的胚部中含有大量的亲水基，水分含量远比胚乳高，而且胚部营养丰富，保护组织也较薄弱。由于胚部是种子生命的中枢，一旦受到微生物损害，其生活力就会随之降低。不同的微生物对种子生活力的影响也不一样，许多霉菌，如灰绿曲霉、黄曲霉、白曲霉和一些青霉等对种子的胚部伤害力较强，在种子霉变过程中，种子发芽率总是随着霉菌的增长和种子霉变程度的加深而迅速下降，以致完全丧失。

微生物引起种子发芽力降低和丧失的主要原因：一是一些微生物能分泌毒素，毒害种子；二是微生物直接侵害和破坏种胚组织；三是微生物分解种子，形成各种有害产物，造成种子正常生理活动受到影响，出现生理活动障碍。

2. 种子发热霉变的原因

一般情况下，种子都会带有微生物，但不一定发生霉变，因为除了种子对微生物的为害具有一定的自我抗御能力外，贮藏环境条件对微生物的影响是决定种子是否霉变的关键，当环境条件有利于微生物活动时，才可能发生霉变。

种子霉变的过程，就是微生物分解和利用种子有机物质的生物化学过程，是一个连续的统一过程，其发展的快慢，主要由温度和水分等环境条件对微生物的适宜程度决定。在种子霉变过程中，可以出现各种症状，如变色、变味、发热、生霉以及霉烂等。主要分为初期变质、中期生霉和后期霉烂三个阶段。种子微生物在适宜环境条件下，大量繁殖，并利用其自身分泌的酶类开始分解种子的有机物质，破坏种子表面组织，继而侵入内部，导致种子初期变质。此阶段种子逐渐失去原有的色泽和香气，出现轻微的异味；种子表面潮湿，散落性降低；子粒软化，硬度下降；并有发热趋势，此时种子堆温度以每天2～3℃的速度上升，最高可达45～50℃。在生霉腐烂阶段，种子胚部及破损部分逐渐长出各种不同颜色的菌落，并有浓烈的霉味、甜味甚至酸味，高温微生物代替中温微生物继续分解种子有机质，使种子进一步霉烂、腐败，此时种子堆温度可升至65℃，使种子变形，菌丝缠绕，甚至结块成团，产生腐臭气味，完全丧失种用价值。

应特别注意的是，在通风良好状况的情况下，有时种子堆发热不易被察觉。而低水分种子的变质，几乎都是曲霉活动造成的，并且有些曲霉在代谢过程中能产生毒素，使种子带毒，危害人体健康。毛霉生长迅速，对环境适应性强，因其具有厌氧的特点，在高水分密闭贮藏的种子中，引起种子发酵变质。根霉属中温、高湿性霉菌，在适宜条件下能很快导致高水分种子霉烂、变质。随着种子发热霉变，种子微生物区系发生明显变化，腐生性细菌、放线菌和酵母菌都会大量繁殖，进一步加速了种子的腐败。

3. 影响种子病原微生物的因素

微生物在贮藏种子上的活动主要受贮藏时水分、温度、空气及种子本身的健全程度和理化性质等因素的影响和制约。此外，种子中的杂质含量、害虫以及仓用器具和环境卫生等对微生物的传播也起到相当重要的作用。

(1)种子水分和空气湿度　种子水分和空气湿度是微生物生长发育的重要条件。不同种类的微生物对水分的要求和适应性是不同的。据此可将微生物分为干生性(生长最适相对湿度95％～98％)、湿生性(生长最适相对湿度接近100％)和中生性(生长最适相对湿度98％～100％)三种类型。

几乎所有的微生物都是湿生性的，一般要求相对湿度均在95％以上。放线菌生长所要求的最低相对湿度通常为90％～93％。酵母菌也多为湿生性微生物，它们生长所要求的最低相对湿度为88％～96％，但也有些酵母菌是中生性微生物。植物病原真菌大都是湿生性微生物，只有少数属于中生性类型。在贮藏种子中，为害最大的青霉和大部分曲霉等霉菌都是中生性的，而灰绿曲霉、白曲霉、局限曲霉、棕曲霉、杂色曲霉等一些曲霉菌几乎都是干生性的。

不同类型微生物的生长最低相对湿度是比较严格的，而生长最适相对湿度则都以高湿度为宜。在干燥环境中，可以引起微生物细胞失水，使细胞内盐类浓度增高或蛋白质变性，导致代谢活动降低或死亡，造成微生物群体的大量减少，这就是利用了干燥防霉的微生学原理进行种子贮藏。因此，采用各种方法降低种子水分，同时控制仓库种子堆的相对湿度使种子保持干燥，可以控制微生物的生长繁殖以达到安全贮藏的目的。一般来说，只要把种子水分降低并保持在不超过相对湿度65%的平衡水分条件下，便能抑制种子上几乎所有微生物的活动，种子水分越接近或低于这个值，则贮藏稳定性越高，安全贮藏的时间也越长；反之，贮藏的稳定性就越差。在一般情况下，把相对湿度65%的种子平衡水分作为种子长期安全贮藏的界限。

(2)温度　温度是影响微生物生长繁殖和存亡的重要环境因子之一。种子微生物按其生长所需温度可分为低温性(生长最适温度10～20℃)、高温性(生长最适温度50～60℃)和中温性(生长最适温度20～40℃)三种类型。这三种类型的微生物划分是相对的，也有一些中间类型。

在种子微生物中，以中温性微生物最多，其中包括绝大多数的细菌、霉菌、酵母菌以及植物病原真菌。大部分侵染贮藏种子引起变质的微生物在28～30℃生长最好。高温性和低温性微生物种类较少，只有少数霉菌和细菌。通常情况下，中温性微生物是导致种子霉变的主要类群，高温性微生物则是种子发热霉变的后续破坏者，而低温性微生物则是种子低温贮藏的主要危害者。

种子微生物在生长最适温度范围以下，其生命活动随环境温度的降低而逐渐减弱，以致停止生长而处于休眠状态。一般微生物对低温的忍耐能力很强，因此，低温只有抑制微生物的作用，杀菌效果很小，而微生物对高温的作用很敏感，在超过其生长最高温度的环境中，在一定时间内便会死亡，高温灭菌就是利用高温能使微生物细胞蛋白质凝固，破坏了酶的活性来杀死微生物。因此，在种子贮藏中，采用低温技术来抑制微生物的生长。

(3)仓房密闭和通风　仓房密闭和通风主要是通过气体成分对微生物进行影响。根据微生物对氧气的不同要求，分为好氧、厌氧和兼性厌氧3种类型。

种子上带有的微生物绝大多数是好气性微生物。引起贮藏种子变质霉变的青霉和曲霉等霉菌大都是强好气性微生物，缺氧的环境对其生长不利，密闭贮藏能限制这类微生物的活动，减少微生物传播感染以及隔绝外界温湿度不良变化影响的作用，所以低水分种子采用密闭保管的方法可以提高贮藏的稳定性和延长安全贮藏期。

种子微生物一般能耐低浓度的氧气和高浓度的二氧化碳的环境。所以，一般性的密闭贮藏对霉菌的生长只能起一定的抑制作用，而不能完全制止霉菌的活动。在生产实际上，高水分种子保管不当(如密闭贮藏)，往往产生酒精味和败坏，其原因是由于这类湿生性微生物在缺氧条件下活动的结果，所以高水分种子不宜采用密闭贮藏。但种子堆内进行通风也只能在降低种子水分和种子堆温湿度的情况下才有利，否则将更加促进好氧微生物的发展。因此，种子贮藏期间做到干燥、低温和密闭，对长期安全贮藏是最有利的。

(4)日光　日光包括可见光以及部分不可见的紫外线和红外线。种子微生物的生长，大都不需要光线，散射的日光对微生物没有明显的危害，而直射的强烈日光则具有较强的杀菌作用，并能抑制多数霉菌孢子的萌发，其杀菌机理主要是红外线的热效应和紫外线具有的杀菌力。在贮藏工作中，普遍利用日光曝晒来处理种子，起到降低水分和防霉的良好效果。

(5)种子状况　种子的种类、形态结构、化学品质、健康状况和生活力的强弱以及纯净度和完整度，都直接影响着微生物的生长状况和发育程度。

新种子和生活力强的种子，在贮藏期间对微生物有着较强的抵抗力，成熟度差或胚部受损的种子容易生霉。子粒外有稃壳和果种皮保护的比无保护的种子更具有低抗微生物入侵的能力，保护组织厚而紧密的种子易于贮藏，所以在相同贮藏条件下，水稻和小麦比玉米易于保管，红皮小麦比白皮小麦的贮藏稳定性高。

贮藏种子的纯度和净度，对微生物的影响很大。组织结构、化学成分和生理特性不同的种子混杂在一起，即使含杂量不多也会降低贮藏的稳定性，被微生物侵染后会相互传染。种子清洁度，尘杂多，则易感染微生物，常会在含尘杂多的部位产生窝状发热。这是因为尘杂常常有大量霉腐生物，且容易吸湿，使微生物容易发展。此外，同样水分的种子，子粒不完整较多的种子堆容易发热霉变，因为完整的种子能抵御微生物的侵害，而破损的种子易被微生物感染。由于营养物质裸露，有利于微生物获得养料，加之不完整子粒易于吸湿，更有利于微生物的生长。

除上述影响微生物活动的因子外，种子微生物之间还存在着互长、共生、寄生和拮抗的关系。

4. 种子病原微生物的控制

(1)提高种子的入库质量　贮藏种子质量要达到干、饱、净，高质量的种子对微生物的抵御能力较强。为提高种子的生活力，应在种子成熟时适时收获，及时脱粒和干燥，并认真做好清选工作，去除杂物、破碎粒、不饱满的子粒。贮藏的种子要做好“五分开”，即新种子与陈种子分开、干种子与湿种子分开、有病虫种子与无病虫种子分开、不同种类的种子分开、不同纯度和净度的种子分开，这样才能提高贮藏的稳定性。

(2)加强贮藏管理　根据季节的变化，结合种子仓库内外温湿度的具体情况，适时通风和密闭，定期做好种子水分、温度变化的检测，认真检查种子微生物活动趋势，发现问题及时控制。

(3)干燥防霉　种子含水量和仓库内相对湿度低于微生物生长所要求的最低水分时，就能抑制微生物的活动，因此，要求种子仓库要能防湿防潮，具有良好的通风密闭性，同时在种子入库前要充分干燥；在种子贮藏过程中，要采用相应的措施，把仓库内相对湿度控制在65%～70%，防止种子吸湿回潮；在气温变化的季节还要控制温差，防止结露。

(4)低温防霉　保持贮藏种子在15℃以下，仓库相对湿度在65%～70%，可以达到防虫防霉，安全贮藏的目的。低温贮藏即可在冬天仓外薄摊冷冻，趁冷密闭贮藏；也可在夏季利用冷库贮藏。进行冷处理的种子含水量要低，不能在该低温下使其遭受冻害。

(5)化学药剂防霉　常用的化学药剂是磷化铝。磷化铝水解生成的磷化氢除具有良好的杀虫作用外，还具有很好的抑菌、防霉效果。可以将灭虫防霉结合起来，一次投药即可。目前，国内外开展的植物防霉剂的研究已取得一定效果，湖南从山苍子中提取的柠檬醛具有防霉的作用，并对黄曲霉素有去毒的效果。国外有人应用香料、调味剂、草药等进行抑菌防霉的试验报道，发现肉桂、丁香、大茴香等对黄曲霉、杂色曲霉和棕曲霉有抑制作用。

(6)气调防霉　气调防霉主要是针对微生物的好氧性，通过除氧、充二氧化碳、充氮气等方法，控制贮藏环境气体成分达到抑制微生物活动的目的。具体可在密闭的帐幕内进行，但该方法在种子贮藏上应用较少。

想一想：

种子仓库最易受哪些病原微生物的危害？

三、种子仓库鼠害防治

(一)仓库鼠类的危害性

鼠是啮齿类哺乳动物，其种类多、数量大、分布广、活动能力强，对种子和粮食的危害性极大。鼠类除直接偷食种子外，形成大量破损的种子，而且咬坏贮藏设备和包装材料，造成巨大的经济损失，其排泄的粪便还间接污染种子，并诱发种子微生物大量繁殖，其危害相当严重。

(二)仓库鼠类的种类和生活习性

1. 褐家鼠(*Ratus norvegicus* Berkenhout)

褐家鼠属啮齿目鼠科，俗称大家鼠、沟鼠、水老鼠、大灰鼠、挪威鼠等，是家栖鼠中较大的一种。

(1)主要形态特征　为中型鼠类，体粗壮。体长 150～250 mm，尾明显短于体长，耳短而厚，向前翻不到眼睛，后足较粗大。背毛棕褐色或灰褐色，毛色与其年龄、栖息环境有一定的关系，多数体背毛色多呈棕褐色或灰褐色，毛基深灰色，毛尖深棕色，头部和背中央毛色较深，并杂有部分全黑色长毛，体侧毛颜色略浅，腹毛灰白色，与体侧毛色有明显的分界(图 2-5-19)。

(2)生活习性　褐家鼠栖息场所广泛，室内主要在屋角、墙根、厨房、仓库、地下道、垃圾堆等杂乱的隐蔽处营穴。室外则在柴草垛、阴沟边、田埂等处打洞穴居。褐家鼠具有迁移习性，属昼夜活动型，以夜间活动为主。褐家鼠行动敏捷，嗅觉与触觉都很灵敏，但视力差。记忆力强，警惕性高，多沿墙根、壁角行走，行动小心谨慎，对环境的改变十分敏感。褐家鼠一般在春、秋季出洞较频繁，但无冬眠现象。繁殖力强，每年繁殖 6～8 胎，每胎产仔 7～10 只，多达 15 只，其寿命 2 年左右。褐家鼠食性广而杂，嗜食肉类及含水分较多的果类等，粮食中喜食小麦、大米等。

2. 黄胸鼠(*Rattus flavipectus* Milme—Edwards)

黄胸鼠属啮齿目鼠科，俗称黄腹鼠、长尾鼠、屋顶鼠等，是我国的主要家栖鼠种之一。

(1)主要形态特征　黄胸鼠体型较大，体躯细长，尾细，超过体长。体长 130～150 mm。耳长而薄，向前拉能盖住眼部。后足细长，长于 30 mm。体背棕褐色，并杂有黑色，毛基深灰色，前足背中央有一明显的暗灰褐色斑，尾部鳞片发达，呈环状，细毛较长(图 2-5-20)。

图 2-5-19　褐家鼠

图 2-5-20　黄胸鼠

(2)生活习性　该鼠行动敏捷，喜攀登，多隐匿于屋顶，昼夜活动，以夜间为主。黄胸鼠繁殖力很强，年产仔 3～4 胎，每胎平均 5～7 只，春秋季为繁殖盛期。食性杂，较喜食植物性食物和含水较多的食物，在野外盗食谷物、花生和瓜果，是贮藏库中的主要害鼠之一。

3. 小家鼠(*Mus musculus* Linnaeus)

小家鼠属啮齿目鼠科，俗称小老鼠、小耗子、小鼠。分布很广，遍及全国各地，是家栖鼠中发生量仅次于褐家鼠的一种优势鼠种。种群数量大，破坏性较强。

(1)主要形态特征 小家鼠为小型鼠，体长 60～90 mm，尾与体长相当或略短于体长。头较小，吻短，耳圆形，明显地露出毛被外。毛色随季节与栖息环境而异。体背呈现棕灰色、灰褐色或暗褐色，毛基部黑色，腹面毛白色、灰白色或灰黄色，四足的背面呈暗色或污白色(图 2-5-21)。

(2)生活习性 小家鼠栖息环境非常广泛，住房、厨房、仓库、荒地、草原等都是栖息处。该鼠繁殖力很强，一年四季都能繁殖，一年可产仔 6～8 胎，每胎 4～7 只。昼伏夜出，具有迁移习性，最喜食各种粮食和油料种子，对贮藏库，塑料包装袋、纸箱等破坏性较大。

4. 黑线姬鼠(*Apodemus agrarius* Pallas)

黑线姬鼠属啮齿目鼠科，俗称田姬鼠、长尾黑线姬、田鼠。

(1)主要形态特征 体长 65～120 mm，头小，吻尖。耳长 9～16 mm，向前翻可接近眼部。尾长为体长的 2/3，尾毛不发达，鳞片裸露呈环状。背毛基部多深灰色，上段黄棕色，有些带有黑尖。背部具一条明显黑线，从两耳之间一直延伸至接近尾的基部。体侧毛棕色，无黑毛尖，腹面与四肢内侧毛灰白色，毛基灰色，毛尖白色，尾毛短且稀(图 2-5-22)。

图 2-5-21 小家鼠

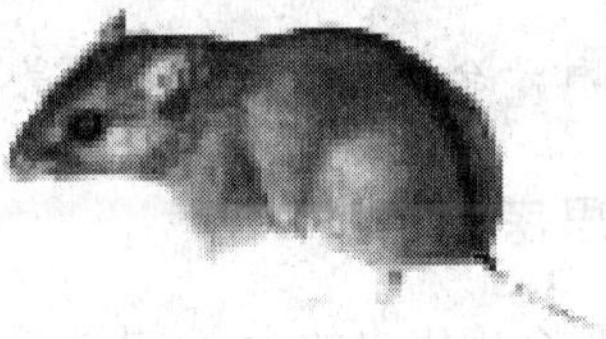

图 2-5-22 黑线姬鼠

(2)生活习性 栖息环境较广泛，以向阳、潮湿、近水场所居多。主要以夜间活动为主，不冬眠。繁殖力强，在北方，每年繁殖 2～3 胎，每胎产仔多为 5～7 个。黑线姬鼠食性杂，但以各种农作物(种子)食物为主。

(三)种子仓库鼠害的主要防治技术

由于老鼠食性杂、攀爬能力强、警觉性高，抗性能力强等特点，在鼠害的防治上采用以防为主，药治为辅的综合防治技术。

1. 加强仓库设施的防鼠效果

仓库设施的防护是做好仓库防鼠工作最直接、经济的手段。从鼠类习性看，应着重对仓门、仓墙和库区环境进行改进，阻断仓鼠进出仓库的通道。具体要做到一是要确保仓门严密、外墙体设防鼠线，可用白铁皮或玻璃钢进行仓门蒙面处理，可在外墙体离地 2 m 处，用水泥糊成 40 cm 的墙裙，表面整平收光，或镶嵌 40 cm 平板薄玻璃或玻璃钢，阻止老鼠攀爬入仓；二是保持库区环境整洁，清除四周和场地杂草、垃圾、砖瓦石砾，及时拆除靠仓的简易建筑，修整库区周围的树木枝干，扫除鼠类的隐蔽场所；三是可在包装器材上喷浓度为 0.05％的放线菌酮药液，该药对鼠的口腔黏膜有刺激作用，可防鼠达数月之久。

2. 利用器械捕鼠

为了保证种子安全，可利用一些物理器械进行捕鼠，捕鼠的器械很多，如鼠夹、捕鼠笼、黏鼠板、电子捕鼠器(电猫)等。在使用捕鼠器之前，应详细了解捕鼠器的使用方法和注意事项，并根据鼠的足迹、粪便、洞穴、危害等情况，了解其活动范围、出没道路与活动场所，来选择适当的捕鼠方法和器械，才能收到良好的效果。使用捕鼠器械时要注意：一是鼠的警觉性很高，要选用诱惑力强的诱饵，并要勤换诱饵；二是老鼠的记忆性强，捕鼠器械的布放要变化多端，并要经常检查捕鼠器械。

3. 利用化学药剂灭鼠

化学药剂灭鼠是利用有毒的药物使鼠类中毒死亡，数量减少或不能生存而减少鼠害的一种方法。化学灭鼠的药剂种类很多，仓库常用的杀鼠剂主要是敌鼠钠盐、溴敌隆、杀鼠迷、杀鼠灵等抗凝血剂类药物，该类药剂通常配制成毒饵使用，生产上应用较多。此外还有熏蒸、不育剂和驱避等方法。

4. 利用天敌防鼠

利用天敌捕鼠是控制和减少鼠害的最安全，最有效的一种方法。老鼠的天敌有猫、黄鼠狼、蛇等。但主要以猫为主，猫捕鼠能力强，又便于驯养，有条件的种子仓库可以通过养猫的方法来抑制鼠害。

访一访：

当地种子仓库都采用哪些防鼠措施？

复习思考题

1. 种子仓库害虫的含义，其为害特点是什么？
2. 种子仓库害虫的为害方式有哪些种类？
3. 种子仓库害虫有哪些生物学特性？
4. 影响种子仓库害虫发生的环境因子有哪些？
5. 种子仓库害虫主要有哪些种类？
6. 种子仓库害虫的防治方法有哪些？
7. 种子病原微生物的来源及特点？
8. 种子病原微生物的控制措施有哪些？
9. 种子仓库鼠害的主要防治技术有哪些？

实验实训 种子贮藏期有害生物的识别与防控

一、实训目的

通过参观，了解种子贮藏期间所发生的有害生物种类及其危害，了解贮藏环境对有害生物的影响，掌握种子贮藏期有害生物的综合防控技术。

二、实训材料及场所

1. 实训材料

体视显微镜、放大镜、镊子、挑针、培养皿；贮粮害虫、害鼠的标本；有关的挂图、彩色照片及多媒体课件或相关教学录像等。

2. 实训场所

校内种子贮藏实验室;校外种子加工厂、种子企业或公司、种子贮藏库等场所。

三、实训内容

1. 种子库害虫的识别与防治

观察贮粮害虫标本,识别当地常见的贮粮害虫。

2. 种子微生物的识别与防治

观察贮粮种子受微生物入侵后所引起的症状照片或标本,识别种子仓常见的贮粮微生物。

3. 种子库鼠害的种类与防治

观察贮粮害鼠的标本,识别当地常见的贮粮害鼠种类。

四、实训作业

通过参观,撰写一篇当地种子仓库所采用的有害生物防治措施报告。

工作任务六 主要作物种子贮藏技术

知识目标

- 理解作物繁殖方式与种子的类别。
- 掌握纯系学说与种子生产的关系。
- 掌握种混杂退化的原因与防止方法。
- 掌握杂种优势的利用与杂交种生产。

技能目标

- 能够进行种子生产基地建设与选择。
- 会区分种子类别。
- 熟练掌握不同作物种子繁殖类型。

知识资讯导读

我们祖先在古时候就知道收获稻、麦、谷、豆等一年生作物种子并贮存到来年播种,并发明了“曝使极干”、“热进仓”、“草药储粮”、和“地下贮粮”等多项种子贮藏实用技术。这些经验主要告诉人们如何保持种子干燥、防虫害、防霉变。今天看来都有一定的科学道理,也很实用,在有些地方一直沿用着。地下贮粮是古代北方先民因地制宜的一项发明。我国北方黄土地区土层深厚、地下水位低、土壤干燥。而黄土质很适合开凿窑洞和窑穴,地面之下又具备温度低且变幅小的特点。古人正是利用这些特点巧妙地创造出地下贮藏方法。1969 年,在洛阳发现的含嘉仓正是这样一座地下仓城,面积达到 45 万 m^2,由 400 多个地下仓窖组成;在我国云南少数民族地区,常见农民把留种的玉米棒成串挂在屋檐下,利用屋檐下通风光照的条件延长种子寿命。而在高海拔多雾的山区,农民则把种子高高挂在堂屋里做饭的火堆上让带烟的热气流日日熏烤,既可以保证干燥又可以防虫。

国外情况也大体相同。在古老的印度教圣典里说:"愿种子能发芽"。为了保存有生命力的活种子,人们采用草编的筐篮、葫芦以及各种坛罐来盛装种子,因为懂得贮藏种子过程中必须保持干燥,所以在贮藏种子容器中放入草木灰,在葫芦外面涂上青漆来密封容器。

古人发明这些方法代代相传,才使得各种作物种子能安全保存下来。

你知道吗?

为什么现代农业生产上,种子需要安全贮藏?为什么不同作物的种子贮藏方法不一样?不同作物种子贮藏特性有什么区别?

一、玉米种子贮藏技术

(一)玉米的贮藏特性

穗贮与粒贮并用是玉米贮藏的一个突出特点,一般新收获的玉米多采用穗贮以利通风降水,而隔年贮藏或具有较好干燥设施的单位常采取脱粒贮藏。

玉米在禾谷类作物中,属大胚种子,种胚的体积几乎占整个子粒的1/3左右,重量占全粒的10%~12%,从它的营养成分来看,其中脂肪占全粒的77%~89%,蛋白质占30%以上,并含有大量的可溶性糖。由于胚中含有较多的亲水基,比胚乳更容易吸湿。在种子含水量较高的情况下,胚的水分含量比胚乳为高,而干燥种子的胚,水分却低于胚乳。因此,玉米吸水性较强,呼吸量比其他谷类种子大得多,在贮藏期间稳定性差,容易引起种子堆发热,导致发热霉变。玉米种子脂肪含量绝大部分(77%~89%)集中在种胚中,这种分布特点加上种胚吸湿性又较强,因此,玉米种胚非常容易酸败,导致种子生活力降低。特别是在高温、高湿条件下贮藏,种胚的酸败比其他部位更明显。

玉米种胚易遭虫霉为害,其原因是胚部水分高,可溶性物质多,营养丰富。为害玉米的害虫主要是玉米象、谷盗、粉斑螟和谷蠹,为害玉米的霉菌多半是青霉和曲霉。当玉米水分适宜于霉菌生长繁殖时,胚部长出许多菌丝体和不同颜色的孢子,被称为"点翠"。因此,完整粒的玉米霉变,常常是从胚部开始的。实践证明,经过一段时间贮藏后的玉米种子,其带菌量比其他禾谷类种子高得多。在穗轴上的玉米种子由于开花授粉时间的不同,顶部子粒成熟度差,加上含水量高,在脱粒加工过程中易受损伤。据统计,一般损伤率在15%左右。损伤子粒呼吸作用较旺盛,易遭虫、霉为害,经历一定时间会波及全部种子。所以,入库前应将这些破碎粒及不成熟粒清除,以提高玉米贮藏的稳定性。

在我国北方,玉米属于大田作物,一般收获较迟,加之种子较大,果穗被苞叶紧紧包裹在里面,在植株上水分不易蒸发,因此收获时种子水分较高,一般多在20%~40%。由于种子水分高,入冬前来不及充分干燥,极易发生低温冻害,这种现象在下列情况下更易发生:一是低温年份、种子成熟期推迟,含水量偏高;二是种子收获季节阴雨连绵、空气潮湿;三是选择一些产量高,生育期偏长玉米品种种植,造成下霜前没有达到成熟要求。

玉米穗轴在乳熟及蜡熟早、中期阶段柔软多汁。蜡熟末及完熟期时穗轴的表面细胞木质化变得坚硬,轴心(髓部)组织却非常松软,通透性较好,具有较强的吸湿性。着生在穗轴上玉米种子其水分的大小在一定程度上决定于穗轴。潮湿的穗轴水分含量大于子粒,而干燥的穗轴水分则比子粒少。果穗在贮藏期间,种子和穗轴水分变化与空气相对湿度有密切关系,都是随着相对湿度的升降而增减。将玉米穗轴和玉米粒，放在不同的相对湿度条件下，其平衡水分有明显的变化。据研究，当相对湿度高于80%时，穗轴含水量大于子粒，子粒通过发芽口从穗轴中吸取水分；而相对湿度低于80%时，穗轴水分低于子粒，穗轴从子粒中吸取水分，使种子变得干燥。

生产上常用的玉米变种为硬粒种、马齿种和甜玉米，其耐藏性依次降低。

(二)玉米种子贮藏技术要点

玉米贮藏有果穗贮藏和粒藏法两种，可根据各地气候条件、仓房条件和种子品质而选择采用。

1. 果穗贮藏

此法优点如下。

①新收获的玉米果穗，穗轴内的营养物质因穗藏可以继续运送到子粒内，使种子达到充分成熟，且可在穗轴上继续进行后熟。

②穗藏孔隙度大，达51%左右，便于空气流通，堆内湿气较易散发。高水分玉米有时干燥不及时，经过一个冬季自然通风，可将水分降至安全标准以内，至第2年春即可脱粒，再行密闭贮藏。

③子粒在穗轴上着粒紧密，外有坚韧果皮，能起一定的保护作用，除果穗两端的少量子粒可能感染霉菌和被虫蛀蚀外，一般能起防虫、防霉作用，中间部分种子生活力不受影响，所以生产上常采用这部分种子作播种材料。

果穗贮藏同样要注意控制水分，以防发热和受冻害。果穗水分高于20%，在温度−5℃的条件下便受冻害而失去发芽率。水分高于17%，在−5℃时也会轻度受冻害，在−10℃以下便失去发芽率。水分大于16%时，果穗易受霉菌危害，在14%以下方能抑制霉菌生长。所以，过冬的果穗水分应控制在14%以下为宜。

干燥果穗的方法可采用日光曝晒和机械烘干。曝晒法一般比较安全，烘干法对温度应作适当控制，种温在40℃以下，连续烘干72～96 h，一般对发芽率无影响，高于50℃对种子有害。

果穗贮藏法有挂藏和玉米仓堆藏两种。挂藏是将果穗苞叶编成辫，用绳逐个连接起来，围绕在树干上挂成圆锥体形状，并在圆锥体顶端披草防雨等各种形式。堆藏则是在露天地上用高粱秆编成圆形通风仓，将剥掉苞叶的玉米穗堆在里面越冬，次年再脱粒入仓，此法在我国北方采用较多。

2. 子粒贮藏

采用子粒贮藏可以提高仓容量，便于管理。对于采用子粒贮藏的玉米种子，当果穗收获后不要急于脱粒应以果穗贮藏一段时间为好。这样对种子完成后熟作用，提高品质以及增强贮藏稳定性都非常有利。玉米脱粒后胚部外露，是造成贮藏稳定性差的主要原因。因此子粒贮藏必须控制入库水分，并减少损伤粒和降低贮藏温度。玉米种子水分必须控制在13%以内才能安全过夏，而且种子在贮藏中不耐高温，在北方玉米水分则可在14%以下，种温不高于25℃。如果仓房密闭性能较好，可以减少外界温湿度的影响，能使种子在较长时间内保持干燥，在冬季入库的种子，则能保持较长时间低温。据试验，利用冬季低温种温在0℃时将种子入库，面上盖一层干沙，到6月底种温仍能保持在10℃左右，种子不生霉不生虫，并且无异常现象。

各地经验表明:散装堆高随种子水分而定。种子水分在13%以内,堆高3～3.5 m,可密闭贮藏。种子水分在14%～16%,堆高2～3 m需间隙通风。种子水分在16%以上,堆高1～1.5 m,需通风,保管期不超过6个月,或采用低温保管,但要注意防止冻害。

(三)北方玉米安全越冬贮藏管理技术

我国北方玉米贮藏的突出问题是种子成熟后期气温较低,收获时种子水分较高,又难晒干,易受低温冻害。因此,如何安全越冬是北方玉米贮藏管理的重点。

1. 站秆扒皮,收前降水

站秆扒皮晾晒,可以加速果穗和子粒水分散失,促进脱水脱粒,提高子粒质量,促进成熟的一项有效措施。

扒皮晾晒的适宜时期是玉米蜡熟中期,子粒形成"硬盖"以后进行。过早进行影响穗内的营养转化,对产量影响较大;过晚,脱水时间短,起不到短期内降低含水量和提高品质的作用。扒皮晾晒的方法是:将包叶轻轻扒开,使果穗子粒全部露出。应注意不要将穗柄折断,特别是玉米螟危害较重、穗柄较脆的品种更要注意。

试验表明收前20 d扒皮可比对照多降水9.7%,收前15 d扒皮多降水8.6%,收前9 d扒皮则多降水6.5%。站秆扒皮尤其适用于那些生育期偏长,活秆成熟和子粒脱水较慢的。

2. 玉米果穗通风贮藏

玉米穗贮时由于孔隙度较大,便于通风干燥,可利用秋冬季节继续降低种子水分,同时穗轴对种胚有一定的保护作用,可以减轻霉菌和仓虫的感染。

玉米果穗通风贮藏有多种方式,根据种子量的大小不同可灵活选用。少量种子可采用立桩搭挂、木架吊挂、棚内吊挂等方式进行。种子量较大时可选择地势高燥、通风良好的地方与秋季主风向垂直搭砌玉米穗仓,具体方法是在地面用砖、木等垫高30～50 cm做好仓底,铺上秫秸,上面砌玉米穗仓,仓的厚度70～100 cm,高度和长度依种子量而定,也可砌成多排仓,但各排之间要留有一定距离,以免相互挡风。有条件的单位也可建造永久性玉米仓:四周用方木作固定柱,在地面上30～50 cm架好仓底,四周用木板条或金属做成通风仓壁,顶盖用人字架做遮雨(雪)棚,既通风又防雀防雨。

在贮藏管理中必须注意以下几点。

(1)严格控制水分　种子贮藏效果的好坏,很大部分取决于种子含水量。低温是种子贮藏的有利条件,但在北方寒冷的天气到来之前,种子只有充分晒干,才能防止冻害。如果玉米种子含水量过高,种子内部各种酶类进行新陈代谢,呼吸能力加强,严寒条件下,种子就会发生冻害,另外北方玉米种子冬贮时间较长。因此,在贮藏期间要定期检查种子含水量。如发现水分超过安全贮藏标准,应及时通风透气,调节温湿度,以免种子受冻或霉变。

(2)采用合理的贮藏保管方法及适宜的贮藏环境　对不符合建仓标准和条件差的仓库要进行维修,种子仓库要做到库内外干净清洁,仓库不漏雨雪。室外贮藏不可露天存放在雨雪淋浸的地方。还要认真做好防虫、防鼠工作。不论采取什么方法贮藏,都应把种子袋垫离地面30 cm以上,堆垛之间要留一定空隙。还应注意,在室外贮存的种子,遇冷后不应再转入室内贮藏;同样在室内贮存的种子,不可突然转到室外贮藏,否则,温度的骤然变化,会使种子的发生结露。

思考一下：

玉米种子果穗贮藏为什么要通风？果穗贮藏的优点是什么？为什么玉米种子在贮藏期间胚最易被感染？

二、小麦种子贮藏

(一)小麦的贮藏特性

小麦的贮藏一般都是小麦种子贮藏。小麦种子称为颖果，稃壳在脱粒时分离脱落，果实外部没有保护物。小麦果种皮较薄，组织疏松，通透性好，在干燥条件下容易释放水分；在空气湿度较大时也容易吸收水分。麦种的孔隙度一般在35%～45%，通气性较稻谷差，适宜于干燥密闭贮藏，保温性也较好，不易受外温的影响。但是当种子堆内部发生吸湿回潮和发热时，则不易排除。麦种吸湿的速度，因品种而不同。在相同条件下，红皮麦粒的吸湿速度比白皮麦粒慢；硬质小麦吸湿能力比软质小麦弱；大粒小麦比小粒、虫蚀粒弱。从总体上讲，小麦种子具有较强的吸湿能力，在相同的条件下，小麦种子的平衡水分较其他麦类为高，吸湿性较稻谷为强。麦粒在曝晒时降水快，干燥效果好；反之，在相对湿度较高的条件下，容易吸湿提高水分。所以，干燥的麦种一旦吸湿不仅会增加水分，还会提高种温。

小麦种子具有较强的耐热性，特别是未通过休眠的种子，耐热性更强。据试验，水分在17%以上，种温不超过46℃的条件下进行干燥和热进仓，不会降低发芽率。根据小麦种子这一特性，实践中常采用高温密闭杀虫法防治害虫。但是小麦陈种子以及通过后熟的种子耐高温能力下降，不宜采用高温处理，否则会影响发芽率。

小麦种子有较长的后熟期，有的需要经过1～3个月的时间。通过后熟作用的小麦种子可以改善麦粉品质。但是麦种在后熟过程中，由于物质的合成作用不断释放水分，这些水分聚集在种子表面上便会引起"出汗"，严重时甚至发生结顶现象。

小麦种皮颜色不同，耐藏性存在差异，一般红皮小麦的耐藏性强于白皮小麦。

危害小麦种子的主要害虫有玉米象、米象、谷蠹、印度谷螟和麦蛾等，其中以玉米象和麦蛾危害最多。被害的麦粒往往形成空洞或蛀蚀一空，完全失去使用价值。

(二)小麦贮藏技术

1. 严格控制入库种子水分

小麦种子贮藏期限的长短，取决于种子的水分、温度及贮藏设备的防湿性能。据各地试验证明，种子水分不超过12%，如能防止吸湿回潮，种子可以进行较长时间贮藏而不生虫，不长霉，不降低发芽率；如果水分为13%，种温到30℃，则发芽率会有所下降，水分在14%～14.5%，种温升高到21～23℃，如果管理不善，发霉可能性很大；水分为16%，即使种温在20℃，仍有很多发霉。因此，小麦种子贮藏时的水分应控制在12%以下，种温不超过25℃。

2. 密闭压盖防虫贮藏

此法适用于数量较大的全仓散装种子，对于防治麦蛾有较好的效果。具体做法：先将种子堆表面耙平，后用麻袋2～3层，或篾垫2层或干燥砻糠灰10～17 cm覆盖在上面，可起到防湿、防虫作用，尤其是砻糠灰有干燥作用，防虫效果更好。覆盖麻袋或篾垫要求做到"平整、严密、压实"，就是指覆盖物要盖得平坦而整齐，每个覆盖物之间衔接处要严密不能有脱节或凸起，待覆盖完毕再在覆盖物上压一些有分量的东西，使覆盖物与种子之间没有间隙，以阻碍害虫活动及交尾繁殖。

压盖时间与效果有密切关系，一般在入库以后和开春之前效果最好。但是种子入库以后采用压盖，要多加检查，以防后熟期“出汗”发生结顶。到秋冬季交替时，应揭去覆盖物降温，但要防止表层种子发生结露。

3. 热进仓贮藏

热进仓贮藏是利用麦种耐热特性而采用的一种贮藏方法，对于杀虫和促进种子后熟作用有很好的效果。具有方法简便、节省能源、不受药物污染等优点，而且不受种子数量的限制。具体做法：选择晴朗天气，将小麦种子进行曝晒降水至12%以下，使种温达到46℃以上不超过52℃，此时趁热迅速将种子入库堆放，并须覆盖麻袋2～3层密闭保温，将种温保持在44～46℃，经7～10 d之后揿掉覆盖物，进行通风散温直至达到与仓温相同为止，然后密闭贮藏即可。

为提高麦种热进仓贮藏效果，必须注意以下事项：

严格控制水分和温度　麦种热进仓贮藏成败的关键在于水分和温度，水分高于12%会严重影响发芽率，一般可掌握在10.5%～11.5%。温度低于42℃杀虫无效，温度越高杀虫效力越大。一般掌握在种温46℃密闭7 d较为适宜，44℃则应延长至10 d。

入库后严防结露　经热处理的麦种温度较高，库内地坪温度较低，二者温差较大，种子入库后容易引起结露或水分分层现象。上表层麦种温度易受仓温影响而下降，与堆内高温发生温差使水分分层。有时这两部分种子反而会生虫和生霉。所以，麦种入库前须打开门窗使地坪增温，以缩小温差。

(三)面粉的贮藏

1. 面粉的贮藏特性

(1)吸湿性强，贮藏稳定性差　面粉的水分比小麦高，夏季加工的面粉水分比冬季加工的高，贮藏时的实际水分在13%～14%，因面粉属微粒结构，其活化面积大，吸湿速度比小麦快，故在高湿条件下，面粉易于返潮。面粉发热生霉，主要是由于面粉水分高，或面粉吸湿返潮导致面粉微粒的呼吸作用及微生物的呼吸作用增强而引起的。

(2)易成团结块　面粉堆垛贮藏一段时间，下层因受中、上层压力的影响而被压成团。受压结成团块的面粉，并无菌丝粘连，出仓时经搓揉弄松后，即可恢复正常，对品质无大影响。但如果伴有发热霉变而结块时，则不易恢复松散，品质也显著降低。

(3)面粉的“熟化”与变白　面粉出机入库后，贮藏10～30 d，品质有所改善，筋力增强，发酵性好，制成面包体积大而松，面条粗细均匀，食味松软可口，这种面筋改善的作用，称为面粉的熟化。另外，面粉经贮藏一定时间，其颜色由初出机时稍带淡黄色而逐渐褪色变白，这是由于面粉中脂溶性色素氧化的结果。面粉的营养性能没有改善，相反还有所降低。

(4)面粉发酸变苦　脂肪酸的变化是面粉品质劣变的主要指标。即使正常水分含量的面粉，由于脂肪的水解，脂肪酸有规律的增加，酸价增高；水分含量较高的面粉，由于微生物的不良影响，使水溶性有机酸积累，加上脂肪分解而使酸价增加更快。发过芽或发过热的小麦制成面粉，其酸败过程比正常面粉更快。

2. 面粉的贮藏方法

(1)干燥散热　新加工的热机面粉一般温度很高，湿度很大，所以加工后预备贮藏的面粉不能立即装袋，应放置在阴凉通风处作降温、降水处理、有条件的可在室内通风散热，兑换的少量面粉，可通过在容器内晾晒通风、电风扇通风、使其温度降至25℃以下，水分降至15%以下，再进行贮藏。

(2)密闭防潮 面粉易吸湿，故防潮工作十分重要，面粉入库后宜采用塑料薄膜六面密封，这样既可防止面粉吸湿返潮，又可防止虫、霉感染，且能保鲜、防尘。对于需要度过梅雨季节的面粉，更需要及早密闭防潮。存放大批量面粉，应放在上不漏下不潮、干燥通风的仓房；少量面粉存放，应在干燥降温后放至阴凉干燥的容器内密封起来。

(3)严防生虫 面粉营养物质外露，最易感染害虫。其主要的害虫是螨虫，其次是玉米象(牛子)。螨虫形体微小，肉眼几乎不能看到，无论用什么方法都无法把它从面粉中分离出来，生螨后面粉即变为废弃物。面粉生牛子后可用细罗分离出来，但应严把关口预防生虫。方法是把干燥降水后的面粉立即密封起来，大批量的可用塑料布、苫布盖严，并用绳子扎紧；少量的可用塑料布缝制成大小合适的袋子，套在每个面袋上扎紧口。还可对面粉的密闭前施入低药量，即每米^{3}面粉施入磷化铝片一片(3 g)。先把药片用纸所好，放入面袋缝里面，再密封起来。食用前把药剂残留取出埋入地下，放气2～3 d即可。

(4)合理堆放 对于新加工的面粉，可先堆小桩，在降温散湿后改成大桩实堆。在倒垛操作时，只可调换上下位置，而原来在外层的面粉仍应放在外层，以免把外层水分大的面粉放入堆心，引起发热霉变。另外，由于面粉不耐贮藏，要结合销售情况，及时轮换出仓。

(5)翻倒防结块 存放时间较长的面粉，易出现压实结块现象，处理不及时就会发热霉变。因此，在高温期间应勤检查，及时翻堆倒垛。把压实结块的面粉疏松处理，再使其变换位置，下面的倒到上面，或者调换左右位置。倒垛以后还应密封，如果药剂已经失去效力，完全变成灰白色粉末，没了药味，还应再原来的方法施入同样药量的磷化铝。

思考一下：

小麦种子贮藏特性是什么？其耐热性对种子贮藏有何影响？小麦种子贮藏的最适宜温度是多少？

三、水稻种子贮藏

(一)水稻的贮藏特性

水稻的贮藏一般都是种子贮藏。水稻种子称为颖果，子实由内外稃包裹着，稃壳外表面被有绒毛。水稻稃壳具有保护性，其内外稃坚硬且勾合紧密，对气候的变化及对虫霉的危害起到保护作用。内外稃裂开的水稻种子容易遭受害虫的为害。水稻种子的吸湿性因内外稃的保护而吸湿缓慢，水分相对地比较稳定，但是当稃壳遭受机械损伤、虫蚀或气温高于种温且外界相对湿度又较高的情况下，则吸湿性显著增加。

由于水稻种子形态的特征，形成的种子堆一般较疏松，孔隙度较禾谷类的其他作物种子为大，在50%～65%。因此，贮藏期间种子堆的通气性较其他种子好。稻谷在贮藏期间进行通风换气或熏蒸消毒，较易取得良好效果。

稻谷耐热性不强，在干燥和贮藏过程中耐高温的特性比小麦差。如用人工机械干燥或利用日光曝晒，都需勤加翻动，以防局部受温偏高，影响生活力。另外，如对温度控制失当，均能增加爆腰率，引起变色，损害发芽率，不但降低种用价值，同时也降低工艺和食用品质。稻谷高温入库，处理不及时，种子堆的不同部位会发生显著温差，造成水分分层和表面结顶现象，甚至导致发热霉变。

(二)水稻贮藏技术要点

稻种有稃壳保护，比较耐贮藏，只要做好适时收获，及时干燥，控制种温和水分，注意防虫等工作，一般可达到安全贮藏的目的。

1. 适时收获，掌握干燥方法

稻种收获时间很重要，过早收获的种子成熟度差，瘦瘪粒多不耐贮藏。过迟收获的种子，在田间日晒夜露呼吸作用消耗物质多，有时种子会在穗上发芽，这样的种子同样不耐贮藏。所以，收获时必须充分了解品种的成熟特性，适时收获。

一般在早晨收获的稻种，即使是晴朗天气由于受朝露影响，种子水分可达28%～30%，午后收获的稻种在25%左右。种子脱粒后，立即进行曝晒，只要在平均种温能达到40℃以上的烈日下，经过2～3 d曝晒即可达到安全水分标准。曝晒时如阳光强烈，要多加翻动，以防受热不匀，发生爆腰现象，水泥晒场尤应注意这一问题。早晨出晒不宜过早，事先还应预热场地，否则由于场地与受热种子温差大发生水分转移，影响干燥效果。这种情况对于摊晒过厚的种子更为明显。机械烘干温度不能过高，防止灼伤种子。

经过高温曝晒或加温干燥的种子，应待冷却后才能入库。否则，种子堆内部温度过高会发生"干热"现象，时间过长引起种子内部物质变性，热种子遇到冷地面还可能引起结露。

2. 严格控制稻谷入库水分和温度

水稻种子的安全水分标准，应随类型、保管季节与当地气候特点分别考虑。一般情况，粳稻可高些，籼稻可较低；晚稻可高些，早中稻可较低；气温低可高些，气温高可较低。据试验证明，种子水分降低到6%左右，温度在0℃左右，可以长期贮藏而不影响发芽率。水分为13%的稻种可安全度过高温夏季。水分超过14%的稻种，到第2年6月份发芽率会有下降，到9月份则降至40%以下，而水分为12%以下的稻种，可保存3年，发芽率仍有80%以上。水分在15%以上，贮藏到翌年8月份以后，种子发芽率几乎全部丧失。温度在28℃，水分为15.6%～16.5%的稻种，贮藏1个月便生霉。因此，种子水分应根据贮藏温度不同加以控制。总之，需经过高温季节的稻种，水分必须控制严格一些，进入低温季节的稻种，水分可适当放宽一些。通常是温度为30～35℃时，种子水分应掌握在13%以下；温度在20～25℃，种子水分应掌握在14%以内；温度在10～15℃，水分可放宽到15%～16%，温度在5℃以下，水分则可放宽到17%。但是，16%～17%水分的稻种只能作暂时贮藏，应抓紧时间进行翻晒降水，以防高水分种子在低温条件下发生霉变。

3. 治虫防霉

(1)治虫　我国产稻地区的特点是高温多湿，仓虫容易滋生。仓虫通常在稻谷入仓前已经感染种子，如贮藏期间条件适宜，就迅速大量繁殖，造成极大损害。一般情况下，每千克稻谷中有玉米象20头以上时，就能引起种温上升，每千克内超过50头时，种温上升更为明显。单纯由于仓虫危害而引起的发热，种温一般不超过35℃，由于谷蠹危害而引起的发热，则种温可高达42℃。水稻种子主要的害虫有玉米象、米象、谷蠹、麦蛾、谷盗等。仓虫大量繁殖，除引起贮藏稻谷的发热外，还能剥蚀稻谷的皮层和胚部，使稻谷完全失去种用价值，同时降低酶的活性和维生素含量，并使蛋白质及其他有机营养物质遭受严重损耗。

仓内害虫可用药剂熏杀。目前常用的杀虫药剂有磷化铝，还可用防虫磷防护。

(2)防霉　水稻上寄附的微生物种类较多,但是危害贮藏种子的主要是真菌中的曲霉和青霉。温度降至18℃时,大多数霉菌的活动才会受到抑制;只有当相对湿度低于65%,种子水分低于13.5%时,霉菌才会受到抑制。霉菌对空气的要求不一,有好气性和嫌气性等不同类型。虽然采用密闭贮藏法对抑制好气性霉菌能有一定效果,但对能在缺氧条件下生长活动的霉菌如白曲霉、毛霉之类则无效。所以,密闭贮藏必须在稻谷充分干燥、空气相对湿度较低的前提下,才能起到抑制霉菌的作用。

4. 预防水稻结露和发芽

水稻种子散装时,表层与空气直接接触,水分变化较快,而其他部位变化不显著,甚至1个月也察觉不出明显的差异。因此,充分干燥的稻谷,为了防止吸湿回潮,可采取散装密闭贮藏法。

水稻种子的休眠期,大多数品种比较短促(也有超过1～2个月的)。这说明一般稻谷在田间成熟收获时,不仅种胚已经发育完成,而且已达到生理成熟阶段。由于稻谷具有这一生理特点,在贮藏期间如果仓库防潮设施不够严密,有渗水、漏雨情况,或入库后发生严重的水分转移与结露现象,就可能引起发芽或霉烂。这种现象在早、中籼稻和早、中粳稻中发生较为严重。稻谷回潮所以容易发芽,主要由于它的萌发最低需水量远较其他作物种子为低,一般仅需23%～25%。

(三)杂交水稻贮藏特性和越夏贮藏技术

1. 杂交水稻的贮藏特性

杂交水稻保护性能比常规稻差。生理代谢强,呼吸强度比常规稻强,贮藏稳定性差,不利于贮藏。常规种子颖壳闭合良好,种子开颖数极少。杂交水稻种子具有遗传特性,米粒组织疏松,颖壳闭合差,使种子保护性能降低,易受外界因素影响,不利于贮藏。

耐热性差。杂交水稻种子耐热性低于常规水稻种子,干燥或曝晒温度控制失当,均能增加爆腰率,引起种子变色,降低发芽率。同时,持续高温,使种子所含脂肪酸急剧增高,降低耐藏性,加速种子活力的丧失。

春制和早夏制收获的种子收获期在高温季节,贮藏初期处于较高温度条件下,易发生"出汗"现象。秋季种子收获期气温已降,种子难以充分干燥,到翌年2～3月份种子堆顶层易发生结露发霉现象。

2. 杂交水稻越夏贮藏技术

(1)降低水分,清选种子　首先准确测定种子水分,以确定其是否直接进仓密闭贮藏,或先作翻晒处理。种子水分在12%以下,可以不作翻晒处理,采用密闭贮藏,对种子生活力影响不大。但必须对进库种子进行清选,除去种子秕粒、虫粒、虫子、杂质,减少病虫害,提高种子贮藏稳定性,提供通风换气的能力,为降温降湿打下基础。采取常规管理,根据贮藏种子变化,在4月中旬到下旬进行磷化铝低剂量熏蒸。

(2)搞好密闭贮藏　选择密闭性能好的仓库,种子含水量在12.5%以下时,可采用密闭贮藏,使种子呼吸作用降到最低水平。由于种子处在相对密闭条件下,故对外界气温、湿度的影响也起着一定的隔绝作用,使种堆温度变化稳定,水分波动较小,延长种子安全保管的期限。密闭贮藏的最大特点是可以防止种子吸湿,节省处理和翻晒种子的费用和时间。但对高水分种子,不能马上采用密闭贮藏,更不能操之过急地熏蒸。因为含水量较高的种子,呼吸作用旺盛,这时熏蒸将会使种子吸进较多的毒气,导致种子发芽率急剧下降。因此,应及时选择晴好大气进行翻晒。如无机会翻晒，在种子进入仓库时应加强通风，安装除湿机吸湿，迅速降低种子含水量。随着含水量的降低而逐步转入密闭贮藏。种子含水量在12.5%以下，可以常年密闭贮藏；含水量在12.5%～13%的种子，在贮藏前期应短时间通风，降低种堆内部温度与湿度后，立即密闭贮藏。

(3)注意控制温湿度　外界温湿度可直接影响种堆，长期处于高温高湿季节，往往造成仓内温湿度上升。如果水分较低，温度变幅稍大，对种子贮藏影响不大。但水分过高，则必须在适当低温下贮藏。种子含水量未超过12.5%，种温未超过20～25℃，相对湿度在55%以内，能长期安全贮藏。湿度影响种子含水量，高湿度能使种子堆水分升高。在6月下旬至8月下旬可采取白天仓内开除湿机，除去仓内高湿。晚上10时后或早上8时左右，采取通风、换气、排湿、降温，使仓内一直保持相对的低温、低湿，以顺利通过炎热夏季。

此外，种子贮藏期间应增加库内检查次数，加强种情检查，掌握变化情况，及时发现问题，及早采取措施处理。同时注意仓内外的清洁卫生，消除虫、鼠、雀危害。

(四)大米的贮藏

1. 大米的贮藏特性

稻谷去壳得到糙米，糙米再碾去果皮与胚成为大米。大米由于没有谷壳保护，胚乳直接暴露于空间，易受外界因素的影响。因此，大米的贮藏稳定性差，远比稻谷难贮藏。

(1)大米容易吸湿返潮，引起发热　大米由于亲水胶体(淀粉、蛋白质)直接与空气接触，容易吸湿，在温湿度相同的条件下，大米的平衡水分均比稻谷高。同时，大米中的糠粉不仅吸湿力强，而且附带大量微生物，容易引起发热、生霉、变质、变味。

(2)大米容易爆腰　大米不规则的龟裂称为爆腰　大米爆腰的原因，是由于米粒在急速干燥的情况下，米粒外层干燥快，米粒内部的水分向外转移慢，内外层干燥速率不一，体积收缩程度不同，外层收缩大，内层收缩小，因而造成爆腰。另外，米粒在急速吸湿的情况下，也会造成爆腰。爆腰的大米在蒸煮时，由于碎米多，黏稠成糊状体，影响食用品质。

(3)容易陈化　随着贮藏时间的延长，大米逐渐陈化　陈化到一定程度，就会出现陈米气味，同时食味劣变，除失去大米原有的香味外，还表现在大米的光泽变暗，米饭黏度降低，硬度增加。

(4)容易发灰　大米在贮藏期间，如外界环境湿度大或者大米原来水分高，便会出现发灰现象。即米粒失去原有光泽，米粒表面呈现灰粉状碎屑和白道沟纹，这是大米开始变质的先兆。

(5)容易感染虫害　危害大米的主要害虫有米象、玉米象、赤拟谷盗、米扁虫、长角扁谷盗等。

2. 大米的贮藏方法

(1)常规贮藏　主要采用干燥、自然低温、密闭的方法，将加工出机的大米冷却到仓温后，才堆垛保管。高水分大米，可以码垛通风后进行短期保管，或通风摊凉降水后再密闭贮藏。

(2)低温贮藏　采用低温贮藏是大米保鲜的有效途径。利用自然低温，将低水分稻谷在冬季加工，待米温冷却后入库贮藏，采用相应的防潮隔热措施，使大米长期处于低温状态，相对延长粮温回升时间，是大米安全度夏的一种有效方法。利用机械制冷使大米在夏季处于冷藏状态，也能使大米安全度夏。但由于制冷设备和厂房建设投资较大，尚未全面推广。

(3)气调贮藏　对包装或散装大米，用塑料薄膜密封，利用粮堆内大米和微生物的呼吸作用,自然降氧,或者充入二氧化碳或氮气贮藏,具有良好的杀虫、抑菌作用。还可用小包装冬眠贮藏保鲜,每袋装大米 3～5 kg,充二氧化碳保鲜贮藏,可安全贮藏 1 年以上。

(4)化学贮藏　在密闭的大米堆垛内,采用 0.07 mm 的聚乙烯薄膜制成小袋装入 15～20 g 磷化铝片,挂在密封好的包堆边或埋入包装粮上层,让磷化氢缓慢释放,可以杀虫、抑菌和预防大米发热霉变。

思考一下:

水稻种子贮藏特性是什么?其休眠期长短对种子贮藏有何影响?杂交水稻种子贮藏的最适宜温度是多少?

四、大豆种子贮藏

(一)大豆的贮藏特性

大豆除含有较高的油分外(17%～22%),还含有非常丰富的蛋白质(35%～40%)。因此,其贮藏特性不仅与禾谷类作物种子大有差别,而与其他一般豆类比较也有所不同。

1. 吸湿性强

大豆子叶中含有大量蛋白质(蛋白质是吸水力很强的亲水胶体),同时由于大豆的种皮较薄,种孔(发芽口)较大,所以对大气中水分子的吸附作用很强。在 20℃条件下,相对湿度为 90%时,大豆的平衡水分达 20.9%(谷物种子在 20%以下);相对湿度在 70%时,大豆的平衡水分仅 11.6%(谷物种子均在 13%以上)。因此,大豆贮藏在潮湿的条件下,极易吸湿膨胀。大豆吸湿膨胀后,其体积可增加 2～3 倍,对贮藏容器能产生极大的压力,所以大豆晒干以后,必须在相对湿度 70%以下的条件下贮藏,否则容易超过安全水分标准。

2. 易丧失生活力

大豆水分虽保持在 9%～10%的水平,如果种温达到 25℃时,仍很容易丧失生活力。大豆生活力的影响因素除水分和温度外,种皮色泽也有很大的关系。黑色大豆保持发芽力的期限较长,而黄色大豆最容易丧失生活力。种皮色泽越深,其生活力越能保持长久,这一现象也出现在其他豆类中,其原因是由于深色种皮组织较为致密,代谢作用较为微弱的缘故。贮藏期间的通风条件影响大豆的呼吸作用,也会间接影响生活力。呼吸强度增高,放出水分和热量又进一步促进呼吸作用,很快就会导致贮藏条件的恶化而影响生活力。

3. 破损粒易生霉变质

大豆颗粒椭圆形或接近圆形,种皮光滑,散落性较大。此外大豆种子皮薄、粒大,干燥不当易损伤破碎。同时种皮含有较多纤维素,对虫霉有一定抵抗力。但大豆在田间易受虫害和早霜的影响,有时虫蚀高达 50%左右。这些虫蚀粒、冻伤粒以及机械破损粒的呼吸强度要比完整粒大得多。受损伤的暴露面容易吸湿往往成为发生虫霉的先导,引起大量的生霉变质。

4. 导热性差

大豆含油分较多,而油脂的导热率很小。所以大豆在高温干燥或烈日曝晒的情况下,不易及时降温以至影响生活力和食用品质。大豆贮藏期可利用这一特点 ,以增强其稳定性,即大豆进仓时,必须干燥而低温,仓库严密,防热性能好,则可长期保持稳定,不易导致生活力下降。据黑龙江省试验,大豆贮藏在木板仓壁和铁皮仓顶的条件下,堆高 4 m,于 1 月份入库,种温为

−11℃，到7月份出仓时，仓温达30℃，而上层种温为21℃，中层为10℃，下层为7℃。如果仓壁加厚，仓顶选用防热性良好的材料，则贮藏稳定性将会大大提高。

5. 蛋白质易变性

大豆含有大量蛋白质，远非一般农作物种子可比拟，但在高温高湿条件下，很容易老化变性。以至影响种子工艺品质及食用品质，这和油脂容易酸败的情况相同，主要由于贮藏条件控制不当所引起，值得注意的是大豆种子一般含脂肪17%～22%，由于大豆种子中的脂肪多由不饱和脂肪酸构成，所以很容易酸败变质。

6. 大豆易走油、赤变

经过高温季节贮藏的大豆，往往出现两片子叶靠脐部色泽变红，之后子叶红色加深并扩大，严重的发生浸油，同时高温高湿还使大豆发芽率降低。大豆走油赤变后，出油率减少，豆油色泽加深，做豆腐有酸败味，做豆浆颜色发红。大豆发生走油和红变现象的原因，一般认为是在高温高湿的作用下，使蛋白质凝固变性，破坏了脂肪与蛋白质共存的乳化状态。脂肪渗出呈游离状态，即发生浸油现象，同时脂肪中的色素逐渐沉积以至引起子叶变红。从外观看，大豆的浸油红变也表现一定的发展过程。先是种皮光泽减退，种皮与子叶呈斑点状粘连，略带透明，习惯上称为"搭皮"，再进一步发展到脱皮，稍加压碾，种皮即破碎脱落，而子叶内面出现红色斑点，逐步扩大，呈明显的蜡状透明，带赤褐色，在整个变红过程中，种皮色泽也不断加深，由原来的淡黄色发展成为深黄、红黄以至红褐色。

(二)大豆种子贮藏的技术要点

1. 清仓消毒

大豆种子入库前应将仓库内的其他种子、杂物等全部清除，并剔除虫窝，修补墙面、门窗。清理后用烟剂熏仓消毒，消毒后需通风24 h。

2. 充分干燥

充分干燥是大多数农作物种子安全贮藏的关键，对大豆来说，更为重要。一般要求，长期安全贮藏的大豆水分必须在12%以下，如超过13%，就有霉变的危险。大豆干燥以带荚为宜，先要注意适时收获，通常应等到豆叶枯黄脱落，摇动豆荚时互相碰撞发出响声时收割为宜。收割后摊在晒场上铺晒2～3 d，荚壳干透有部分爆裂，再行脱粒，这样可防止种皮发生裂纹和皱缩现象。大豆入库后，如水分过高仍需进一步曝晒，据原粮食部科学研究设计院试验：大豆经阳光曝晒对出油率并无影响，但阳光过分强烈，易使子叶变成深黄脱皮甚至发生横断等现象。在曝晒过程中，以不超过44～46℃为宜，而在较低温度下晾晒，更为安全稳妥；晒干以后，应先摊开冷却，再分批入库。

3. 低温密闭

大豆由于导热性不良，在高温情况下又易引起红变，所以应该采取低温密闭的贮藏方法。一般可趁寒冬季节，将大豆转仓或出仓冷冻，使种温充分下降后，再进仓密闭贮藏，最好表面加一层压盖物。加覆盖的和未加覆盖的相对比，在种子堆表层的水分要低，种温也低，并且保持原有的正常色泽和优良品质。有条件的地方将种子存入低温库、准低温库、地下库等效果更佳，但地下库一定要做好防潮去湿工作。贮藏大豆对低温的敏感程度较差，因此很少发生低温冻害。

4. 及时倒仓过风散湿

新收获的大豆正值秋末冬初季节，气温逐步下降，大豆入库后，还需进行后熟作用，放出大量的湿热，如不及时散发，就会引起发热霉变。为了达到长期安全贮藏的要求，大豆入库3～4周，应及时进行倒仓过风散湿，并结合过筛除杂，以防止出汗发热、霉变、红变等异常情况的发生。根据实践经验，大豆在贮藏过程中，进行适当通风很有必要。贮藏在缸坛中的大豆，由于长期密闭，其发芽率还比仓库内贮藏的差。适当通风不仅可以保持大豆的发芽率，还能起到散湿作用，使大豆水分下降；因大豆在较低的相对湿度下，其平衡水分较一般种子为低。

5. 定期检查

入库初期要把温度检查列为重点，使库房温度保持在20℃以下，温度过高时应立即通风降温。大豆入库后每20 d检查一次含水量，种子含水量超出安全水分含量，及时翻晒。大豆晒后不能趁热贮藏，必须晾凉后才能收藏，以降低大豆本身的温度，防止发热回潮。

思考一下：

大豆种子贮藏特性是什么？其营养成分对种子贮藏有何影响？大豆种子贮藏为什么需定期检查？

五、蔬菜种子贮藏

蔬菜种子种类繁多，种属各异，含水量有高有低，安全贮藏对蔬菜种子的发芽率和播种质量有着重要意义。只有对其进行安全储藏，才能达到播后高产增收的效果。

（一）储前准备

1. 精选

由于蔬菜种子粒小、重量轻，极易黏附虫卵、杂草籽及残叶、碎秸秆等，这样种子在储藏期间很容易吸潮，还会传播病虫草害。因此，蔬菜种子在入库前必须精选加工，以提高种子净度。为减少病菌、虫卵，应从无病虫株采种。可采用筛选的方法，即选用适宜型号的圆孔或长孔筛子进行过筛，清除秸秆、瘪粒和其他杂质。

2. 晾晒

种子的含水量大小是种子储藏年限的重要因素。种子的含水量小，其呼吸作用、生理活性就会受到抑制，从而使种子能安全储藏。菜农需要选择几个无风的天气对种子进行晾晒，使含水量达到安全水平以下。

（二）储藏方法

1. 堆垛储藏法

留种数量较多的品种可用麻袋包装，按品种堆垛储藏，每堆下面应有垫板，以利通风。堆垛高度一般不宜超过6袋，细小种子不宜超过3袋，隔一段时间要翻动一下。否则，底层种子易被压伤，降低发芽率。

2. 高吊储藏法

如种子带荚或整枝储藏时，要将收获后的蔬菜种子捆扎成把，挂在阴凉通风处，用时采摘脱粒；种子直接储藏时，需晾干透后用纱布缝制的小布袋盛装，并把布袋吊于通风阴凉的屋顶下，这样不仅增强通透性，便于种子呼吸，而且不易使种子受潮、变质。

3. 密封储藏法

对留存的少量种子可放在纸袋或布袋里，然后存于玻璃瓶或塑料桶内。在容器底部要放上生石灰、木炭等干燥剂，上放种子袋，然后加盖密闭，放在阴凉干燥处。

(三)需要注意的问题

①要用麻袋、编织袋、布袋等包装种子，千万不要用塑料袋包装。

②控制好储藏期间的温湿度。温度以20～25℃、空气相对湿度保持在60%以下为宜。地面上用砖头或圆木等垫高30 cm以上，并要远离墙壁30 cm左右。夏秋季节气温过高时，早晚要注意通风，降低室温，阴雨天气要关闭门窗，防止潮气进入。

③要防止品种混杂。蔬菜品种繁多，种子外形有的非常相似，尤其是同一种蔬菜的不同品种，它们的种子更是无法区别。因此，在收获、脱粒、翻晒时要防止混杂，包装容器和加工用具均需清理，储藏时要内外挂标签，分别放置。

④蔬菜种子要同农药、化肥等分开储藏。存放的种子要远离火炉，防止烟气熏蒸。

⑤要进行定期检查，防止霉变，发现问题及时处理，及时查防鼠害和虫害。

思考一下：

蔬菜种子贮藏注意事项是什么？蔬菜种子贮藏前为什么需要精选和晾晒？

复习思考题

1. 南北方玉米种子贮藏技术是什么？
2. 小麦种子贮藏技术是什么？
3. 常规水稻和杂交稻种子的贮藏技术是什么？
4. 大豆种子贮藏技术及注意事项是什么？
5. 蔬菜种子贮藏技术有哪些？

实验实训　调查主要作物种子的贮藏方法

一、目的和要求

使学生了解各种作物种子贮藏库堆装方式以及贮藏库结构对安全贮藏的影响，并掌握种子贮藏的管理。

二、参观场地

当地就近作物种子贮藏库。

三、参观内容

①参观当地种子贮藏库，了解防潮、防虫、防鼠，干燥低温等结构特点，以及有关设备。

②了解种子入库前的要求及堆放方式。

③了解种子贮藏期间的管理，包括通风，种子温度检查，防虫及贮藏库的湿度和温度的检

查控制。

④了解当地种子贮藏特性和贮藏管理要求。

四、实训作业

1. 分析当地主要作物种子贮藏特点和安全贮藏的效果。

2. 通过参观，你认为做好种子贮藏的关键有哪些？

工作任务七　种质资源与种子贮藏新技术

知识目标

➢了解国内外种质资源保存概况。

➢掌握种质资源的保存方法。

技能目标

➢能够会运用新技术对种子进行加工贮藏。

➢能够对我国的现有种质资源进行合理的保存。

知识资迅导读

中国农作物基因资源与基因改良重大科学工程是我国农业及生物领域唯一一个国家重大科学工程，该工程是我国农业科学基础研究与应用基础研究领域能力建设的重大进步和标志性工程。工程的建成，使我国具备了世界水平的大规模、高通量和高效率开展农作物基因资源与基因改良研究的现代化设施，大幅度提高了我国农作物基因资源分子鉴定、基因克隆、农作物分子育种的科技创新能力，使我国种质资源研究跻身世界前列。

工程围绕国家粮食安全等重大需求，获得了种质资源评价创新利用、小麦品质评价体系、矮秆小麦、转基因抗虫棉、高产抗虫三系杂交棉、高产大豆、转植酸酶基因玉米等一批标志性成果。审定水稻、小麦、玉米、大豆、棉花等新品种 95 个，获新品种权 26 个；申请专利 158 项，获授权专利 81 项；工程已建设成为我国农作物基因资源与基因改良学科发展基地、技术创新基地、高级人才培养基地与国内外学术交流基地。

一、植物种质资源的保存

（一）国内外种质资源保存概况

种质资源的保存是种质资源工作的重要环节之一。它要求在贮存若干年后重新种植时仍具有较高的发芽率，并保持原来的遗传特性。保存的时间长，种类和份数多。种子贮存的理想条件：①相对湿度为 15%，温度为 −20℃以下；②空气中氧气少，二氧化碳多；③室内黑暗，没有光照；④放贮存器的贮存室尽量避免辐射的损害；⑤种子含水量在 4%～6%。其中最关键和最经常起作用的是种子含水量和贮存温度。但是过去由于缺乏设备，致使搜集到的材料在贮藏期间失去生活力，造成种质资源的损失。

为此，从 20 世纪 50 年代起，一些国家和国际农业研究机构相继建成了一批现代化种子库。如美国于1958年在西部干旱区的科罗拉多州柯林斯堡建成了世界上第一个现代化低温干燥种子库。位于菲律宾的国际水稻研究所在1977年建成的种子库,分短期、中期、长期3级贮存条件保存稻种。当库存种子的生活力降低到一定限度时,即进行繁殖更新。为了保存作物群体原有的遗传结构,繁殖更新宜在原产地或与原产地条件相近的地方进行。野生近缘植物宜在原产地划出保护区,在自然条件下加以保存。每份材料种植的株数不能太少,以免因基因漂移而使某些基因型丧失。异花授粉作物需隔离种植,或进行套袋和人工授粉,以防止天然杂交。对于无性繁殖作物的种质材料,已试验成功用顶端分生组织培养的方法保存,并已应用于葡萄、甘薯、甘蔗、草莓、蒜等作物。对桑、茶、果树等多年生作物,一般采用品种资源圃的方式保存种质材料。随着现代化低温制冷技术的发展,世界各国相继建立了现代化低温种质库来保存以种子繁殖体的种质,而绝大多数农作物种质资源都可通过该途径加以长期保存。现代化低温库的维护结构都具有良好的防潮、隔气和保温功能,并配备现代制冷除湿设备,为种子创造了低温干燥的贮存条件,加之通过对种子入库保存之前的一系列前处理,如种子生活力检测、干燥和密封包装,使种子贮存寿命大大延长,达到了长期保存的目的。对于那些以种茎、块根和植株繁殖保持种性的无性繁殖作物,则通过建立田间种质圃或试管苗种质库加以保存。据1996年6月,联合国粮农组织(FAO)在德国莱比锡召开"国际植物遗传资源技术会议"报道,在20世纪70年代初期,种质库数量不足10个,贮存的种质数量也仅有50万份,但到1996年,世界上已建设了1 300多座种质库,其保存了610万份种质资源(含部分重复),其中低温种质库贮存的种质550万份,田间种质库贮存份数52.7万份,试管苗种质库贮存数量37 600份。有77个国家建设了具有中长期贮存能力的国家级种质库。各国种质库贮存数量排列前6名的是中国31.8万份,美国28万份,俄罗斯17.8万份,日本14.6万份,印度14.4万份,韩国11.6万份。1992年,美国政府拨款1 000万美元把1958年建成的美国国家种质库的长期贮存能力扩建为100万份,并配备最现代化的保存设施和实验设备。计划把美国所有植物资源,不论是种子繁殖体还是无性繁殖体,都收集复份集中在该库长期保存。印度在1997年也完成新国家种质库的建设,其贮存能力为100万份,都远远大于我国国家种质库40万份的贮存容量。

中国植物物种质材料有计划有组织的保存工作,始于20世纪50年代后期。80年代中期,中国农业科学院在北京建成国家种质库,负责长期保存全国作物种质资源,作为基础材料。各省农业科学院保存一套原产本省的材料、中国农业科学院有关研究所保存一套某一种或某一类作物的种质资源,均作为中期贮存的活动材料。我国低温保存事业虽然起步较晚,但由于受到党和政府的高度重视,作物种质资源收集保存一直被列入国家科技攻关项目,完善了我国作物种质资源长期和复份相结合的保存与分发体系。在种质资源繁种入国家库贮存方面,短短十多年时间内,及时把31.8万份种质(隶属30属科、174属、600个种)抢救收集存入国家种质库,贮存数量居世界各种质库的首位。与此同时,建立起32个种质圃(含2座试管苗库)来保存凡需要以种茎、块根和植株繁殖保持种性的作物种质资源。据初步统计,入圃保存的作物种类50多种(类),种质3.7万份,分属1 026个种(含)亚种(见图)。此外,还在中国农科院专业所的建立了7座特定作物中期库,及在全国各地农科院建立15座地方中期库。中国作物种质资源信息系统(CGRIS)1988年初步建成并开始对外服务,目前拥有180种作物(包括粮、棉、油、菜、果、糖、烟、茶、桑、牧草、绿肥、热带作物等)、37万份种质信息、2 000兆字节,是世界上最大的植物遗传资源信息系统之一,包括国家种质库管理和动态监测、青海国家复份库管理、32个国家多年生和野生近缘植物种质圃管理、中期库管理和种子繁种分发、农作物种质基本情况和特性评价鉴定、优异资源综合评价、国外种质交换、品种区试、指纹图谱管理等9个子系统,700多个数据库,120万条记录。建立了作物种质资源数据采集网,由一个信息中心,20个作物分中心,50个一级数据源单位,近400个二级数据源单位组成。CGRIS的建立,为农业科学工作者和生产者全面了解作物种质的特性,拓宽优异资源和遗传的使用范围,培育丰产、优质、抗病虫、抗不良环境新品种提供了新的手段,为作物遗传多样性的保护和持续利用提供了重要依据。已在因特网(Internet)上向用户提供无偿共享信息,总共向国内用户提供了2 400万个数据项值的种质信息,产生了明显的社会经济效益。

(二)种质资源的保存方法

种质资源的保存是指利用天然或人工创造的适宜环境保存种质资源。搜集到的种质资源经过整理分类后要妥善保存,使之能维持样本的一定数量,保持纯度、生活力和原有的特性。保存方法有:

(1)种植保存 为了保持种质资源种子的生活力,一般每隔几年就需繁殖一次。但无性繁殖作物的种子需年年繁殖。种植保存往往容易导致机械和生物学混杂。因此,在贮藏好的条件下,要尽量减少种植次数,以利资源保存。

(2)贮藏保存 利用仓库或其他能够控制贮藏条件(主要是温度、湿度)的设备,使种子或其他繁殖材料长期保持生活力的方法,即为贮藏保存。用来贮藏保存的种子,要适时收获,精心挑选生活力强、饱满健壮、无病虫损伤、种子含水量低于安全含水量的种子予以保存。并且从第二年起,需定期进行发芽率抽样测定。当发芽率降低到60%左后时,就需更新繁殖。

(3)离体保存 利用植物组织培养技术进行种质资源保存。方法是将植物细胞或组织(包含花粉、花药、体细胞、幼胚)置于试管内形成愈伤组织,在低温下保存,定期进行继代繁殖。利用离体保存植物种质资源,一般用于基因高度杂合的材料,不能产生种子的多倍体材料或无性繁殖材料等。由于其贮存代价高,要求技术性强,且容易产生继代变异,因而不易长年保存,只能作为育种的阶段性保存方法。种质资源的保存,除资源材料本身的保存外,还包括种质资源的各种质资源的各种文字和数据资料的保存;每一份种质资源材料应有一份档案。档案中记录有编号、名称、来源、研究鉴定年度和鉴定结果。档案应贮入电脑,建立数据库,以便于资料检索、网络交换和查询等。

(三)种质资源管理与利用

我国《种子法》明确规定:"国家农作物种质资源委员会办公室应当加强农作物种质资源的信息管理工作,包括种质资源收集、鉴定、保存、利用、国际交流等动态信息,为有关部门提供信息服务,保护国家种质资源信息安全。负责农作物种质资源收集、鉴定、保存、登记等工作的单位,有义务向国家农作物种质资源委员会办公室提供相关信息,保障种质资源信息共享。"在现代条件下,种质资源的管理工作还要充分利用电脑进行。

在深入研究的基础上,对于筛选出来的优良材料可根据其表现特点分别加以利用。适合做优良品种的,经过试验并获审定后,可直接在生产上利用;对于继续分离的材料,可作为系统育种的原始群群体,进行新品种的选育;对于有突出特点、能克服当地推广品种的某些缺点的种质资源,可以通过杂交、转基因等手段将有突出特点的性状导入推广品种,丰富育种材料的遗传基础,育成新品种。

二、种子新技术在加工贮藏中的应用

(一)种子超干贮藏

种子超干贮藏是指把种子含水量降低到传统的5%安全含水量的下限以下进行常温贮藏的技术。

1. 适合超干贮藏种子种类

研究表明,超干处理对于保持提高种子贮藏性能及种子的活力具有一定的增效作用,其效果大小与种子化学组成有一定的关系。富含疏水物质的种子,超干处理效果要好些。现已知含油分较多的作物种子更容易安全地达到5%以下的含水量。如含油分较高的大白菜种子,水分降至0~1%时对种子活力几乎没有影响;油菜、萝卜种子含水量降至0.2%~0.5%时,种子活力仍保持很好,而且种子寿命明显延长。

2. 种子超干贮藏原理

对超干处理可以保持种子内部膜的完整性,提高保护酶的活力,降低丙二醛含量,防止膜质过氧化。高油分种子在超低水分状态下,细胞膜的完整性及脱氢酶、过氧化物酶和超氧化物歧化酶(SOD)活性等都能得以较好的保持,而脱落酸含量降低。

3. 种子忍耐超干的限度

种子超干不是越干越好,存在一个超干的水分临界值。当种子水分低于临界值,种子寿命不再延长,并出现干燥损伤。不同作物种子水分的超干临界值不同,需逐个做试验。从20世纪80年代后期开始,已经研究出的不同作物种子超干含水量临界值列于表2-7-1。

表2-7-1 不同作物超干含水量临界值 %

作物种子	临界含水量	资料来源	作物种子	临界含水量	资料来源
粳稻	4.4	Ellis(1992)	西瓜	1.25	Ellis(1992)
籼稻	4.3	Ellis(1992)	南瓜	2.46	Ellis(1992)
白芝麻	2.0	Ellis(1992)	冬瓜	1.79	Ellis(1992)
甘蓝	3.0	Ellis(1992)	花生	2.0	Ellis(1992)
油菜	2.0	Ellis(1992)	大豆	6.9	Ellis(1992)
向日葵	2.04	Ellis(1992)	大白菜	1.6	Ellis(1992)
亚麻	2.7	Ellis(1992)	萝卜	0.3	Ellis(1992)
黄瓜	1.02	Ellis(1992)	黑芝麻	0.6	Ellis(1992)

4. 种子干燥的适合速率

种子的干燥速率因干燥剂的种类和剂量不同而不同。种子在P_2O_5、CaO、$CaCl_2$和硅胶中的干燥速率依次递减,在P_2O_5中最快,在硅胶中最慢。干燥速率对种子活力的影响尚有不同的看法,有待深入研究。

5. 种子超干技术的关键

(1)超低含水量种子的获得　要使种子含水量降至5%以下,采用一般的干燥条件是难以做到的。如用高温烘干,则要降低活力以至丧失生活力。目前,采用的方法有冰冻真空干燥,鼓风硅胶干燥、干燥剂室温下干燥,一般对生活力没有影响。

为避免种子因强烈过度脱水而造成形态和结构组织上的损伤，郑光华等找到了有效的干前预处理方法，使其在亚细胞和分子水平上，特别是膜体系构型的重组方面有效进行。同时采取先低温(15℃)后高温(35℃)的逐步升温干燥法，使大豆种子的干裂率由87%降为0，而且毫不损伤种子活力。

(2)超干种子萌发前的预处理　由于对种子吸胀损伤的认识不足，以往无浆超干种子直接浸水萌发的不良后果归于种子的干燥损伤。为此，根据种子“渗控”和“修补”的原理，采用PEG引发处理或回干处理和逐吸湿平衡水分的预措施能有效地防止超干种子的吸胀损伤，获得高活力的种苗。

(二)种子超低温贮藏

种子超低温贮藏是指利用液态氮(－196℃)为冷源，将种子等生物材料置于超低温下，使其新陈代谢活动处于基本停止状态，而长期达到保持种子寿命的贮藏方法。

通常低温以液态氮为冷源，液态罐中液相的温度为－196℃。液态超低温技术提供了种子“无限期”保存的可能。在液态中冷却和再升温过程中能够存活的种子，延长其在液态中贮藏的时间也不会对种子有害。

1. 不同种类种子对液态氮低温反应的差异

多数农作物种子都能忍耐干燥和液态低温，对于此类种子而言，结冰时的存活主要取决于种子的含水量和结冰的速度。故种子需先加以干燥，使含水量低于临界含水量(适合冷冻的最高含水量)，防止结冰时有游离水分形成冰粒。有些种子不能干燥至低含水量，则需要控制结冰速度，在冷冻过程中细胞间水分会先结冰，如此则造成一渗透压差，使细胞中的水分渗透出细胞膜以外，细胞内的水分逐渐减少，如能减至无游离水分结成冰粒的程度，则细胞可以在结冰过程中存活，如结冰太快，此脱水过程未能完成，则细胞将受冰粒破坏。反之，则脱水过甚，细胞亦会受损。故利用结冰温度的不同，控制结冰速度，往往可以使细胞在结冰过程中生存。此外，如在结冰前或结冰过程中，用对细胞膜有保护性的化合物处理细胞，亦可能减低细胞在结冰时所受的损害，用5.5 g/mol 脯氨酸溶液处理安祖花(*Anthurium scherzerianum* L.)种子可以使此种特殊的种子适合液态氮贮藏，Stanwoo 又会导致种子生活力丧失。许多果树和坚果类作物的种子，此类种子多数能干燥到含水量10%以下，但是不能忍耐－40℃的低温，这类忍耐干燥对液氮敏感的种子多数含有较高的贮存类脂，有的含量高达60%～70%，这类种子的寿命一般至少5年。而这类种子多数为经济作物种子，目前只能无性保存，如果建立了超低温保存技术，可改善这类种质长期保存的方法，从而改良育种和繁殖技术。对一些顽拗性种子，它们的含水量高，对干燥敏感，寿命短，难以保存。所以，以往均认为尚无真正的顽拗性种子在－196℃贮存成功的实例。1992年，浙江农业大学种子教研室对茶籽和樟籽进行超低温保存研究，获得成功。茶籽超低温保存的最适含水量为13.83%，在液氮内经保存118 d保存，发芽率达93.3%，且均成苗(Hu 等，1994)。

2. 种子超低温贮藏的技术关键

(1)寻找适合液氮保存的种子含水量　只有在合适的含水量范围内，种子才能在液氮内存活。

(2)冷冻和解冻技术　不同种子的冷冻和解冻有差异，需分别讨论，以掌握合适的升温和降温速度。

(3)包装材料的选择　根据报道，包装材料有牛皮纸袋，铝箔复合袋等。有的包装材料能使种子与液氮隔绝，有些种子会发生爆裂现象，而影响种子寿命。

(4)添加冷冻保护剂　常用的冷冻保护剂有二甲基亚砜(DMSO)、甘油、PEG 等，最近报道脯氨酸的效果很好。使用冷冻保护剂的量应是足够到有冷冻保护作用，但又不超过渗透能力和中毒界限。

(5)解冻后的发芽方法　液氮保存顽拗型种子难以成功，可能与保存后方法不当有关，致使还有生活力的种子在发芽过程中受损或死亡。有些种子可以事先进行预处理，处理后的种子，细胞膜修复能力增强，渗透物减少，发芽率提高。

液氮超低温保存的技术还需进一步完善，该项技术的创建和完善为植物遗传资源保存开辟了新的途径。

(三)计算机在种子贮藏中的应用

1. 计算机在种子干燥中的应用

在仓储前，种子干燥是极为重要的一道程序。面对繁多的种子种类和品牌，种子干燥的技术虽有长足发展，但远不能满足种子仓储对种子干燥的要求。电脑技术在种子干燥方面的应用为种子干燥技术的发展开辟了广阔的前景。目前，我国电脑在种子干燥技术方面的应用还停留在研究和实验阶段，但我们相信在不远的将来，电脑在这一领域的应用就会有突破性的发展。下面介绍电脑在种子干燥方面的应用。

(1)模拟分析　模拟分析是利用已有的有关种子干燥的数学模型进行分析计算，以探讨各种干燥因素对干燥机性能的影响，从而建立对种子干燥参数进行优化处理的电脑模拟体系，为干燥机的设计和科学使用提供依据。

(2)电脑绘图与设计　在已确定种子干燥机的设计方案、设计参数和结构参数的基础上，可利用电脑进行辅助设计。这种方法在发达国家已部分应用于设计工作中，国内在种子干燥机设计方面也开始利用这种先进的方法。

(3)自动控制与自动化管理　在种子干燥设备中有许多项目需要自动控制，如热介质温度、出种水分、种子受热温度等自动控制。这些项目的自动控制系统，一般都是用各种传感器(温度传感器、湿度传感器等)从设备的某个部位引出信号并输入计算机，通过计算机已编好的程序发出指令，达到调节控制的目的。

2. 电脑在种子仓库应用的调控系统

电脑在种子领域的应用，促使种子储藏工作迅速向自动化、现代化方向发展。用电脑控制各种种子仓库的贮藏条件，给予不同环境的种子以最适合的贮藏环境，将使种子质量提高和大规模生产成为可能。目前，国内种子仓库应用电脑的调控系统是从粮食部门嫁接过来的技术体系。它的主要作用是对种子仓库的温度、湿度、水分、氧气等因子实行自动检测，进而对仓库的干燥、通风、密闭运输和报警等设备实行自动化管理与控制。

3. 种子安全贮藏专家系统的开发与应用

种子安全贮藏电脑专家系统开发是从影响种子安全贮藏的诸多环境因素的信息采集入手，通过系统的实验、模拟实验和实仓实验，以及大量调查研究资料收集处理分析，获得种子安全管理的特性参数和基本种情参数；然后再将参数模型化，并建立不同的子系统，集合成为“种子安全贮藏专家系统”软件包。它能起到一个高级贮种专家的作用，可为管理者和决策者提供一整套完整、系统、经济有效和安全的最佳优化贮种方案，是最终实现种子贮藏管理工作科学化、现代化和自动化的重要环节之一。

(1)种情检测子系统　该系统是整个系统的基础和实现自动化的关键。通过该系统将整个种堆内外生物和非生物信息量化后，输入电脑储存。使管理者通过电脑了解种堆内外的生物因素，如昆虫、微生物的数量，危害程度等；非生物因素，如温度、湿度、气体、杀虫剂等状态和分布，随时掌握种堆中各种因子的动态变化过程。该系统主要由传感器，模/数转换接口、传输设备和电脑等部分组成。

(2)贮种数据资料库子系统　该子系统是专家系统的"知识库"。它将各种已知贮种参数数据、知识、人工的结论、已鉴定的成果、常作仓型的特性数据、图谱、有关政策法规等资料数据，收集汇总，编制为统一的数据库、文本库和图形库，用电脑管理起来，随时可以查询、调用、核实、更新等，为决策提供依据。其主要内容包括：

①种仓结构及特性参数数据库和图形库。它以图文并茂的方式提供我国主要种仓类型的外形、结构特性、湿热传导特性、气密性等。

②基本种情参数数据库。它包括种子品种重量、水分、等级、容量、杂质和品质检验数据，以及来源、去向和用途等。

③有害生物基本参数数据库、图形库。它以图文并茂的方式提供我国主要贮种有害生物的生物学、生态学特性、经济意义和地理分布，包括贮种昆虫种类(含害虫和益虫)、虫口密度(含死活数)、虫态、对药剂抗性以及其他生物如微生物、鼠、雀的生物学和生态学特性等参数。

④杀虫剂基本参数数据库。它包括杀虫剂种类、作用原理、致死剂量、CT 值、半衰期、残留限量。杀虫剂商品的浓度、产地、厂家、单价、贮存方法、使用方法和注意事项等。

⑤防治措施数据库。它包括生态防治、生物防治、物理机械防治、化学防治等防治方式的作用、特点、费用、效果、使用方法、操作规程和注意事项等。

⑥贮藏方法数据库。它包括常规贮藏、气控贮藏、通风贮藏、"双低"贮藏、地下贮藏、露天贮藏等贮藏方法的特点、作用、效果、适用范围等。

⑦政策法规文本库。它包括有关种子贮藏的政策法规技术文件、操作规程、技术标准等文本文件。

(3)贮种模型库子系统　将有关贮种变化因子及其变化规律模型化，组建电脑模型，然后以这些模型为基础，根据已有的数据库资料和现场采集来的数据，模拟贮种变化规律，并预测种堆变化趋势，为决策提供动态的依据。其内容主要包括大气模型、关系模型、种堆模型等。

①大气模型包括种堆周围大气的温度和湿度模型。

②关系模型包括种堆与大气之间，气温、仓温和种温之间，气湿、仓湿和种子水分之间，温度、湿度和贮种害虫及微生物生长为害之间的关系模型。

③种堆模型包括整个种堆中各种生物、非生物因素的动态变化、微生物生长模型、药剂残留及衰减模型等。

(4)判断、决策执行子系统　该系统是专家系统的核心。它通过数据库管理系统和模型库管理系统将现场采集到的数据存入数据库，并比较修改已有数据，然后用这些数据作为模型库的新参数值，进行种堆的动态变化分析，预测其发展趋势；根据最优化理论和运筹决策理论，对应采用的防治措施和贮藏方法进行多种比较和分析判断，提出各种方案的优化比值和参数，根据决策者的需要，推出应采取的理想方案，并计算其投入产出的经济效益和社会效益。

种子安全贮藏系统的开发是一项浩大的系统工程，目前只开始了部分工作，通过种子安全贮藏专家系统的不断开发和应用，我国种子贮藏工作的管理水平和种子的质量将会得到显著的提高。

三、知识拓展—我国蔬菜种质资源研究进展与发展策略

农作物种质资源是农业生产和育种的物质基础，种质资源的研究水平不仅关系到资源的利用效率、农作物育种和生产发展的水平，而且是衡量一个国家在全球“基因大战”中的竞争力的重要指标。为此，“七五”计划至今，国家将其作为关系国计民生的战略物质予以高度重视，并投入巨资。特别是“十五”计划以来，在国家基础性工作项目、国家自然科技资源共享平台项目、国家科技攻关项目、农业部资源保护项目、省(市)自然科学基金项目等的大力支持下，通过全国蔬菜科技工作者的协作攻关，中国蔬菜种质资源的高效、低能耗保存和评价技术研究，遗传多样性鉴定和核心种质研究，拥有自主知识产权的蔬菜种质创新、优异基因源挖掘和利用研究均有了显著进展。

(一)蔬菜种质资源保护体系的建立及安全保存技术研究

(1)蔬菜种质资源的收集和保存　我国对蔬菜种质资源考察、搜集工作始于 20 世纪 50 年代。至 2005 年底，我国国家农作物种质资源库(圃)收集、保存各类蔬菜种质资源 35 580 份，共 214 种。国内资源约占资源总数的 87%，来自全国除西藏以外的 30 个省或直辖市(包括中国台湾)，以湖北、四川、山东、河南、江苏、河北、广东居多。国外资源占 13%，分别引自俄罗斯、亚美尼亚、立陶宛、韩国、日本、朝鲜、泰国、越南、印度、澳大利亚、美国、波兰、希腊、英国、荷兰、法国、意大利、丹麦、德国、捷克、匈牙利、保加利亚、以色列、古巴、巴西、阿根廷、秘鲁、赞比亚、津巴布韦、肯尼亚等 63 个国家或地区。在所有资源中，有性繁殖蔬菜种质资源 132 种(变种)、33 280 份，水生蔬菜 12 种、1 538 份，无性繁殖和多年生蔬菜种质资源 70 种、776 份。

“十五”期间，我国蔬菜种质资源收集、保存的突出特点：加强了国外资源的引进，使国外资源的占有量由原来的不足 5%提高到 13%。将无性繁殖蔬菜种质资源的收集、保存提到了议事日程，使一批濒临消失的资源得到了保护。

至此，以国家农作物种质资源长期库、国家蔬菜种质资源中期库、国家甜瓜种质资源中期库、国家种质武汉水生蔬菜资源圃、无性繁殖蔬菜种质资源圃为支撑的国家蔬菜种质资源安全保护体系已基本形成。

(2)蔬菜种质资源的安全保存技术研究

①蔬菜种子超低含水量保存技术研究。通过超干燥方法将 13 种主要蔬菜作物种子的含水量降至 5%以下，分别贮存在−18℃、4℃、常温和 40℃4 个温度条件下。贮存 3 年后，不经过任何老化处理，检测处理后的超低含水量种子的发芽率、发芽势、出苗率、生长量等指标。结果显示：−18℃、4℃、常温下贮存 3 年的各作物超干种子的生活力均无显著变化，40℃贮存的大部分超干种子的生活力有不同程度的下降，如辣椒种子完全丧失了生活力。但韭菜种子在 40℃下贮存，其生活力不但没有下降，反而有所升高，可能是热刺激造成的结果。说明超干燥常温短期(至少 3 年)贮存作为一种蔬菜种质资源节能保存方法是可行的。不同蔬菜作物常温下贮存，其最佳含水量水平不同，如大白菜(87-3)的最佳含水量在 2%～3%，黄瓜(中农 5 号)则在 3.5%左右。

②无性繁殖蔬菜种质资源保存技术研究。无性繁殖蔬菜种质资源安全保存的技术难度大。“十五”期间研究了大蒜、生姜、百合种质资源的离体快繁技术，并在微型百合和微型生姜的繁殖技术上取得了一定的突破。研究了大蒜、百合和生姜种质的离体低温保存技术。在

2℃低温下，不经过继代，大蒜组培苗保存18个月，百合组培苗保存20个月，存活率仍可保持在100%。在20℃条件下，生姜组培苗可保存6个月不继代。

探讨了大蒜和百合种质资源的超低温保存技术，并获得了成功。在大蒜的超低温保存中，一定长度的茎尖在0.7 mol/L蔗糖的MS培养基上预培养5～7 d，室温下60% PVS2预处理60 min，再用PVS2在0℃下处理30 min，无论是冻存2 d还是30 d，成活率均达到100%。解冻后的茎尖已成功地再生成株，且未发生遗传变异。百合茎尖在0.5 mol/L蔗糖的MS培养基上预培养1～2 d，0℃下用100%PVS2脱水处理20 min，投入液氮保存。48 h后取出，先在40℃水浴中化冻2 min，再在25℃水浴中化冻10 min，经恢复培养，存活率最高可达到52.6%。

初步建成的上述几种无性繁殖蔬菜种质资源离体保存技术体系已经用于实践，为无性繁殖蔬菜种质资源的安全保存奠定了基础。

（二）蔬菜种质资源的繁殖、更新技术体系的建立与应用

（1）蔬菜种质资源的繁殖、更新技术研究　种质资源的更新是世界各国种质资源库（圃）不得不面对且又具挑战性的一项任务。保持更新种质的遗传稳定性和遗传完整性的难度在于对特性各异的作物的适宜更新群体的确定、隔离措施和授粉方式的采纳、采种技术的优化等。

①更新群体的选择。对菜薹种质内不同大小群体的遗传多样性鉴定和比较，认为大于30株的群体能反映其种质的遗传特征。为保证更新过程中群体内各单株之间能随机交配，确保更新后种质的遗传完整性，认为更新群体以60株左右为宜。

②十字花科蔬菜的更新方法研究。以60株为适宜的繁种群体进行3种不同目数的防虫网（20目、40目、60目）、3种授粉方式（不授粉、人工授粉、熊蜂授粉和敞开授粉）的田间试验。结果表明，采用40目防虫网隔离、熊蜂授粉对十字花科蔬菜种质进行更新，不仅能提高种子产量和质量，而且能保证后代的表型纯度和遗传多样性，是较适宜的更新方法。

③菜豆采种技术研究。以栽培密度、施氮量、施磷量、施钾量4个因子为研究对象，建立了以菜豆种子产量为目标函数的数学模型。单因子对菜豆种子产量的影响均符合二次曲线关系，栽培密度、氮和钾对产量有极显著影响，而磷对产量影响相对较小，各因子对菜豆种子产量作用大小顺序：栽培密度＞氮＞钾＞磷。栽培密度与氮、磷和钾的交互作用相对较大。经计算机模拟分析，确定了每公顷菜豆种子产量2 805.0 kg以上的栽培因子优化组合方案：密度19.5万～21.3万株；氮，292.7～324.1 kg；磷，93.9～144.0 kg；钾，93.9～144.0 kg。

（2）蔬菜种质资源更新　制定了24种蔬菜的更新技术规程。繁殖更新种质11 608份。完成了3万多个样品的种子活力检测，更新合格种质10 365份。在更新过程中，对混杂严重的种质进行了去杂或单株采收分类处理；对每份种质的主要植物学和农业生物学性状进行了观测和核准，采集了每份更新种质的图片数据；建立了更新数据库。

（三）蔬菜种质资源的抗逆性、抗病虫性鉴定和品质评价

总计对18种蔬菜45 204份次种质资源进行了抗逆、抗病、抗虫鉴定和品质分析，获得了2 596份优异种质，占鉴定总数的5.74%。其中，抗病虫鉴定涉及14种蔬菜共33种病虫害，鉴定种质25 218份次，筛选出抗病虫种质1 981份。对10种蔬菜17 730份种质进行品质分析，获得了402份优质种质，占鉴定总数的2.3%。对4种蔬菜1 836份种质共6项抗逆性进行了鉴定，筛选出抗逆种质194份，占鉴定总数的10.6%。

上述抗逆、抗病、抗虫、优质种质的获得，为优异基因的挖掘和种质资源的创新利用奠定了基础。

(四)种质资源的遗传多样性鉴定与核心种质研究

(1)萝卜种质资源的遗传多样性鉴定和分类研究　对来源于不同国家和地区的有代表性的56份萝卜种质资源的遗传多样性进行了RAPD和AFLP鉴定。种质RAPD位点的平均期望杂合度为0.289，系统聚类分析将供试材料分为2大类、9组，主坐标分析将其分为3大类、4组。所有AFLP位点的平均期望杂合度为0.362，显示出丰富的遗传多样性。系统聚类分析将供试材料分为9组，主坐标分析将其分为7组。两种鉴定方法的结果基本一致，地理分布远的种质归于不同的类群；形态相近的种质在分子分类上也较近。两种分类方法结果也较一致。但主坐标分析能提供更丰富的信息，能更为直观和清楚地反映群体之间的关系。

(2)胡萝卜种质资源的遗传多样性鉴定与核心种质研究　通过对340份胡萝卜地方品种的4个数量性状和9个质量性状的评价，通过聚类分组，分别按10%、15%和20%的比例初步构建了胡萝卜3种核心种质。通过对3种核心样品的13个性状的基本参数与总体资源比较。结果表明，尽管3种核心样品的β-胡萝卜素、干物质及维生素C含量的平均值均与总体资源存在显著差异，但核心样品的4个数量性状与总体资源符合度(表型保留比例)比较好；核心样品的9个质量性状表现型频率与总体无显著差异，符合度均达到了100%。但随着取样比例的减少，核心样品的地域分布迅速减少，10%的核心样品分布省、市比总体资源减少了8个，而且其资源主要来源省、市所占比例由原来的50%降到了35%。综合比较认为，15%～20%可作为小规模胡萝卜资源构建核心样品的适宜比例。

(3)黄瓜种质资源的遗传多样性鉴定和核心种质研究　利用90份代表性黄瓜种质的RAPD数据探讨了黄瓜核心种质的构建方法，初步认为25%是构建黄瓜核心种质较为理想的取样比例，最大遗传距离法是利用RAPD数据构建黄瓜核心种质较为合适的方法。进一步的验证表明，按上述方法构建的核心种质能较好地代表初始群体，同时也不能忽视保留种质的作用。

采用形态、RAPD和AFLP标记对不同来源和特性的黄瓜种质的遗传多样性进行了系统评价和分类研究。从形态和分子方面均证明中国黄瓜种质资源具有丰富的遗传多样性，北方地区黄瓜遗传多样性的演化和分布除受自然因素的影响外，受人文因素的影响较南方更大。西双版纳黄瓜(*Cucumis sativus* var. *xishuangbannasis* Qi et Yuan)与其他野生和栽培种质的距离较远，群体内遗传多样性较低，说明它是一类处在演化的较初级阶段的特殊群体。印度野生黄瓜[*C. sativus* var. *harclwickii*(*R.*)Alef.]亦远离栽培种质，具有许多栽培种质没有的特性和基因位点。这两类黄瓜种质在分类和育种材料遗传背景的拓展上均有重要的地位和价值。外来栽培种质虽然遗传背景较窄，但是也有一些中国栽培种质没有的特性或基因，所以有必要加强黄瓜种质资源的收集和评价，进一步拓宽中国黄瓜种质资源基因库。

(五)抗逆和抗病相关基因的挖掘

1. 小白菜耐盐基因的差异表达研究

对不同盐浓度诱导和盐诱导不同时间耐盐相关基因差异表达的研究，初步明确了耐盐相关基因的表达程序和特点，认为1.6%的NaCl诱导48 h比较适合小白菜耐盐相关基因的差异表达分析。对耐盐性不同的2份小白菜种质经1.6%的NaCl诱导48 h后的mRNA差异显示分析，78 对引物组合在 2 份种质中产生了 101 条与盐诱导相关的差异带。经反复 PCR 及 Northern 杂交鉴定出 13 条表达量高、易回收的盐诱导差异片段。通过克隆和测序，得到了 7 个差异片段的序列。BLAST 同源序列比对发现：cDNA 片段 38 和 68 分别与油菜抗冻和萝卜抗旱的表达基因有 90%和 95%的同源性，显示它们与植物中逆境胁迫下的抗性表达基因有关。cDNA 片段 03 与 27 的同源性高，且分别与拟南芥中钙依赖型蛋白激酶的 mRNA 有 85%和 86%的同源性；cDNA 片段 73 与拟南芥蛋白激酶相关 mRNA 有 90%同源性；cDNA 片段 79 与拟南芥中参与防御反应负调控的保守 MAPKK 激酶和促分裂原活化蛋白激酶的激酶之激酶(MAPKKK)的 mRNA 均有 90%同源性；上述 4 个 cDNA 片段 03、27、73、79 可能与植物受到外界环境胁迫时参与信号传导途径的表达基因有关。cDNA 片段 85 与人类基因组中肝细胞、结肠直肠细胞和非小细胞肺癌的抗癌基因 99%同源。耐盐品种盐诱导相关 cDNA 片段及序列的获得为挖掘和利用耐盐相关基因及深入认识植物的耐盐机理奠定了基础。

2. 萝卜抗病基因同源序列的分离、测序和比较

以对 TuMV 具有不同抗性的 60 份萝卜种质为材料，根据已知抗病基因的保守序列设计简并引物进行 PCR 扩增、分离、克隆和测序，分析抗病基因同源序列。4 对引物在 60 份种质中共扩增出了 20 条多态性带。聚类结果显示，大部分感病品种聚到了一起，表明感病品种的遗传背景相对较窄；抗病品种分布广泛，分别被聚到了各个不同的类群，说明抗病品种的遗传背景较广。4 条多态性克隆 DNA 片断与已知的抗病基因或抗病基因的类似物有较高的同源性，为进一步挖掘和利用抗病基因奠定了基础。

(六)蔬菜种质资源的创新与利用研究

(1)种质创新取得突破性进展　对大白菜、小白菜、甘蓝、萝卜、胡萝卜、番茄、茄子、甜(辣)椒、黄瓜 9 种蔬菜作物和马铃薯、甘薯 2 种薯类作物种质资源创新研究，获得了具有 2 个或 2 个以上优异性状聚合、综合经济性状优良，且至少有 1 个优异基因未被或很少被育种家利用的蔬菜和薯类新种质 19 份，其中大白菜、小白菜、番茄、甜(辣)椒、黄瓜和马铃薯各 2 份，甘薯 3 份，萝卜、甘蓝、茄子和胡萝卜各 1 份。

①利用野生资源的优异性状创造出加工品质性状优良和多种抗病性聚合的马铃薯新种质。利用具有野生血缘的优良加工抗病品系 S452 和优良炸片加工品种 Atlantic 的优点创造出马铃薯新种质中蔬 9408-1，其炸片颜色为 2.5 级(美国快餐食品协会标准 1-10 级，以 1 级为最优)，相对密度(比重)为 1.092，平均干物质含量为 22.19%，产量比对照大西洋增产 13.65%；人工接种鉴定抗马铃薯 X 病毒，高抗马铃薯 Y 病毒；田间鉴定抗马铃薯晚疫病。将为改变我国马铃薯市场加工品种被国外品种独占的局面发挥作用。

②利用国内外优异种质的互补性创新出适合我国和国际市场的具有自主知识产权的优异蔬菜种质。黄瓜新种质 G5224 结合了北京小刺、欧洲品种和美国品种的优点，表现全雌性，极早熟，耐低温，高抗角斑病、枯萎病，抗黑星病、白粉病和霜霉病，实现了具有不同血缘的抗病基因源的聚合。辣椒新种质 01-29 聚合了国外种质和本土种质的长处，耐低温、弱光，抗早衰，连续结果性好。适宜长季节栽培，中前期坐果率为 57.8%，比国外引进对照品种 Solanrio 高 118.0%。果实长牛角形，果面光滑，果色浅绿，商品性好。抗病毒病(田间病情指数 10，室内 TMV 病情指数 30.4、CMV 病情指数 23.7)，中抗疫病。甜椒新种质 02-25 植株生长势强，抗早衰，后期平均节间长度为 8.7 cm，比对照 Solanrio 长 29.9%，低温、弱光下坐果率高，中早期坐果率达 31.0%，比对照 Solanrio 高 17.0%。大果长灯笼形，商品性好，平均单果质量 200 g

以上，抗病毒病(田间病情指数 14.8，室内 TMV 病情指数 33.3、CMV 病情指数 22.6)。这将弥补我国辣椒长季节栽培中缺乏自主知识产权品种的不足。通过杂交分离系选和回交选择获得的具有国外引进种质抗根结线虫基因 Mi 和抗番茄细菌性斑点病基因 *pto* 以及原有种质高抗 ToMV、叶霉病和经济性状优良的高世代纯系 01H-65-4，标志着我国番茄抗根结线虫和细菌性斑点病育种取得突破性进展。

③以常规技术为主培育出一批抗病、优质、早熟、抗逆、特异等优异性状聚合的蔬菜和薯类新种质。首次将来自大白菜 PL-1 的外源耐热基因导入小白菜优异种质中，选育出具有小白菜形态特征、耐热、移栽成活率高(比对照上海青高 13.7%～17.5%)、高产(比对照上海青增产 18.7%～21.1%)、粗纤维含量低、品质好、抗病毒病和霜霉病的新种质耐热 605。

甘蓝新种质 00301 集早熟、优质、耐先期抽薹为一体，比目前生产上大面积推广种植的早熟春甘蓝品种 8398 的亲本早熟 5～7 d，比 8398 早熟 7～10 d。比正常播种期提前 43 d 播种，田间抽薹率为 0。幼苗经 4℃低温处理 30 d 后，先期抽薹率为 0，而对照小金黄和 2000B6 为 19.0%左右；低温处理 45 d 后，抽薹率仅为 2.4%，而对照则为 81.0%～90.5%。使我国春甘蓝耐抽薹育种上了一个新台阶。

(2)技术创新应用效果明显

①原生质体融合和小孢子培养在茄子和胡萝卜中的应用取得成功。胡萝卜原生质体融合有 7 个融合组合获得再生植株，1 个融合组合实现了胡萝卜瓣化型雄性不育性的转育。通过原生质体融合获得 6 个优良茄子品种与 2 个茄子远缘野生种的体细胞杂种植株，并将野生茄子(*Solanum torvum*)中的抗病基因转到普通茄子中。应用茄子小孢子培养及再生技术获得了茄子四倍体的小孢子再生二倍体植株。

②分子标记的开发及其在种质创新中的应用初见成效。根据抗番茄根结线虫基因 *Mi* 和抗细菌性斑点病基因 *pto* 的序列设计相应的引物，进行 PCR 扩增，对不同的限制性内切酶进行筛选，获得了相应的 CAPs 标记，这些标记被用于西红柿种质创新中相应基因的辅助筛选。还初步筛选出了 2 个与马铃薯炸片颜色连锁的 RAPD 标记。

(3)创新种质的综合效益明显　利用创新的春季耐抽薹萝卜优异种质育成萝卜新品种天正春玉正在示范推广。创新种质耐热 605 和江蔬热优已推广 1 333 hm^2，前景十分广阔。新种质的利用和新品种的不断问世，将大大提高蔬菜和薯类作物的抗性、产量和品质，从而提高产品的附加值，增加农民的收入；同时抗病、抗逆、优质新品种的应用，对减少农药使用量、保护农业生态环境，调整农业生产结构，减少能源消耗和促进农业生产的持续发展均具有重要意义。

(七)蔬菜种质资源平台建设和种质资源的共享利用

完成了 20 种主要蔬菜作物种质资源描述规范和数据标准的制定。在此基础上，完成 16 000 份蔬菜资源的整理；向国家农作物种质资源数据库提供 6 000 份蔬菜种质资源共性和特性描述数据库及图像数据库；实现了部分资源的信息共享。国家蔬菜种质资源中期库和无性繁殖蔬菜种质资源圃，每年接待国内外参观访问者数百人次。在满足种质资源更新和研究用种需要之外，国家蔬菜种质资源中期库自初建以来，向国内外科研和生产单位分发蔬菜种质资源 377 批次，涉及 75 种(变种)蔬菜、16 591 份次。仅“十五”期间向资源协作单位提供更新用种 11 608 份，向国内外 118 个研究和生产单位分发 46 种蔬菜种质资源 154 批次、5 806 份。使优异基因渗透到了全国育成的主要蔬菜新品种中，主导着我国蔬菜产业的发展。

四、我国蔬菜种质资源研究面临的挑战与发展策略

随着现代农业的发展和基因组时代的来临，我国蔬菜种质资源研究与蔬菜生产和育种的发展不相适应的矛盾越来越突出。我国蔬菜种质资源丰富，但是大多是未经“加工”的本土资源，由于研究水平较低，大多数达不到育种可利用的程度；具有自主知识产权和国际竞争力的“骨干”基因或种质缺乏；育种材料遗传背景匮乏，栽培品种面对多变环境的脆弱性越来越明显。

面对上述新的挑战，蔬菜种质资源研究工作尚存在一系列亟待解决的问题。

需要对我国蔬菜种质资源的“家底”给予新的诠释：对现有收集、保存的种质资源的系统整理不够，尤其是生物学混杂使得优异种质的遗传性状不稳定，这既不利于优异基因源的挖掘和种质的创新，也不利于种质资源的直接共享利用。种质资源鉴定、评价不够，种质有效数据信息严重缺乏，不利于对种质资源全面和深入的认识，难以满足育种和生产对种质资源不断变化的、多方面的需要。种质资源遗传多样性的系统评价和分类研究不够，尚不能全面了解蔬菜种质资源的“家底”。

第一，需要加强可共享遗传研究工具材料和优异种质的创制：由于缺乏可共享的各种遗传研究工具材料，我国相关基础研究重复，而且研究信息可交流性差。

第二，需要加大对国外种质资源收集的力度：随着农作物种质资源收集的全球化和各国对本土资源保护的加强，种质资源收集的时间和空间越来越少。

第三，需要有更多优异性状聚合的种质不断投放生产，以满足生产和市场日益增多的需求。目前，未经“加工”的原始资源大多不能达到育种可利用的程度，加之种质创新不够，具有自主知识产权和国际竞争力的“骨干”基因或优异种质缺乏。

为了促进和提高我国蔬菜种质资源研究和共享利用的水平，进一步推动“十一五”蔬菜种质资源研究的深入和持续发展，基于我国蔬菜种质资源的研究现状，提出以下发展策略供商榷。

①从蔬菜种质资源基础性工作入手搭建种质资源共享平台。以现有国家蔬菜种质资源保护体系为基础，重点开展蔬菜野生资源、稀特资源和国外资源的考察、收集，进一步拓宽现有基因库。完善中期库配套设施建设，加强无性繁殖蔬菜种质资源圃的建设。保障种质资源的安全性。加强种质资源的规范化整理和鉴定评价，提高种质资源及其相关信息的有效性，建立完善的蔬菜种质资源信息和实物共享体系，促进资源的分发和交换。

②从遗传多样性的研究入手开展可共享基础研究材料的构建和优异基因源的挖掘。研究有效的构建核心种质的策略与方法，整合分散在育种家手中的种质资源，构建主要蔬菜核心种质。通过对核心种质的遗传多样性分析，全面掌握主要蔬菜种质资源的遗传背景，明确其遗传多样性的分布规律及特点。基于核心种质，通过自交或小孢子培养，构建遗传多样性固定基础群体，解决因种质群体内杂合态或单株杂合态给种质资源的研究和利用带来的巨大困难。构建可共享的各种遗传研究工具群体。基于基因组学和功能基因组学技术开展原创性研究，从已有自然变异中发现新的抗病虫、抗逆境和优质的基因。

③加强蔬菜和薯类种质资源自主创新研究。组成由资源研究者领衔，育种者参与的种质资源创新利用协作共享体系。以常规技术为基础，综合利用远缘杂交、细胞工程、分子标记技术、转基因技术等，利用挖掘出的重要优异基因源，针对我国育种和生产中的重大问题和需求，

有重点地开展种质资源的创新研究。创制优异性状突出或优异性状聚合的、可利用程度不同的中间种质或优异种质。

复习思考题

1. 种子贮存的理想条件是什么?
2. 什么是种质资源的保存? 种质资源的保存方法有哪些?
3. 如何利用新技术对种子进行加工贮藏?
4. 结合所学知识,谈谈如何对我国的种质资源进行保护、贮藏?

附　　录

附件 1　种子质量标准

一、禾谷类作物种子质量标准(GB 4404.1—2008)(附表 1-1)

附表 1-1　禾谷类作物种子质量标准　　%

种子类型		级别	纯度不低于	净度不低于	发芽率不低于	水分不高于
水稻	常规种	原种	99.90	98.0	85	13(籼)
		大田用种	99.0	98.0	85	14.5(粳)
	不育系、保持系、恢复系	原种	99.9	98.0	80	13.0
		大田用种	99.5	98.0	80	13.0
	杂交种	大田用种	96.0	98.0	80	13.0(籼) 14.5(粳)
小麦(常规种)		原种	99.9	99.0	85	13.0
		大田用种	99.0			
玉米	常规种	原种	99.9	99.0	85	13.0
		大田用种	99.0			
	自交系	原种	99.9	99.0	80	13.0
		大田用种	99.0			
	单交种	大田用种	96.0	99.0	85	13.0
	双交种	大田用种	95.0			
	三交种	大田用种	95.0			
高粱	常规种	原种	99.9	98.0	75	13.0
		大田用种	98.0			
	不育系、保持系、恢复系	原种	99.9	98.0	75	13.0
		大田用种	99.9			
	杂交种	大田用种	93.0	98.0	80	13.0
黍子、粟子(常规种)		原种	99.8	98.0	85	13.0
		大田用种	98.0			

注:长城以北和高寒地区的水稻、玉米、高粱的水分允许高于13%,但不能高于16%。调往长城以南的种子(高寒地区除外)水分不能高于13%。

二、经济作物种子质量标准(GB 4407.1—2008)(附表 1-2、附表 1-3)

附表 1-2 纤维类作物种子质量标准 %

种子类型		级别	纯度不低于	净度不低于	发芽率不低于	水分不高于
棉花常规种	毛籽	原种	99.0	97	70	12.0
		大田用种	95.0			
	光籽	原种	99.0	99	80	12.0
		大田用种	95.0			
	薄膜包衣籽	原种	99.0	99	80	12.0
		大田用种	95.0			
棉花杂交种亲本	毛籽		99.0	97	70	12.0
	光籽		99.0	99	80	12.0
	薄膜包衣籽		99.0	99	80	12.0
棉花杂交一代种	毛籽		95.0	97.0	70	12.0
	光籽		95	99	80	12.0
	薄膜包衣籽		95	99	80	12.0

附表 1-3 黄麻、红麻和亚麻种子质量标准 %

种子类型	级别	纯度不低于	净度不低于	发芽率不低于	水分不高于
圆果黄麻	原种	99.0	98.0	80	12.0
	大田用种	96.0			
长果黄麻	原种	99.0	98	85	12.0
	大田用种	96.0			
红麻	原种	99.0	98.0	75.0	12.0
	大田用种	97.0			
亚麻	原种	99.0	98.0	85	9.0
	大田用种	97.0			
	良种	96.0		60	

三、油料类种子质量标准(GB 4407.2—2008)(附表 1-4 至附表 1-6)

附表 1-4 油菜种子质量标准 %

种子类型	级别	纯度不低于	净度不低于	发芽率不低于	水分不高于
油菜常规种	原种	99.0	98.0	85	9.0
	大田用种	95.0			
油菜亲本	原种	99.0	98	80	9.0
	大田用种	98			
油菜杂交种	大田用种	85.0	98.0	80	9.0

附表 1-5 向日葵种子质量标准 %

种子类型	级别	纯度不低于	净度不低于	发芽率不低于	水分不高于
向日葵常规种	原种	99.0	98.0	85	9.0
	大田用种	96.0			
向日葵亲本	原种	99.0	98	90	9.0
	大田用种	98			
向日葵杂交种	大田用种	96	98.0	90	9.0

附表 1-6 花生、芝麻种子质量标准 %

种子类型	级别	纯度不低于	净度不低于	发芽率不低于	水分不高于
花生	原种	99.0	99.0	80	10.0
	大田用种	96.0			
芝麻	原种	99.0	97.0	85	9.0
	大田用种	97.0			

四、蔬菜种子质量标准(GB 16715.2—5—1999)(附表 1-7、附表 1-8)

附表 1-7 白菜类、茄果类、甘蓝类作物种子质量标准 %

种子类型		级别	纯度不低于	净度不低于	发芽率不低于	水分不高于
结球白菜(大白菜)	亲本	原种	99.9	98.0	75	7.0
		良种	99.0			
	杂交种	一级	98.0	98.0	85	7.0
		二级	96.0			
常规种		原种	99.0	98.0	85	7.0
		良种	95.0			
不结球白菜(大白菜)		原种	99.0	98.0	85	7.0
		良种	95.0			
茄子	亲本	原种	99.9	98.0	75	8.0
		良种	99.0			
	杂交种	一级	98.0	98.0	85	8.0
		二级	95.0			
	常规种	原种	99.0	98.0	75	8.0
		良种	96.0			

续附表 1-7

种子类型		级别	纯度不低于	净度不低于	发芽率不低于	水分不高于
辣椒	亲本	原种	99.9	98.0	75	7.0
		良种	99.0			
	杂交种	一级	95.0	98.0	80	7.0
		二级	90.0			
	常规种	原种	99.0	98.0	75	7.0
		良种	90.0			
番茄	亲本	原种	99.9	98.0	85	7.0
		良种	99.0			
	杂交种	一级	98.0	98.0	85	7.0
		二级	95.0			
	常规种	原种	99.0	98.0	55	7.0
		良种	95.0			
甘蓝	亲本	原种	99.9	98.0	70	7.0
		良种	99.0			
	杂交种	一级	96.9	98.0	70	7.0
		二级	93.0			
	常规种	原种	99.0	98.0	85	7.0
		良种	95.0			
球茎甘蓝		原种	99.0	99.0	85	7.0
		良种	95.0	99.0		
花椰菜		原种	99.0	98.0	85	7.0
		良种	96.0			

附表 1-8 叶菜类种子质量标准 %

种子类型	级别	纯度不低于	净度不低于	发芽率不低于	水分不高于
芹菜	原种	99.0	95.0	65	8.0
	良种	92.0			
菠菜	原种	99.0	97.0	70	10.0
	良种	92.0			
莴苣	原种	99.0	96.0	80	7.0
	良种	96.0			

附件 2 种子贮藏期限

附表 2-1 部分主要农作物种子常温库贮藏发芽率高于国家标准的期限

作物种类	初始发芽率/%	初始含水量/%	包装物种类	期限/月		
				北京	合肥	南宁
杂交玉米	98	12.8	编织	16(85)	11	1
			塑料	16(84)	6	3
			纸塑	16(86)	12	3
			铝箔	16(86)	11	3
杂交水稻	99	12.8	编织	16(86)	6	0
			塑料	16(86)	3	1
			纸塑	16(84)	3	1
			铝箔	16(86)	3	1
杂交油菜	93	8.3	编织	16(89)	13	1
			塑料	16(88)	13	3
			纸塑	16(86)	13	3
			铝箔	16(83)	12	3

注：本贮藏试验时间为 2001 年 6 月至 2002 年 9 月，共 16 个月(两个夏季贮藏)。括号内为贮藏期间达到 16 个月但仍高于国家标准的实际发芽率(%)。

附表 2-2 部分主要农作物种子低温库贮藏发芽率高于国家标准的期限

作物种类	初始发芽率/%	初始含水量/%	包装物种类	期限/月		
				北京	合肥	南宁
杂交玉米	96	12.8	编织	—	16(98)	4
			塑料	16(88)	16(96)	16(97)
			纸塑	16(93)	16(96)	4
			铝箔	16(92)	16(98)	16(96)
杂交水稻	96	12.8	编织	3	16(88)	16(83)
			塑料	16(83)	16(83)	16(81)
			纸塑	16(84)	16(86)	16(82)
			铝箔	16(85)	16(90)	16(85)
杂交油菜	94	8.2	编织	—	16(96)	16(90)
			塑料	16(92)	16(92)	16(90)
			纸塑	16(89)	16(96)	16(89)
			铝箔	16(90)	16(94)	16(92)

注：本贮藏试验时间为 2001 年 6 月至 2002 年 9 月，共 16 个月(两个夏季贮藏)。括号内为贮藏期间达到 16 个月但仍高于国家标准的实际发芽率(%)。

附表 2-3 部分蔬菜种子常温库贮藏发芽率高于国家标准的期限

作物种类	初始发芽率/%	初始含水量%	包装物种类	期限/月		
				北京	合肥	南宁
芹菜	74	6.2	塑料	12	0	4
			纸塑	15	4	3
			铝箔	12	10	0
			铁罐	8	7	7
菠菜	97	7.8	塑料	16(87)	10	16(78)
			纸塑	16(86)	10	16(78)
			铝箔	16(87)	10	16(80)
			铁罐	16(85)	12	16(80)
番茄	91	6.6	塑料	16(87)	12	13
			纸塑	16(87)	15	14
			铝箔	16(88)	15	14
			铁罐	16(87)	4	12
西瓜	97	6.4	塑料	16(95)	0	4
			纸塑	16(94)	4	3
			铝箔	16(95)	10	0
			铁罐	16(93)	7	7
辣椒	98	6.3	塑料	16(95)	10	16(78)
			纸塑	16(95)	10	16(78)
			铝箔	16(95)	10	16(80)
			铁罐	16(92)	12	16(80)
茄子	95	4.5	塑料	16(90)	12	13
			纸塑	16(90)	15	14
			铝箔	16(90)	15	14
			铁罐	16(89)	4	12

注:本贮藏试验时间为 2001 年 6 月至 2002 年 9 月,共 16 个月(两个夏季贮藏)。括号内为贮藏期间达到 16 个月但仍高于国家标准的实际发芽率(%)。

附表 2-4 部分蔬菜种子低温库贮藏发芽率高于国家标准的期限

作物种类	初始发芽率/%	初始含水量/%	包装物种类	期限/月		
				北京	合肥	南宁
芹菜	74	6.2	塑料	16(67)	5	—
			纸塑	16(70)	5	—
			铝箔	16(69)	16(70)	—
			铁罐	16(66)	16(71)	—
菠菜	97	7.8	塑料	16(93)	16(82)	16(86)
			纸塑	16(91)	16(84)	16(82)
			铝箔	16(93)	16(87)	16(82)
			铁罐	16(93)	16(82)	16(82)

续附表 2-4

作物种类	初始发芽率/%	初始含水量/%	包装物种类	期限/月		
				北京	合肥	南宁
番茄	91	6.6	塑料	16(90)	16(89)	16(85)
			纸塑	16(89)	16(90)	5
			铝箔	16(90)	5	16(85)
			铁罐	16(88)	16(87)	5
西瓜	97	6.4	塑料	16(94)	16(95)	16(94)
			纸塑	16(95)	16(94)	16(95)
			铝箔	16(97)	16(95)	16(92)
			铁罐	16(96)	16(95)	16(92)
辣椒	98	6.3	塑料	16(96)	16(98)	16(94)
			纸塑	16(96)	16(95)	16(94)
			铝箔	16(97)	16(94)	16(92)
			铁罐	16(98)	16(97)	16(96)
茄子	95	4.5	塑料	16(91)	16(87)	16(87)
			纸塑	16(91)	5	16(90)
			铝箔	16(90)	16(94)	16(89)
			铁罐	16(91)	16(87)	16(88)

注：本贮藏试验时间为 2001 年 6 月至 2002 年 9 月，共 16 个月(两个夏季贮藏)。括号内为贮藏期间达到 16 个月但仍高于国家标准的实际发芽率(%)。

附件 3 农作物种子定量包装(NY/T 611—2002)

1. 范围

本标准规定了农作物种子定量包装的分类分级、技术要求、分装件运输、包装件贮存、试验方法和检验规则。

本标准适用于净含量在 5～25 000 g 范围内的颗粒状农作物种子定量包装。

2. 引用标准

下列文件中的条款通过标准的引用而成为本标准的条款。凡是注日期的引用文件，其随后所有的修改单(不包括勘误的内容)或修订版均不适用于本标准，然而，鼓励根据本标准达成协议的各方研究是否可使用这些文件的新版本。凡是不注日期的引用文件，其最新版本适用于本标准。

GB/T 191—2000 包装贮运图示标志

GB T 2918—1998 塑料试样状态调节和试验的标准环境

GB T 4857.1—1992 包装 运输包装件 实验时各部位的标示方法

GB T 4857.2—1992 包装 运输包装件 温湿度调节处理

GB T 4857.3—1992 包装 运输包装件 静载荷堆码试验方法

GB T 4857.5—1992 包装 运输包装件 跌落试验方法

GB T 6388—1986 运输包装收发货标志

GB T 7707—1987 凹版装潢印刷品

GB T 14251—1993 镀锡薄钢板圆形罐头容器技术条件

QB T 2358—1998 塑料薄膜包装袋热合强度试验方法

3. 术语和定义

下列术语和定义适用于本标准。

3.1 定量包装：在一定量限范围内，具有统一的计量单位标注，能满足一定量计量要求的预包装。

3.2 包装件：产品经过包装所形成的总体(GB/T 4122.1—1996，定义 2.2)

3.3 净含量：去除包装容器和其他材料后内容物的实际质量或个数。

3.4 销售包装：以销售为目的，与内容物一起到大顾客手中的最小可销售包装单元。

3.5 运输包装：以运输贮存为主要目的的包装。它具有保障产品的安全、方便贮运装卸、加速交接、点验等作用(GB/T 4122.1—1996，定义 2.5)。

3.6 产品标识：标注在运输包装的表面，用于识别产品及质量、数量、特征、特性和说明事项等所做的各种表示的统称。

3.7 包装标志：标注在运输包装的表面，用文字、符号数字图形等制作的特定记号和说明事项的统称。

4. 分类分级

4.1 分类：根据流通环节的不同要求，种子包装分为销售包装和运输包装。

4.2 运输包装分级：根据种子的性质、价值及运输、装卸等要求，运输包装分为 3 个级别。分级规定见附表 3-1。

附表 3-1 运输包装分级

包装分级	适用范围
1	性质特殊，价值高，运输条件苛刻，装卸周转次数多，跨省销售
2	运输条件一般，装卸周转次数较多，跨省销售
3	装卸周转次数少，产地销售

5. 技术要求

5.1 包装的准备

5.1.1 包装环境

5.1.1.1 包装环境应清洁、干燥、通风良好、光线充足、无疫病、无虫害、无鼠患。

5.1.1.2 应有相应的安全防护措施，已配备口罩、手套、防护眼罩、消防器械等。

5.1.2 包装机具

5.1.2.1 应选择与包装规格相适应的计算器具并在其检定周期内使用。

5.1.2.2 应使用合格的包装机械，其技术性能应满足产品包装的要求。

5.1.3 包装材料

5.1.3.1 销售包装用材料应符合美观、实用、不易破损、便于加工、印刷、能够回收再生或自然降解的要求。宜采用的包装材料品种有塑料编织布、塑料薄膜、复合薄膜、纸、镀锡薄钢板(马口铁)等。

5.1.3.2 运输包装用材料应符合材质轻、强度高、抗冲击、耐捆扎、防潮、防霉、防滑的要求。宜采用的包装材料品种有塑料编织布、麻袋布、瓦楞纸板、钙塑板、塑料打包带、压敏胶粘带、纺织品等。

5.1.4 包装容器

5.1.4.1 销售包装容器应符合外形美观、商品性好、便于装填、封缄、贮运空间小的要求。宜采用的容器类型有塑料编织袋、塑料薄膜袋、复合薄膜袋、纸袋、金属罐等。

5.1.4.2 销售包装容器规格、尺寸应与运输包装容器内尺寸相匹配。

5.1.4.3 运输包装容器应符合适用于运输、方便装卸、贮运空间小、堆码稳定牢靠的要求。宜采用的容器类型有塑料编织袋、麻袋、瓦楞纸箱、钙塑瓦楞箱等。

5.1.4.4 运输包转容器规格尺寸应符合运输工具的装载尺寸要求。

5.1.5 种子

种子在包装前应经过加工处理,质量经质检部门检验合格。

5.2 包装要求

5.2.1 销售包装要求

5.2.1.1 外观

外观质量要求见附表 3-2。

附表 3-2 销售包装外观质量

容器类型	项 目	质 量 要 求
塑料编织袋	稀档	不允许
	划伤烫伤	不允许
	缝合部位	应线迹平整、松紧适度、无脱针、断线
	印刷效果	应轮廓清晰、印迹完整、无明显变形、残缺
塑料薄膜袋 复合薄膜袋	折皱	允许有不大于总面积 5%的轻微间断折皱
	气泡	不允许
	起壳分层	不允许
	划伤烫伤	不允许
	热封部位	应平整、无皱、无虚封
	印刷效果	应清晰、光洁、套色准确,无明显变形、脏污、模糊
纸袋	洞眼	不允许
	裂口	不允许
	褶子	不允许
	黏合部位	应平整,无皱、无脱胶
	印刷效果	应清晰、光洁、套色准确,无明显脏污、模糊
金属罐	罐体	应圆整完好,无变形、擦伤、锈蚀
	焊缝	应光滑均匀,无沙眼、漏焊、堆焊、锡路毛糙
	卷边	应卷边完全、圆滑美观,无假卷、跳封、快口、大塌边、卷边碎裂等
	印刷效果	应色彩鲜艳、层次丰富,无明显偏色、变形、擦痕、剥落

5.2.1.2 计量

5.2.1.2.1 以质量计量的定量包装件

5.2.1.2.1.1 单件定量包装件的净含量与其标注的质量之差不得超过附表 3-3 给出的负偏差值。

附表 3-3 单件定量包装计量要求

净含量(Q)	负差偏	
	净含量的百分比/%	重量/g
5～10 g	9	—
50～100 g	—	4.5
100～200 g	4.5	—
200～300 g	—	9
300～500 g	3	—
0.5～1 kg	—	15
1～10 kg	1.5	—
10～15 kg	—	150
15～25 kg	1.0	—

5.2.1.2.1.2 批量定量包装件按附表 3-4 给出的抽样方案及平均偏差 ΔQ 的计算方法随即抽取检验和计算,接受条件为 $\Delta Q \geqslant 0$,且该批量中单件定量包装件超出计量负偏差的技术应不大于合格判定数 Ac 值。

附表 3-4 批量定量包装件计量要求

批量(N)	样本大小(n)	合格判定数(Ac)
1～10	$n=N$	0
11～250	10～29	0
≥251	≥30	1

5.2.1.2.2 以数量计算的定量包装件

其实际个数应与标注个数相符。

5.2.1.3 封缄

包装容器在装填种子后应封缄严密,宜采用的封缄方法及技术要求见附表 3-5。

附表 3-5 封缄方法及技术要求

容器类型	封缄方法	技术要求
袋	缝合	应采用链式线迹缝合,针距:7～12 mm,缝合后应保证线迹平整、松紧适度,无脱针、断线
	热封合	应符合 QB/T 2358 规定
	黏合	应平整、牢固,无皱、无脱胶
罐	卷边封口	应符合 GB/T 14251 规定

5.2.1.4　产品标识

种子生产、经营者应在销售包装的表面正确标注产品标识，明示内装物的质量信息，保持产品的可追溯性。

5.2.1.4.1　标识应包含以下信息：

a. 作物种类；

b. 种子类别；

c. 品种名称；

d. 净含量；

e. 生产商名称、地址；

f. 收获日期，批号；

g. 产地；

h. 执行标准；

i. 生产及经营许可证编号或进口审批文号；

j. 品种审定标号；

k. 检疫证明编号；

l. 检验结果报告单编号；

m. 质量指标(纯度、净度、发芽率、水分)；

n. 栽培要点；

o. 质量级别(适用于杂交种)；

p. 药剂毒性相关警示(适用于包衣种子)；

q. 转基因种子商品化生产许可批号和安全控制措施(适用于转基因种子)。

5.2.1.4.2　标注方法

a. 应当使用规范的汉字；

b. 可以同时使用汉语拼音或者外文，汉语拼音应拼写正确。外文应与汉字有严密的对应关系，汉语拼音和外文字体应当小于相应中文字体；

c. 可以同时使用少数民族文字，少数民族文字应当与汉字有严密的对应关系；

d. 标注净含量时应采用附表 3-6 所示的计量单位；

附表 3-6　计量单位标注方法

计量方法	净含量(Q)	计量单位
质量	<1 000 g	g
	≥1 000 g	kg
个数	—	粒

e. 标注净含量时应当使用具有明确数量含义的词或符号，不允许使用如“大于”、“小于”、“>”、“≮”等词或符号；

f. 净含量字符的最小高度应当符合附表 3-7 规定。

g. 除附表 3-7 规定外，标识内容文字、数字和字母的高度应不小于 1.8 mm；

h. 标识内容应当印制在销售包装的表面，应易于识别辨认，不能在流通过程中变得模糊或者脱落；

附表 3-7　净含量字符最小的高度　mm

净含量(Q)	字符的最小高度	净含量(Q)	字符的最小高度
5～50 g	2	201～1 000 g	4
51～200 g	3	＞1 000 g	5

i. 允许“收货日期，批号”、“检验结果报告单编号”、“检疫证明编号”采用粘贴、喷码、袋边压印等方法标注；

j. 允许“栽培要点”不标注在销售包装的表面，而采用其他方式标注。

5.2.2　运输包装要求

5.2.2.1　装填

5.2.2.1.1　装填时应将销售包装件排列整齐，安放妥帖。必要时应将小包装件以适宜的数量裹包或捆扎成中包装件后再装入箱(袋)内。

5.2.2.1.2　应确保箱(袋)内实物与箱(袋)外的标注相符。

5.2.2.2　封缄

5.2.2.2.1　袋类包装件封缄方法同 5.2.1.3 规定

5.2.2.2.2　箱类包装件封缄应采用宽度≥50 mm 的单面压敏胶粘带，可按 I 字形或 H 字形粘贴，折曲长度 l≥50 mm。

5.2.2.3　捆扎

运输包装件封缄后，应采用塑料袋打包带进行捆扎。宜采用的捆扎形式有二横道、二横一竖道、十字形、井字形、卄字形，捆扎松紧度以扎紧而不勒坏被扎件为宜。

5.2.2.4　性能

运输包装件的性能按本标准 6.3 规定试验后，塑料打包带、压敏胶粘带不断裂；箱(袋)体不破损；销售包装件不外露、散落；包装标志不脱落、缺损、模糊；不影响其再次进入流通环节。

5.2.2.5　包装标志

运输包装标志应符合 GB/T 191、GB/T 6388 规定。

6. 试验方法

6.1　取样

在生产线的终端或从同一生产批次的库存品中随机抽取。

6.2　塑料包装容器的试验

6.2.1　式样状态调节和试验的标准环节按 GB/T 2918 规定的标准环境和正常偏差范围进行，状态调整时间应不少于 4 h。

6.2.2　塑料(复合)薄膜袋热合强度的试验按 QB/T 2358 规定。

6.2.3　塑料编织袋、薄膜袋印刷质量的试验按 GB/T 7707 规定。

6.3　运输包装件性能试验

6.3.1　运输包装件性能试验时的温度调节处理应按 GB/T 4857.2—1992 中 3.1.1 中规定的条件 7 进行 24 h 处理，并在此环境条件下进行试验，试验样品各部位的编号按 GB/T 4857.1规定。

6.3.2　运输包装件性能试验顺序、项目和方法按附表 3-8 和附表 3-9 进行。

附表 3-8 箱类包装件性能试验

试验顺序	试验项目	试验定量值	试验方法
1	静载堆码试验	堆码高度:3.50 m,持续时间:7 d,第 3 面为置放面	按 GB/T 4857.3 规定
2	跌落试验	不同包装等级跌落高度:1 级为 800 mm、2 级为 500 mm、3 级为 300 mm,跌落面为 3 面、4 面、5 面,跌落棱为 1-2、2-6、1-6,跌落次数为底面、侧面、端面、棱各一次	按 GB/T 4857.5 规定

附表 3-9 袋类包装件性能试验

试验顺序	实验项目	试验定量值	试验方法
1	静载堆码试验	此码高度:3.50 m,持续时间:7 d,第 3 面为置放面	按 GB/T 4857.3 规定
2	跌落试验	不同等级跌落高度:1 级为 800 mm、2 级为 500 mm、3 级为 300 mm,跌落面为 3 面、4 面、5 面,跌落次数为底面、侧面、端面各一次	按 GB/T 4857.5 规定

7. 检验规则

7.1 检验分类

包装件的检验分为交付检验和型式检验。

7.2 交付检验

7.2.1 组批与抽样规则

检验批应由同一品种、统一规格、在正常生产条件下 1 h 生产的统一批次包装件组成(不足 1 h 产量的按实际单位数量组批)。交付检验用样本按附表 3-10 规定从检验批中随机抽取,批量 N 按被检包装件的类别(销售包装件或运输包装件)分别确定。

附表 3-10 交付检验样本数量

批量(N)	样本大小(n)	合格判定数量(Ac)
1～10	$n=N$	0
11～250	10～29	0
≥251	≥30	1

7.2.2 销售包装件

检验项目及要求见附表 3-11。

7.2.3 运输包装件

检验项目及要求见附表 3-12。

7.2.4 检验结果的判定

按附表 3-10 规定进行。

7.2.5 复验

对不合格批百分之百逐渐检验并将不合格品剔除后，按不合格项目进行复验。如复验仍不合格，则该检验批不合格。

7.3 型式检验

7.3.1 有下列情况之一时，应进行型式检验：

a. 首次生产；

b. 包装工艺、生产设备、管理等方面有较大改变时；

c. 停产 180 d 以上又恢复生产时；

d. 年度周期检查；

e. 交付检验的结果与上次型式检验有较大差异；

f. 国家质量监督机构提出进行型式检验的要求时。

7.3.2 检验项目

销售包装件检验项目见附表 3-11。

附表 3-11 销售包装件检验项目

检验项目	技术要求	交付检验	型式检验
外观	按照 5.2.1.1 内容	检	检
计量	按照 5.2.1.2 内容	检	检
封缄	按照 5.2.1.3 内容	检	检
产品标识	按照 5.2.1.4 内容	检	检

运输包装件检验项目见附表 3-12。

附表 3-12 运输包装件检验项目

检验项目	技术要求	交付检验	型式检验
封缄	按照 5.2.2.2 内容	检	检
捆扎	按照 5.2.2.3 内容	检	检
性能	按照 5.2.2.4 内容	不检	检
包装标志	按照 5.2.2.5 内容	检	检

7.3.3 检验样本

型式检验样本应在交付检验合格批中随机抽取，每批抽取 3 件。

7.3.4 判定规则

所有样本单位均符合附表 3-11、附表 3-12 的全部要求，则认为型式检验合格。如有一个或一个以上样本单位不符合附表 3-11、附表 3-12 中的任何一项要求时，则以两倍数量的样本单位按不合格项目进行复验。如复验仍不合格，则型式检验不合格。

附件 4　主要农作物种子的容重

附表 4-1　主要农作物种子的容重　kg/m^2

种子名称	容重	种子名称	容重
水稻	511～587	荞麦	550～602
小麦	687～781	大豆	658～762
大麦	503～610	蚕豆	607～835
燕麦	600～680	豌豆	663～765
玉米	675～807	花生仁	575～650
谷子	610	棉籽	350
高粱	665～758	油菜籽	672～685

参 考 文 献

[1]胡晋,谷铁城.种子贮藏原理与技术.北京:中国农业大学出版社,2001.
[2]张存庆,王建华.种子检验学.北京:高等教育出版社,2006.
[3]孙群,胡晋,孙庆泉.种子加工与贮藏.北京:高等教育出版社,2008.
[4]高荣歧,张春庆.种子生物学.北京:中国科学技术出版社,2002.
[5]毕辛华,戴心维.种子学.北京:中国农业出版社,2008.
[6]高荣岐,张春庆.作物种子学.北京:中国农业出版社,1997.
[7]胡晋.种子生物学.北京:高等教育出版社,2006.
[8]胡晋.种子贮藏加工.北京:中国农业大学出版社,2001.
[9]颜启传.种子学.北京:中国农业出版社,2001.
[10]郝建平,时侠清,等.种子生产与经营管理.北京:中国农业出版社,2004.
[11]古茂.作物种子生产管理.北京:中国农业出版社,2002.
[12]胡瑞法.种子技术管理学概论.北京:科学出版社,1998.
[13]邹学校.中国蔬菜种子经营与管理.北京:中国农业出版社,2003.
[14]颜启传.种子检验原理与技术.杭州:杭州出版社,2002.
[15]尹燕枰,董学会.种子学实验技术.北京:中国农业出版社,2008.
[16]高连兴.农业机械概论:北方本.北京:中国农业出版社,2000.
[17]叶常丰.种子学.北京:中国农业出版社,1994.
[18]谢宗铭,陈福隆,孙宝启.向日葵品种纯度检验的方法和技术[J].种子,1999(2):38-44.
[19]浙江农业大学种子教研组编.作物种子学.杭州:浙江科学技术出版社,1982.
[20]吕宗言,题正方.种子包衣工作进程及展望.种子世界,1998,6:6-7.
[21]孙荣俊,宋德安.种子包衣技术与推广应用.湖北农业科学,2000,2:26-29.
[22]李静.如何科学的进行种子包装.农家之友.2010,10:109-119.
[23]薛勇.种子包装八忌.农民日报.2004-07-31(6).
[24]冯云选.种子贮藏加工.北京:化学工业出版社,2011.
[25]文彬.种子贮藏生理学发展史概略.自然辩证法通讯,2008(30)69-74.
[26]赵岩.浅谈种子病原微生物的来源及控制.黑龙江科技信息,2012,1:239.
[27]赵岩.浅谈种子仓库害虫的特点及防治技术.黑龙江科技信息,2012,4:202.
[28]赵岩.谈种子仓库磷化铝熏蒸的技术要求及注意事项.黑龙江科技信息,2012,7:65.
[29]郭长根.实用粮油保管技术.上海:上海科学技术出版社,1988.
[30]董海洲.种子贮藏与加工.北京:中国农业科学技术出版社,北京:1997.
[31]王春玲.农作物种子贮藏技术.兰州:甘肃科学技术出版社,2005.
[32]曲永祯.种子加工技术与设备.北京:中国农业大学出版社,北京:2002.

[33]方志辉.种子经营指南.长沙:湖南科学技术出版社,1996.
[34]王立军.种子贮藏加工与检验.北京:化学工业出版社,2009.
[35]王殿轩.中国储粮昆虫图鉴.北京:中国农业科学技术出版社,北京:2008.
[36]王英君.种子储备知识手册.北京:中国农业科学技术出版社,北京:2008.
[37]郭才,霍志军.植物遗传育种及种苗繁育.北京:中国农业出版社,北京:2006.